Beating the Street

郭淑娟　陳重亨——譯

彼得·林區 × 約翰·羅斯查得
Peter Lynch × **John Rothchild**

彼得林區
征服股海

財信出版

彼得林區征服股海
目次CONTENTS

自序

　　1990年5月31日，我正式離開「富達麥哲倫基金」（Fidelity Magellan Fund）。到那一天，我接掌麥哲倫剛好13年。當時美國總統是吉米‧卡特（Jimmy Carter），他曾對《花花公子》雜誌自承，心裡對女人還是充滿了情欲。我也一樣是春潮欲滿，不過是對股票情有獨鍾。在麥哲倫的13年中，我替客戶操作過的股票超過15,000支，很多股票甚至不只買過一次。難怪人家以為，沒哪支股票是我討厭的。

　　離開麥哲倫是很突然，但也非一夕之間突發奇想。八〇年代中期，道瓊指數衝破2,000大關，我也突破43歲關卡，這時還要緊盯千百支股票，真的是代價不菲。雖然我很喜歡管理一個和厄瓜多爾（Ecuador）國民生產毛額一樣大的基金，但是我也錯過陪伴孩子的樂趣。小孩子長得可真快，幾乎每週都要讓他們自我介紹才認得。我實在花太多時間在工作上，比和他們相處的還多。

　　當你開始把家人名字與Fannie Mae、Freddie Mac、Sallie Mae搞混；記得2,000支股票的簡碼代號，卻記不住孩子生日時，對工作未免陷得太深啦！

　　1989年股票行情挺順的，1987年股災已成過去，我老婆卡洛琳和瑪麗、安妮、貝絲三個女兒為我慶祝46歲生日。慶

生會上我忽然想到：先父就是享壽46。當你年紀超過父母壽命時，就開始感受到死亡陰影。不管往後還能活多久，都有餘日無多的感覺。這時只希望能看更多戲、滑更多雪、踢更多足球。誰會在臨死前感慨說：「但願我能多花點時間在工作上。」

我試著說服自己，孩子大了就不用太費心。但事實正好相反。小孩兩歲剛會走路時，成日橫衝亂撞，父母當然得隨侍在後收拾殘局。但是應付小鬼還好，真正耗時費神的是青少年的孩子，陪他們做西班牙文功課，和那些早就忘光的數學習題，去網球場、購物中心要接要送，有煩惱還得咱們加油打氣，這些可都不輕鬆。

每到週末，為了拉攏小孩，瞭解青少年想些什麼，只好跟著他們聽音樂，生吞硬背搖滾樂團名字，陪他們去看根本沒興趣的電影。這些事我都做過，只是不常。我週六幾乎都在加班，工作多得跟喜馬拉雅山一樣高。偶爾帶孩子看電影、吃披薩，還是滿腦子股票。正是因為帶他們去玩，我才知道披薩時光戲院（Pizza Time Theater）──真希望從沒有買過這支爛股；還有奇奇餐廳（Chi-Chi's）──沒買真讓人扼腕。

到了1990年，瑪麗、安妮、貝絲分別是15歲、11歲和7歲。瑪麗就讀寄宿學校，兩週回家一趟。那年秋天，她參加七場足球賽，我只看到一場；同年，我們家的聖誕卡晚了三個月才寄出去；而我們為孩子做的剪貼簿，集了一堆卻沒空貼！

我當時自願參加一些慈善機構和民間團體，所以平常晚上若不加班，可能就去參加這些機構團體的會議。通常我負責投資事務，為慈善、公益目的選股票，是再好不過的事，但是公

益活動需要更多投入，麥哲倫基金讓我愈來愈忙，女兒功課更艱深，需要的接送也愈頻繁。

那段期間忙得晚上睡覺都夢到客戶，可是和老婆的浪漫時刻，竟只剩在自家車道巧遇；每年一次健康檢查時向醫生自首，唯一運動是用牙線剔牙；18個月來沒讀過一本書，兩年來只看了三齣戲：《漂泊荷蘭人》、《波希米亞人》和《浮士德》，足球賽一場也沒看。所以我歸納出彼得定理第1條：

> 當你看歌劇的場數以三比零領先足球賽時，生活大概哪兒不對勁啦！

1990年中，我終於明白該離職了。我記得麥哲倫本人也是早早就退休，搬到太平洋偏遠小島。雖然他的悲慘遭遇讓我稍有猶豫（他被當地土人撕成碎片）。為了避免被生氣的股東大卸八塊，我和富達的老闆強森（Ned Johnson）以及交易部主管柏克黑（Gary Burkhead），一起討論如何順利卸任。

我們坦誠而友善地溝通。強森要我繼續待在富達，統管所有富達證券基金，自己只操作一個小型基金，例如只有1億美元，這和我正在管理的120億美元相比，是輕鬆很多了。但是對我而言，儘管基金規模少掉幾位數，新基金所需耗費的心力，和經營麥哲倫基金沒兩樣——到時週六又得加班。因此我婉拒強森的好意。

大多數人都不知道，我當時還替柯達、福特和伊頓等大企業管理10億美元的員工退休基金；其中柯達比重最大。操作退休基金比麥哲倫更順手，因為投資限制較少，例如退休基金在個股投資比重上可以超過5%，但是共同基金就不行。

柯達、福特和伊頓公司也希望我繼續操作，不管我是否會離開麥哲倫，但我也沒接受其好意。另外有人慫恿我自立門戶，搞個封閉型基金，就在紐約證交所掛牌交易。那些人告訴我，隨便幾個地方宣揚一下，就能募到幾十億美元。

從基金經理人觀點來看，封閉型基金最吸引人的地方，就是不管玩得多爛，都不怕贖回賣壓。因為封閉型基金是在證交所買賣，就像莫克（Merck）、拍立得（Polaroid），或任何一種股票一樣；想賣掉封閉型基金，市場上就得找到相對買家才行，所以流通憑證數額永遠不會縮水。

但麥哲倫這種開放型基金可不同了。基金持有人要求贖回，基金公司必須依憑證淨值等額付現，而基金規模則相對減少。如果開放型基金操作不佳，投資人紛紛棄船，把錢轉到別的基金或貨幣市場時，基金縮水得很快。這就是為什麼開放型基金的經理人晚上睡覺，通常不像封閉型那麼安穩。

一個20億美元，在紐約證交所掛牌的林區基金，就像一家20億股本的公司（除非我犯了一連串重大錯誤，賠光所有的錢），每年穩拿0.75的管理費（1,500萬美元）。

就金錢上而言，這個提議相當吸引人。雇些助理來選股，上班時間可以減到最低，平時打打高爾夫，多陪陪老婆孩子，還可以去看球賽和歌劇。不管操作績效比大盤好或壞，豐厚酬勞照拿。

但還是有兩個問題。第一，我想超越大盤的企圖心，遠遠超過落後大盤的忍受力；第二，我認為基金經理人應該自己選股票。於是又回到原點，週六待在林區基金辦公室，在成堆年報中上窮碧落下黃泉，儘管賺進大把鈔票，卻和過去一樣無福

消受。

　　有錢人會慶幸自己放棄賺更多錢的機會嗎？對此我深感懷疑。能對大筆財富說不，確是凡人難以想像的奢侈。可是你若有幸像我一般身纏萬貫，就得決定是要做個金錢奴隸，一輩子只知聚斂搜括直到老死，還是懂得運用支配辛勤累積的財富。

　　俄國文豪托爾斯泰寫過一則貪心農夫的故事。有個妖怪對農夫說，一天內只要用腳踏過繞一圈，那些土地都是他的。貪心農夫拚命跑了幾小時，得到幾平方英里土地，一輩子都種不完，傳子傳孫也夠吃好幾代。這個可憐蟲汗流浹背，氣喘吁吁。他想停下來——地夠大了，幹嘛再跑？但就是停不下來，只想抓緊機會多要點，最後筋疲力竭而死。

　　這就是我不想要的結局！

平裝版序言

　　本書精裝本出版後，各界熱烈回響，有些來自媒體，有些則是讀者在深夜電台談話節目的叩應。現在趁推出平裝本，讓我有機會稍做回覆。

　　在精裝本中，有些觀點是我一再強調，可惜書評家似乎沒注意到；有些地方，我意不在此，卻讓各方有所誤解。所以我很高興能在此釐清。

　　首先我要澄清的誤解，是以為敝人在投資方面多麼了不起，認為像我這種貝比・魯斯（美國棒壇的全壘打傳奇人物）級的職業明星，怎麼可能對少棒聯盟出餿主意，讓投資大眾以為他們能加入職業明星隊。感謝各方抬愛，不過，說我是貝比・魯斯，實在太誇張了。在下打棒球老被三振，不然就是滾地球被封殺出局。而且，我一向認為少棒球員，也就是投資大眾，絕對不需要仿效大聯盟的職業球星。

　　我要說的是，儘管同在股市中投資，一般投資大眾跟專業的共同基金或退休基金經理人，其實是在不同的球場打球。許多專業經理人恨得牙癢癢的法規限制，一般投資人都可以不用管。身為普通投資人，閣下只須利用空閒時間，針對少數幾支股票加以研究，在適當時機進出即可。萬一找不到股票好買，你大可抱著現金等機會。閣下操作績效也不用跟鄰居比，你不

會印出每季成績,在附近雜貨店張貼吧?可是專業經理人事關飯碗,就一定要和同業爭個高下。

　　一般投資人單為一己操作,不像專業經理人背負許多包袱。由萬餘個股友社組成的美國投資人協會(NAIC),即證明散戶自有一片天。根據NAIC資料,1992年各地股友社中,有69.4%操作績效優於S&P 500指數漲幅。而且其中半數以上,在過去五年中,有四年勝過S&P 500指數。散戶若能充分利用其業餘優勢,似乎更善於選股。

　　如果閣下在股票投資方面已相當成功,也許就是因為能善用業餘優勢。你利用時間自己研究,在適當時機進場,投資華爾街專家疏忽的黑馬股。各地儲貸機構股票上市後的優異表現,不就證明閣下也能挾地利之便來賺大錢嗎?

　　第二個要澄清的是,或以為在下要求每個投資人都要計算機不離手,成天盯著財務報表,調查上市公司,大家都要買股票才對。其實,我倒以為美國有幾百萬個投資人,不應該貿然進場才是。對調查上市公司沒興趣,一看到資產負債表就頭昏,翻開年報只想看看照片,這豈非想進股市白吃白喝?天下最糟糕的事情,莫過於投資股票,卻不瞭解所買的上市公司。

　　但是很不幸的,很多股友同胞們還是如此莫名所以地投入股市,這大概是美國最受歡迎的休閒娛樂。讓我們再拿運動作個比方吧!我們如果發現自己不擅於打棒球或曲棍球,或許就改打高爾夫,也許集郵、蒔花種草,總之不會再成天握著球棒或穿冰鞋。可是碰上了股票就不一樣,很多人明知自己不會作股票,卻還賴著不走。

　　不擅選股的投資人,就認為自己在「玩股票」,好像真當

成兒戲一般。閣下若抱著「玩股票」的心態，只想追求暫時滿足，當然不會下工夫研究。光想尋求刺激、興奮，這個禮拜買一支，下個禮拜又換一支，不然乾脆玩期貨、選擇權更驚險。

有些投資人對自身財產的疏忽程度，簡直讓人難以置信。有人可能花一整個星期，計算自己的航空里程數，要出外旅行時，就拿著地圖研究、規畫，但在股市投資一萬美元，卻閉著眼睛亂買，到底那家公司是啥，也不搞清楚。如此看待股票，其投資歷程自是充滿了艱辛和霉運！

專靠第六感買股票的人，就是在下設定的讀者。他們或許覺得IBM股價該漲了，就貿然買進每股100美元的IBM，聽到誰說某支生化科技股或海上遊輪股「行情正熱」，就一頭栽進去。

對外匯市場沒有透徹研究，也跟著買賣德國馬克期貨，或只是「預感」股市可能會漲，就投資S&P 500指數的買權（call option）。結果在一次又一次的打擊下，當然認為華爾街什麼都不是，只是座公開的大賭場罷了！然而會成為賭場，不就因為自己抱著玩玩的心態嗎？

第三個需要澄清的誤解是，有人以為我誤導投資人對共同基金的認識。基金界把我養得這麼好，我何忍反噬？對於不能或不願自己研究股票的投資人來說，股票共同基金正是最佳投資管道。投資人靠股票基金，過去獲利情況相當好，我想未來也會是如此。但全世界絕沒有規定，閣下只能在股票和基金之間選擇一個，也沒規定投資基金只能選一家。事實上，共同基金儘管短期時見頓挫，不一定都能擊敗大盤，但長期報酬率還是頗為可觀。也因為短期情況很難估量，所以如果不能熬幾

年，忍受行情起起落落，要投資共同基金還是三思而行。

　　現在有許多投資人膽量十足，股市突然回檔，甚至像1987年10月的大崩盤，還有不少投資人老神在在，一點也不為所動。對此，我實在忍不住要喝采叫好！在1989年道瓊30種工業股價指數一度下跌200點，1990年再回500點的兩次大回檔行情中，一般投資大眾也不再是哀哀告饒的待宰羔羊，反而懂得逢低承接，回檔才結束馬上搶進，買進金額比原先拋賣的還多。或許現在大家漸漸知道，空頭市場並非世界末日，只是大自然界偶爾出現的暴風雪罷了。

　　不過很明顯地，美國投資大眾還有一項事實還沒認清楚，那就是長期而言，投資股票的確比債券或定存單有利。最近我又發現，在敝人服務的富達公司中，投資人所開的退休基金帳戶，只有少數人選擇純股票基金，大部分投資人還是把錢放在貨幣市場基金、債券基金或證券收益基金。這種情況委實令人失望。如果把錢全部投資股票，長期報酬率一定比較高，這有真憑實據，絕非在下胡吹亂蓋。而退休基金帳戶一開就是10年，甚至30年，用來投資股票最合適不過了！

導言

跳脫窠臼

　　退休的基金經理人只夠格提供投資建議，而非精神性靈的說教。但眼見投資大眾仍執迷於債券，才讓我想再說兩句。在拙著《彼得林區選股戰略》（*One Up on Wall Street*）中，我已斷然證明：投資股票比債券、定存單或貨幣市場基金都來得有賺頭。不過他們顯然全睡著了，否則美國九成游資怎麼還擺在沒搞頭的投資上呢？

　　整個1980年代股市表現極佳（僅稍遜1950年代），但民間投資股市的比重反而減少！事實上，美國民間投資股票佔總投資額的比例，這幾十年來一直在減少，從1960年代近40%至1980年的25%，到1990年只剩17%。這段期間道瓊工業股價指數和其他股價指數上漲四倍，卻有許多投資人離開股市。投資股票型共同基金的資金比重，也由1980年的大約70%，銳減為1990年的43%。

　　這種可能危及個人和國家財富的災難，絕不能再坐視不理。

　　讓我從上本書的結尾接下來說：「若想明天比今天富有，你就得把一大部分財產投入股市。」也許我們會碰上空頭市

場,再來兩、三年,甚至五年,股票讓人避之唯恐不及,但是二十世紀從開始到現在,已經歷了多少次空頭市場和景氣衰退,但結果無庸置疑:投資股票或股票共同基金的報酬,終究遠遠超過債券、定存單以及貨幣市場基金。嘿!我又說了一次。

我提出股票至上論以來,所找到最具說服力的證據是:《易卜生(Ibbotson)SBBI 1993年鑑》,第1章第17頁,名為「1926-1989年平均投資報酬率」的統計數字,概分為S&P 500種股票(大型績優股)、小型企業股、長期公債、長期公司債、短期國庫券等等。(見表I-1)

假如真是投資天才,1920年代大概會把所有的錢都砸進S&P 500種股票,1929年換為長期公司債,緊緊抱牢度過1930年代、1940年代改持小型股,1950年代再買S&P 500種股票。1960、1970年代回去抱小型股,1980年代又轉戰S&P 500種股票。如果有人能這樣幹,現在想必是億萬富翁,在法國蔚藍海岸悠閒納涼。如果我夠聰明,能預見未來,我也會這麼建議。事後來看,當然再明顯不過了。

表I-1	平均十年報酬						
	1920s*	1930s	1940s	1950s	1960s	1970s	1980s
S&P500	19.2%	0.0%	9.2%	19.4%	7.8%	5.9%	17.5%
小型股	−4.5%	1.4%	20.7%	16.9%	15.5%	11.5%	15.8%
長期公債	5.0%	4.9%	3.2%	−0.1%	1.4%	5.5%	12.6%
長期公司債	5.2%	6.9%	2.7%	1.0%	1.7%	6.2%	13.0%
短期國庫券	3.7%	0.6%	0.4%	1.9%	3.9%	6.3%	8.9%
通貨膨脹總計	−1.1%	−2.0%	5.4%	2.2%	2.5%	7.4%	5.1%

*1926至1929年。

資料來源:*Ibbotson SBBI Yearbook, 1993.*

　　不過，我從不曉得有人是這樣致富的，和我們這些才智平庸的凡人相比，那種天才必是鳳毛麟角。債券的投資報酬很少超過股票，所以一般人很難預測什麼時候債券會比股票好。其實過去70年裡，只有1930年代債券當道（1970年代雙方平手），那時候正是股票族低檔承接的好機會。但若只投資股票，勝算還是六比一；比債券強。

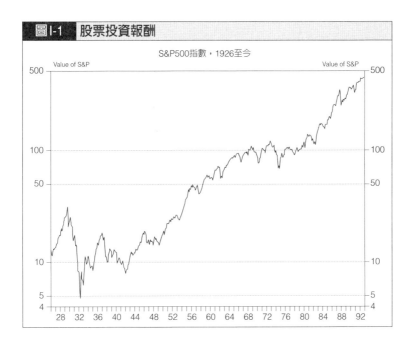

圖I-1　股票投資報酬

S&P500指數，1926至今

此外，債券佔上風那幾年的獲利，也遠遠比不上股票在1940和1960年代的暴漲。表中涵蓋的64年中，投資長期公債1萬美元會變成160萬美元，若投資史坦普500種股票則暴增為2,550萬美元，所以彼得定理第2條是：

　　偏愛債券的紳士們，不曉得自己到底錯過了什麼！

　　但美國人還是債券至上。幾百萬投資人本來都能以高於通膨的5%到6%幅度擴增資產，結果卻只懂得死抱債券利息，不管夠不夠抵銷通貨膨脹。

　　去買股票啊！如果你只看懂這句話，也值得我寫這本書了！爭論是要買大型股還是小型股，或者股票共同基金怎麼挑（這些稍後幾章都會談到），全是次要的，真正重點是：不管大型股、小型股還是中型股，買股票就對啦！當然也要能明智選股，或基金、股價回檔整理也不會嚇跑才行。

　　寫這本書的第二個理由，是想再鼓勵業餘投資人，別放棄選股這種必有斬獲的消遣娛樂。我以前就說過，業餘投資人只要在較熟悉的產業中，花點時間研究幾家企業，操作績效會比95%的基金管理專家還好，而且還樂在其中哩！

　　許多基金經理人認為我在胡扯「林區的超級大牛皮」，但離開麥哲倫兩年半以來，讓我更相信業餘投資人的確較佔優勢。如果有人不信，我已經舉出幾個證明了。

　　例如第1章〈聖艾格尼斯學校的奇蹟〉，一群波士頓教區附屬學校七年級學生的兩年投資紀錄，會讓華爾街專家乾瞪眼。

　　另外，一群業餘投資者也表示，自己的操作多年來都勝過投資專家，這些成功投資人分別屬於上萬個「美國投資人協會」贊助的投資社團，他們每年的報酬率就和聖艾格尼斯學生一樣令人歆羨。

這兩組業餘投資人共同點是：相對於高薪基金經理那些奇奇怪怪的投資花招，他們的選股方法平實得多，通常也比較有用。

而不論怎樣選擇股票或基金，最後成敗就在能否沉住氣。決定投資人命運的是能不能忍住撐住，而不是聰明靈光。膽小的投資人不管多聰明，總容易被無情命運刷下來。

每年1月，我們一些投資專家都會參加《巴隆週刊》（*Barron's*）舉辦的座談會，內容再發表於《巴隆週刊》。如果照我們推薦來買股票，你可能會賺些，但若太在意我們對股市和經濟動向的看法，過去七年可能都嚇得不敢進場。第2章講的就是這種「週末憂慮」的陷阱，教你如何避免。

第3章〈基金總覽〉介紹共同基金投資策略。雖然我現在已經退休，但還是在股市中尋找潛力股。不過退休給我一個機會，可以去討論一些人在江湖時不願談的話題，當自己還是基金經理人時，不管說什麼都有圖利自己或自吹自擂之嫌。現在以既退之身，應可避此嫌疑吧！

最近我幫新英格蘭區某非營利組織（與主題無關，姑隱其名）設計投資組合策略。第一是決定股票和債券的投資比重，再分別擬定投資計畫。這和你家的財務大臣所做的沒兩樣，所以我把它寫出來當參考。

第4、5、6章作個回顧：著墨於管理麥哲倫基金的13年，和這段期間股市九次大回檔。這個部分讓我能回想一些往事，探索真正促成我成功的因素。當年我身在其中，但有些事情連我都驚訝莫名。

在此我著重投資方法上的討論，盡量少提當年勇。也許從

我幾次勝利和無數錯誤中，有值得借鏡之處。

第7至20章佔了本書一半以上，介紹1992年1月我在《巴隆週刊》上推薦的21支股票。投資理論不是沒談過，但這一次我邊選股邊記錄，根據當時筆記，盡可能全盤托出敝人如何分析選股，以及如何辨視和尋找利多。

我用來說明個人投資方法的21支股票分屬幾個產業（銀行、儲貸機構、景氣循環類股、零售業及公共事業股等），都是投資大眾所喜歡的，由第7到20章剛好每章介紹一個類股。第21章〈半年定期檢查〉說明定期檢閱投資中每一家公司的過程。

其實對於股票投資，我沒啥絕技祕方。買對股票，沒有誰會敲鑼打鼓說你幹得好，而且對某家企業再熟，也不敢肯定買它的股票就會賺錢。不過，如果你清楚零售、銀行或汽車業經營成敗的因素，倒是可以提高勝算。而這些關鍵點，本書都會提到。

本書有不少個人獨創的林區定理，先前你已經領教過兩個了。股市中許多教訓都是我慘痛經驗換來，真是代價不菲，不過現在特價售予識貨人（本書後半段介紹的21支股票，在我研究過程中價格不斷波動，例如我開始注意到第一碼頭公司時，股價是7.50美元，等《巴隆週刊》刊出時已漲到8美元，所以我提到第一碼頭時，有時是7.50美元，有時又說是8美元，文中會有幾次出現類似情況）。

聖艾格尼斯學校的奇蹟

　　只是投資人個人興趣的業餘選股技術，是一種日漸消失的藝術，就像在糕餅業者的強力競爭下，自己在家烤派做蛋糕的人愈來愈少一樣。基金經理人領高薪管理投資組合，正如莎麗公司專業生產莎麗蛋糕一樣。這種情況讓我極感遺憾，以前幹基金經理人時，我就很在意這件事，退休後我也算布衣玩票，就令人更不舒服了。

　　1980年代美國股市正逢大多頭行情，可是這種精於選股的業餘高手卻變得更少，1980年代末期直接進入股市的散戶，反而不如初期。我想這跟金融刊物胡捧一些明星級投資專家有關，其實其中浪得虛名者居多。媒體報導這些人，就像在介紹那些搖滾明星一樣，個個MBA（企管碩士），西裝革履、衣著光鮮，看盤操作還有專屬的即時報價系統，平民百姓、黎民黔首何能望其項背，與之匹敵？

　　識時務者為俊傑，投資大眾只得輸誠共同基金，誰敢挑戰重量級拳王？但和大盤表現相比，高達75%的共同基金操作並不理想，證明這些經理人其實沒啥了不起。

　　不過業餘股民之所以一直減少，最主要應該就是怕賠錢。

既感愉快，又能成功滿足的事情，有誰不樂為之？君不見嬰兒一個接一個來到世上，全球人口迅速增加嗎？同樣地，有人喜歡收集棒球卡、古董傢俱、老式魚餌、古郵票和錢幣，這就像有些人喜歡買舊屋，重新裝潢後再高價售出一樣，都是因為這些事情讓人覺得既有趣又有利可圖。所以我認為單打獨鬥的散戶愈來愈少，就是因為賠錢賠怕了。

一個社會之中，通常是由那些事業成功的有錢階級最先投入股市，這些天之驕子在校時名列前茅，進入社會後工作得意。股市正是有成就的人慣常出現的競技場，但一不小心就容易遭遇挫折。如果老愛在期貨和選擇權市場衝浪，隨勢追高殺低，就更容易一敗塗地。逃向共同基金的投資人，許多就是如此不堪累賠。

但這些人就此收山，絕不親身下海嗎？非也。馬路消息、親友情報網或偶然在報章雜誌上看到什麼，都可能讓他們突發奇想，就貿然入市。現在股市投資中，一種兩極化的現象愈來愈明顯，投資人一邊認真又嚴肅的投資共同基金，同時卻又拿一些錢盲目冒險想撿便宜。這種對金錢的不當認知，讓很多投資人更難認真看待投資，找個營業員開戶隨隨便便就進場，甚至連自己配偶都矇在鼓裡。

沒人把選股當一回事看，如何評估企業，推算獲利成長率等等，這些技巧正如失傳的家傳祕方，逐漸被人遺忘。另一方面也因為財經、企業基本面資料愈沒人要，券商也樂得清閒不再主動提供。至於那些學有專精的分析師、研究員則忙著拉攏法人，誰有空來教育投資大眾？

但券商的電腦可不閒著，照樣大量蒐集企業資訊，事實上

這些寶貴資料都可以轉換為各種形式，給識貨人做為投資參考。大概一年前，富達研究室主任史比蘭曾走訪數家最好的證券商，看看這些券商有那些基本面資料庫和電腦統計分析報表，這種把個股特徵彙整歸納的分析報表稱為「螢幕」（screen），例如：可以把過去20年股利持續增加的個股一次列出，讓人一目瞭然。這對想鎖定某類股票的投資人，是非常有用的資訊。

美邦證券的人說，該公司蒐羅2,800家上市公司的財務資料，大部分都能提供八到十頁的分析報告。另外，美林證券有十種「螢幕」分析報表，價值線投資調查公司也備有一個「股票價值螢幕」，史懷伯證券的「均衡」（the Equalizer）分析資料更令人印象深刻，但這些寶藏卻少有人懂得來挖。美林證券一個經紀人就說，他的客戶中懂得利用螢幕分析報表者，連5%都不到；雷曼證券一經紀人也說，該公司所提供的資料中大概有九成，散戶都不曉得去利用。

以前股市裡散戶比較多，而營業員本身就是很有用的資料庫，這些前輩大都針對某一產業或少數幾家公司深入研究，還能教導投資人進出股票，你也可以說他們是隨時準備出診的華爾街醫生。但投資人卻普遍不相信營業員，調查顯示營業員受歡迎程度，竟然還不及政客、二手車銷售員。此外，老式營業員比較能夠自己研究分析股票，不像現在的營業員事事仰賴公司。

現在的營業員除了股票以外，還有許多生意可做，像年金、股份有限合夥權、保險單、定存單、債券基金、股票基金，以及替客戶安排避稅、節稅等等，搞懂這些專業金融產品

都要花不少時間，誰還有閒工夫去追蹤啥公用事業股、零售股
還是汽車股？而且很少散戶要買賣個股，選股建議豈非無用武
之地？更何況不管怎麼說，現代營業員、經紀人的佣金最主要
根本不是來自股票，而是承銷股票、販售共同基金和選擇權等
等。

　　直接投入股市的散戶愈來愈少，投資心態也偏向玩票、投
機，再者營業員也少能提供選股建議，更加上媒體對證券專業
人士常作誇大報導，難怪投資人誤以為不可能自己選到黑馬
股、潛力股。可是這話可別對聖艾格尼斯學校的學生說。

聖艾格尼斯投資組合

　　表1-1的14支明星股，是一群活潑的七年級學生挑出來
的。1990年他們就讀於美國麻州阿靈頓（在波士頓附近）的
聖艾格尼斯學校。他們的老師，也是學校教務長墨麗絲，為了
想知道個人投資股票到底難不難，如果沒即時報價分析系統，
也沒有華頓商學院的企管碩士學位，甚至連駕照都沒有，是否
仍能在股市中揚眉吐氣？

　　這個明星股投資組合的優異績效，並不曾刊在《理柏投資
報告》或《富比世》雜誌。不過聖艾格尼斯投資組合兩年上漲
70%，比同期間上漲26%的S&P 500指數還高出許多，實在令
人無法忽視。而且若實際操作，全美99%的股票共同基金甚至
都不是對手。想想看，專業的基金經理人可是要拿高薪才選股
的，可是這群小朋友只要老師請他們吃飯，看一場電影，就高
興得很！

　　從他們特別寄來的剪貼簿，我才知道有這麼回事。天真的

表1-1　聖艾尼斯投資組合	
公司名	1990-91投資報酬
沃爾瑪百貨（Wal Mart）	164.7
耐吉（Nike）	178.5
迪士尼（Walt Disney）	3.4
Limited公司	68.8
洛城裝備（L. A. Gear）	−64.3
Pentech公司	53.1
Gap服飾	320.3
百事可樂（Pepsi Co）	63.8
萊昂食品公司	146.9
Topps公司	55.7
薩瓦那食品（Savannah Foods）	−38.5
IBM	3.6
NYNEX	−0.22
美孚石油公司	19.1
投資組合總報酬率	69.6
S&P 500指數漲幅	26.08

學生不但自己選出潛力股，每支股票還附上漂亮插圖哩！所以我就想到了彼得定理第3條：

> 任何用蠟筆畫不出來的鬼玩意，就不要去投資。

許多管理財務的人，不管是專業投資還是業餘散戶，對容易瞭解的賺錢企業，常常視而不見，卻偏偏愛亂冒險搞些複雜又易虧本的玩意兒，這樣的人都應該謹記這條定理。如果能切實遵行，誰會買Dense-Pac Microsystem公司的股票呢？這家生產記憶模組的高科技股，由每股16美元慘跌到只剩25美分，請問誰畫得出Dense-Pac Microsystem是什麼？

為了致上敝人恭賀之意，並請教選股祕訣，我邀請他們到

富達的主管餐廳吃午飯,這可是本餐廳首次供應披薩喔!吃飯時,在校任教25年的墨麗絲老師告訴我,每年她班上學生都以四人為一組,用25萬美元額度模擬股票投資,比賽誰賺最多。

每個小組都有俏皮小名,像是「窮光蛋大翻身」、「華爾街巫師」、「華爾街英雌」、「賺錢機器」、「股票族」、甚至「林區幫」,而由各組挑出一支明星股,這就是投資組合明星隊的由來。學生從《投資人商業日報》選出數家潛力企業,再分別研究分析其盈餘和經營狀況,相互比較擇強汰弱,最後選出值得投資的股票。這種作業方式,和專業基金經理人差不多,只是專家也不見得就比小朋友老練。

墨麗絲老師說:「我強調的觀念是,投資組合至少有十家公司,其中一兩家配息要比較高。而在股票納入投資組合前,學生要確實能說明這家公司是做什麼的,如果不知道它提供何種服務或生產哪種產品,就不能買。我們的主題就是:買你所知道的。」

買你所知道的,真是深刻的投資策略,可惜很多專家卻都忽略了。

Pentech國際公司是學生模擬投資時,曾深入研究的潛力企業。這家公司生產彩色筆及麥克筆,最熱銷的產品是麥克螢光兩用筆,一頭是寬版的麥克筆頭,另一頭則是螢光色的簽字筆頭。孩子們最初是從墨麗絲那兒知道有種兩用筆,後來很快就在班上流行起來,有些學生就用這種筆來標示選股。不久,他們開始深入研究這家公司。

當時該公司每股5美元,不但財務上沒有長期負債,產品

品質也讓人印象極佳。學生們認為，這種筆既能在此受到歡迎，未來也會在全美學校流行起來。此外，比起其他類似產品的製造商，如以刮鬍刀為主的吉列公司，投資大眾顯然還沒注意到Pentech公司。

　　為了讓我這個老同業瞭解得更透徹，聖艾格尼斯基金經理特別送我一支兩用筆，並建議我注意這檔黑馬股。當時要是照著做就好囉！我不費分文就得到他們的研究心得，可惜沒有買進，結果股價由5.125美元飆到9.50美元，上漲近一倍。

　　這些孩子在1990年投資模擬中，還選了迪士尼公司、兩家運動鞋廠商（耐吉和L.A.Gear）、服飾業Gap公司（他們都在那裡買衣服）、百事公司（他們就從百事可樂、披薩店必勝客、肯德基炸雞、福利多餐廳知道這家公司）、Topps（棒球卡製造商）。墨麗絲老師說：「七年級很流行棒球卡，所以投資Topps股票，誰也不會反對。Topps公司就是生產小孩子自己在買的商品，也讓他們覺得對該公司收入有功勞。」

　　另外，他們還買了沃爾瑪百貨公司股票，因為他們曾經看過一支錄影帶叫做《富翁名人的生活方式》，其中有一段是沃爾瑪百貨創辦人山姆‧華頓談投資對經濟的好處；NYNEX和美孚石油公司，因為股利豐厚；萊昂食品公司，因為這家公司經營很好，股票投資報酬率很高，而且在《富翁名人》錄影帶裡也有介紹。墨麗絲老師說：「1957年萊昂食品公司剛上市的時候，北卡羅萊納州88位沙利斯柏瑞市民，以每股100美元各買進10股，結果當時投資的1,000美元現在翻成1,400萬美元。你相信嗎？這88人都成了千萬富翁。這件事一定讓孩子們印象深刻，到年底也許他們會忘了許多事情，但絕不會忘記萊昂

食品公司的故事。」

投資組合唯一敗筆是IBM。無勞多言也知道，20年來IBM一直是基金經理人的最愛（包括區區在下，結果我們大人是不斷地買進IBM，又不斷地後悔）。IBM的致命吸引力何在？因為是大家公認的績優股，基金經理人如果因此賠錢，也不會有麻煩。聖艾格尼斯的小朋友，模仿我們專業的愚蠢行為，應該值得原諒吧！

對聖艾格尼斯的模擬操作，我想基金經理人會這麼說：(1)「又不是真的錢！」幸好是假的！不然大概會有幾十億資金從共同基金撤出，請這些小神童代為操作；(2)「這些股票誰都會挑。」那怎麼沒人挑呢？(3)「挑到這些黑馬股，只是運氣而已。」可是班上其他小組，有的投資績效甚至比明星隊還棒，例如1990年優勝組（安德魯、葛雷格、保羅、麥特）選的股票如下：

迪士尼公司100股（小孩都知道為何買它的股票。）

家樂氏公司100股（他們喜歡這項產品。）

Topps公司300股（誰不收集棒球卡？）

麥當勞公司200股（我們總得吃吧！）

沃爾瑪百貨100股（獲利成長驚人。）

薩瓦那食品100股（投資人日報推薦的。）

吉菲魯貝公司5,000股（當時為低價股。）

漢斯布羅公司600股（玩具廠商嘛！）

泰珂玩具公司1,000股（同上）

IBM公司100股（急著長大啦！）

全國披薩公司600股（誰不吃披薩？）

新英格蘭銀行1,000股（還能跌到哪？）

最後這支股票我也有，也同樣認賠出場，所以我知道他們為何會犯這個錯，不過全國披薩和泰珂玩具削暴了，足以彌補銀行股損失還有餘，這兩支股票都上漲四倍，任何投資組合只要挑中這兩支，必然大有斬獲。全球披薩是安德魯翻看那斯達克股票行情表發現的，隨後就開始研究這家公司。重要的研究步驟，很多投資人都忽略了。

1991年的獲勝組（凱文、布萊恩、大衛、特倫斯）則選擇菲利普摩里斯、可口可樂、德士古、雷神、耐吉、默克、強片影業和花花公子出版公司。其中默克製藥和德士古石油是因為股利優渥，至於花花公子會吸引這些小朋友，當然和出版什麼東西無關，這些小財神是認為該公司雜誌發行量很大，而且還經營有線頻道。

學生知道雷神（Raytheon）公司，剛好是在波灣戰爭的時候，當時他們寫信給駐沙美軍以鼓舞士氣，和一位史懷瑟少校通信聯絡。少校曾提到伊拉克飛毛腿飛彈曾射到營區幾里內，後來孩子們知道雷神公司生產愛國者飛彈後，就迫不及待地研究這支股票，墨麗絲老師說：「即使沒有真地拿錢投資，對幫助保護史懷瑟少校生命的武器有興趣，感覺就很不錯了！」

聖艾格尼斯大合唱

孩子們參觀富達基金公司，在主管餐廳吃披薩，還給了一個好後悔沒聽的Pentech黑馬股明牌後，聖艾格尼斯股票專家

回請我到學校演講，同時參觀他們的投資作戰部（教室）。等我從創校百年，自幼稚園到八年級都有的學校回來後，又收到一卷他們的錄音帶。

這卷錄音帶收錄他們的選股策略和想法，有些是我說的，不過他們決定再覆誦一遍，好讓我自己不要忘了。部分內容摘錄如下：

> 嗨，我是羅莉。你說過去70年來，股市曾下跌40次，所以投資人一定要長期投資才行……如果我投資股票，一定會長期投資的。

> 你好，我是費莉斯蒂。我認得你說過西爾斯百貨公司的故事，在美國第一批購物中心成立後，西爾斯百貨就已經在其中的95%開設分店……現在我如果要投資股票，我一定會注意企業的成長空間。

> 嗨，我是金姆，記得你說過凱瑪百貨公司進入大城市開店，沃爾瑪百貨反而轉進小城鎮設點，這種經營方式更成功，因為小城鎮沒什麼競爭壓力。你還說過，曾在山姆・華頓頒獎典禮上受邀演說。昨天沃爾瑪百貨一股60美元，而且宣布一股配一股。

> 我是威利，我只是想說，午餐吃披薩，大家都鬆了口氣。

> 嗨，我是史提夫，是我說服我們小組買很多耐吉的股票，56美元的時候敲進，現在是一股76美元。我有很多雙運動鞋，穿起來都很舒服。

> 嗨，我們是金姆、莫琳和賈姬。我們記得你說五

年前可口可樂推出健怡可樂才轉危為安，許多原本喝
茶和咖啡的人都改喝健怡可樂。最近他們在每股84
美元時宣布配股，經營情況也不錯。

　　錄音帶最後，是所有七年級投資組合經理人齊聲高詠以下
箴言。這幾句話值得大家熟背，洗澡時大聲覆誦，以免以後又
犯上同樣錯誤：

- 好公司通常股利每年都會增加。
- 賠錢很快，賺錢要慢慢熬。
- 只要挑選你認為經營不錯的好公司，而不只注意股價，股票市場確實不是賭場。
- 你可以從股市賺很多錢，但也可能會賠錢。這點我們已經證明了。
- 在真正投資以前，要先研究那家公司。
- 投資股市一定要分散風險。
- 必須選擇多檔股票。每五支你選中的股票裡邊，一支會表現很好，一支很差，其他尚可。
- 心胸常保開放，切忌單戀一枝花。
- 選股不能隨便挑，一定要先研究。
- 公共事業股不錯，股利優厚。但業績成長類股才能賺大錢。
- 股價已經下跌的股票，說不定還會跌得更低。
- 長期來看，投資小型股比較好。
- 切勿因為低價就買這檔股票，必須對該公司瞭解很多才行。

墨麗絲老師不但向學生提倡業餘選股，還和其他老師組成一個叫「華爾街神奇」的投資社團，現有22個會員，包括我（榮譽會員）和史懷瑟少校。

華爾街神奇的操作績效還不差，但比學生稍有遜色。在我們檢閱過學生的表現後，墨麗絲老師說：「我要告訴其他老師，孩子們選的股票比我們的還好。」

一萬個業餘選股的福證

美國密西根州羅以奧克的美國投資人協會資料顯示，只要嚴格遵守選股方法，大人和小孩一樣能夠擊敗大盤。美國投資人協會底下有一萬個股友社團，協會備有指南手冊，並出版月刊協助旗下社團。

在整個1980年代中，協會登記社團大多數操作績效都比S&P 500指數好，全美四分之三的股票共同基金都比不上這個成績。根據協會資料，1991年登記社團中有61.9%的操作績效，優於或和S&P 500指數打成平手，1992年更有69%社團擊敗大盤。這些投資社團所以能成功，關鍵就是定期投資，不用去猜大盤到底是上還是下，也不會一時衝動壞了大事。每個月從退休帳戶或其他退休基金帳戶，固定提撥一定數額投入股市的人，就和這些社團一樣，會靠這種自律的投資方法賺到錢。

定期定額投資股票，真有這麼好賺嗎？我請富達基金公司技術分析部門算了一下，如果你在1940年1月31日投資S&P 500指數1,000美元，52年後會翻為33萬3,793.3美元。當然，這純粹是理論上的運算，因為1940年還沒有指數基金，不過從中可以知道緊抱一籮筐的股票，長期上能滾出多少錢子錢孫

啊！

　　要是你每年1月31日都投資1,000美元就更妙了，52年後本金5.2萬美元就滾成355萬4,227美元了。要是夠狠，遇上市場回檔10%以上（52年內有31次）再加碼1,000美元，原始本金8.3萬美元更膨脹為629萬5,000美元。所以別管大盤多空，只要定期、規律地投資股票，必然獲利豐厚，如果大家都嚇得倒股票，你還敢大膽加碼的話，更會有意外的收穫。

　　這一萬多個股友社團在1987年10月19日的全球股市大暴跌後，還是依照計畫定期投資股票，當時大家都說世界末日快到了，銀行體系快垮了，可這些投資人無視於危言聳聽，照樣買股票。

　　如果只是一個人單打獨鬥，有時候可能被嚇得大賣股票，後來才又懊悔不已。不過這些社團卻要事先投票，多數同意通過後才可以買賣股票。這種集體規範方式，不見得一定對，但像在黑色19日這種緊急情況下，卻能確保不致蠢動，把股票全部殺光。股友社團的投資人，部分資金加入團體帳戶中操盤，部分自行操盤，而團體帳戶通常比個人操作來得好，主要原因就在於集體決策上。

　　股友社團每月在會員家或當地飯店會議廳聚會一次，交換意見選定標的股票。會員分別負責研究一兩家公司，注意相關消息。分工合作下，各會員不會隨便報明牌，沒有人會站起來說：「買家庭購物頻道的股票，有個計程車司機說穩賺的。」如果你知道自己所說的會影響到朋友的荷包，你就會努力多研究。

　　股友社團多半選績優潛力股，公司具輝煌歷史，獲利持續

增加。買這種潛力股，10年賺個10倍、20倍，甚至30倍，也沒啥好驚訝的。

經過40年的研究和努力，美國投資人協會成員學到許多我從麥哲倫基金學到的經驗和教訓，例如挑選五檔成長類股，大概有三支股票如你所預期那樣，一支會有狀況讓你很失望，但還有一支股票則好得讓你想不到，投資報酬高得驚人。股票最後表現殊難預料，所以美國投資人協會的建議是，投資組合中最好不要低於五檔股票，這叫作「五股定律」。

協會寄了一本《投資人手冊》來，其中有好幾條名言警句，可以加進聖艾格尼斯大合唱，閣下推著割草機時可以用來消遣消遣，如果打電話給營業員之前先背一背，就更好了：

- 消息不靈通的股票不要買。
- 規律地定期投資。
- 先看每股營收和盈餘的成長速度是否讓人滿意，再等合理價位買進。
- 注意企業的財務狀況和負債結構，如果碰上幾年不景氣，公司的長期發展是否會受影響。
- 買不買這支股票，就看獲利成長是否符合你的目標，還有股價合不合理。
- 瞭解過去業績為何成長，有助於判斷未來能否保持過去的成長速度。

為協助投資人更深入選股技巧，美國投資人協會除了《投資人手冊》外，還備有一整套的自修課程，教你怎麼算盈餘和營收成長幅度，如何根據盈餘水準判斷股價偏高、偏低還是合

理，以及資產負債表怎麼看，以研判企業是否有足夠資金熬過困境。如果你喜歡數字問題，也想做點複雜的投資研究，這倒滿合適的。

美國投資人協會也有一本月刊叫《更好的投資》，裡面推薦業績潛力股，並定期提供最新情報。如果你有興趣，請來函：P.O.Box 220, Royal Oak, MI 48068，或電：（313）543-0612。這是我自願替他們做的免費廣告。

週末的杞人憂天

　　想賺股票的錢，關鍵在不要被它嚇跑，這一點強調再多都不夠。教你怎麼挑選股票或共同基金的書，每年都有一堆，但若缺乏意志力，膽量不夠，什麼法寶都沒用。投資股票跟減肥一樣，是看你有沒有勇氣，而不是聰不聰明。

　　以共同基金來說，投資人不必去分析上市公司或盯盤，知道越多反而越容易受傷。根本不管景氣好壞、大盤多空，只是規律地定期投資，反倒比追高殺低更順手。

　　這個教訓我每年都會想起來，因為《巴隆週刊》的年度投資座談會上，包括區區在下，一整票投資專家就常常不知道在擔心什麼，自己嚇自己。從1986年開始，我每年都出席這項座談，會期訂在1月，歷時八小時，大夥互相交換心得和看法，會議紀錄再分三期刊載。

　　《巴隆週刊》屬於道瓊公司所有，總部設在新的道瓊綜合大樓，從上可以俯瞰曼哈頓南端的哈德遜河右岸，大樓大廳高闊，天花板全用大理石建材，足以媲美羅馬聖彼得大教堂。要進去還得搭乘類似機場的移動步道，整個安全控制系統非常嚴

密，首先向服務台告知身分及來訪目的，等檢查通過發給許可證明，再憑該證明搭電梯。

到了想去的樓層後，還要刷卡開另一道門，然後才真正進到會議室。我們戲稱此為圓桌會議，不過桌子可不是圓的，原本是U型，最近又排成三角形，來賓分坐在兩斜邊，主辦單位則在底部提問題，主持人是《巴隆週刊》編輯艾伯森（Alan Abelson），他不但機智十足且在金融方面很有兩把刷子。

會場屋頂掛著麥克風和13盞千瓦強力聚光燈，不時開開關關配合攝影，13呎外有攝影師以伸縮鏡頭搶拍實況，另一位（穿著護膝的女士）就在我們前面爬來爬去拍特寫。會場除攝影師外，還有巴隆的編輯群、音效專家和技術人員，隔著一扇玻璃牆還有幾位技術人員。上頭的燈泡熱得可以孵蛋。

為我們這些有點年紀，兩鬢日漸霜白的基金經理人，擺這種排場也太小題大作了點。相反的，我們實在是這些媒體捧場，才有今天這種派頭的。參加座談的來賓偶有替換，不過老面孔不少，如加百列（Mario Gabelli）和普萊斯（Michael Price），這兩位操作最近再次風行的股票價值基金頗受好評；溫莎先鋒基金（Vanguard Windsor Fund）的耐夫（John Neff），我1977年開始操作麥哲倫時，他已是業界傳奇；瓊斯（Paul Tudor Jones），大宗商品的高手；國際銀行家祖勞夫（Felix Zulauf），他老是憂心忡忡，但和他無事不憂的瑞士同胞相比，已算是驚人地樂觀；基金經理人柏金斯（Marc Perkins），他還在銀行當研究員時我就認識；雪佛（Oscar Schafer），專門對付企業「特殊狀況」；巴倫（Ron Baron），全盯些名不見經傳的小型股；麥加勒斯特（Archie

MacAllaster），店頭市場瞭若指掌。

　　1992年瓊斯退出，換摩根士丹利資產管理公司董事長比格斯（Barton Biggs），其投資眼光極具世界觀。柏金斯是在1991年開始參加座談，當時已經出席五年的羅傑斯（Jimmy Rogers）說要退出江湖，準備騎摩托車走絲路古道去中國。我最後一次聽到羅傑斯的消息，是他把摩托車運到祕魯，騎遍整個安地斯山脈，離最接近的證券經紀商起碼千里之遙（後來又在晚間商業節目露面）。

　　一般人交朋友大都在校園、軍隊或夏令營活動，我們這票人則都是從股票開始。例如我一看到巴倫就想到某支股票，當時我們都買了，可是還沒漲就賣掉了。

　　與會諸公多年來一直努力練嘴，希望可以趕上巴隆編輯艾伯森的如珠妙語。座談紀錄實際刊出時艾伯森並不具名，僅以「巴隆」或「問」代表，不過以下精采對話實在值得把艾氏大名特別刊露。至於雪佛和普萊斯那一段，也屬於艾柏森風格，故一併摘出：

羅傑斯：我的確擁有一家叫Steyr-Daimler-Punch的歐洲公司（的股票），到現在已經賠了好幾年。
艾柏森：除此之外，這家公司還有什麼能耐嗎？

艾柏森（跟雪佛說）：現在拋空什麼嗎？
雪佛：我再說個值得買進的股票，然後再談要拋空什麼。我讓你覺得無聊嗎？
艾柏森：跟平常差不多無聊。

古德諾（前任與會者，談菲律賓長途電話公司）：我知道鄉下地方的服務不太好，其中一個問題是找不到人爬電桿修電線，不幸遇到狙擊兵就倒大楣了。除此之外，營運非常穩定。

艾柏森：你說這是長程射擊嗎？（譯注：暗示能否長期投資？）

林區：我還是看好這家終極儲貸機構，芬尼梅（Fannie Mae），後面還有一段要走。

艾柏森：往上走，還是往下走？

普萊斯：實際在股票方面（in real stocks），大概佔我們基金的45%。

雪佛：其他55%是假股票（Unreal stocks）嗎？

加百列：你知道的，過去20年來我一直推薦林氏廣播公司。

艾柏森：可惜都沒用。

加百列：我說的是用多面向方法，來解決多面向的問題。

艾柏森：拜託你，這只是一本家庭刊物。

約翰：過去八個衰退期中，如果某季最初兩個月就跌這麼深……這些都是我假設的。

艾柏森：你全在假設！

　　座談從正午開始，主要分成兩部分，第一部分是檢討當前金融市況，討論未來經濟大勢，或是擔心世界末日是不是就快到了。這部分就是我們常搞砸的地方。

　　這個討論部分所以值得在此提出，就是因為所謂的專業討

論，其實和一般散戶相差無幾，像投資人在吃飯、上健身房或週末一起打高爾夫時的閒聊一樣。平常大夥各忙各的，只有到週末才有空想些電視或報紙上的悲慘消息。美國的報紙都用塑膠套包著送來，也許這是送報生用心良苦：怕我們全被報紙害了。

可惜我們辜負苦心，還是讓這些壞消息在外肆虐，搞得大家以為人類未來黯淡無光：一會說地球變熱，一會又說地球變冷；邪惡的蘇維埃帝國正在擴張，邪惡蘇維埃帝國崩潰了；經濟衰退和通貨膨脹，還有文盲嚴重、健保醫療支出太高、回教的基本教義派、預算赤字、人才外流、種族衝突、黑道氾濫、治安惡化、貪贓枉法、性和金錢醜聞，有時連體育版都讓人抓狂。

手中沒有股票的人，聽到這些消息大概就是沮喪而已，但對股市投資人卻是非常危險。如果你聽到全世界一半的消費者死於愛滋病，另一半又死於臭氧層破洞，全球雨林消失之前或之後，整個西半球寸草不生像大戈壁，或者在此之前儲貸機構全面崩潰，城鄉同歸於盡，請問還有誰想買Gap服飾公司的股票？

你大概不願承認：「因為看到週日特刊有關溫室效應的報導，所以賣掉Gap股票」，但每逢週一賣壓特重，可見這種週末躁鬱非常嚴重。股票史上大跌的日子常出現在週一，而12月最常收黑，這種情況絕非偶然。12月常有繳稅賣壓，再加上假期特多，更有空來胡思亂想。

這種週末憂鬱症候群，正是我們這群專家在座談第一階段常犯的。1986年我們擔心M_1貨幣供給額相對M_3的情況、葛蘭

－魯曼預算裁減法案、七大工業國（G7）動向如何、「J曲線效應」是否有效改善貿易赤字；1987年我們又擔心美元匯率會不會崩潰、外國企業在美傾銷、兩伊戰爭可能造成石油短缺、外資不買美國股票及債券、消費者彈盡援絕無力再消費、雷根總統不得三度連任。

當然不是所有特別來賓都陷此萬劫不復之境，有的人會特別悲觀，有的今年悲觀，明年樂觀，有的卻對未來充滿信心，讓哀悽的座談稍見輕鬆。可是我們對經濟和股市最樂觀的一年，就是1987年，結果紐約股市當年重挫千點。當年羅傑斯是唯一拉警報的人，不過1988年他舊調重彈，又說全球股市要垮了。羅傑斯對拋空特別有一套，當時他即使嗅出情況不對勁，1987及1988年他在《巴隆週刊》所推薦的拋空個股卻沒幾支。所以，股票投資想要成功，就不應該讓無謂憂慮影響操作策略。

我們這一群專家算是影響力十足，經手管理別人的資產達數百億美元，可是年復一年的集會討論，連全球經濟是否不景氣，還是可能復甦上翻，我們都無法達成一致的結論。

特別要提的是，1988年座談我們的悲觀算是達到巔峰。兩個月前全球股市才剛從黑色星期一歷劫歸來，我們當然以為今年還會再來一次！所以彼得定理第4條就是：

　　從後照鏡看不到未來。

1988年祖勞夫劈頭就說：「1982到1987年的（股市）蜜月結束囉。」這還是一整天最樂觀的話，其餘時間大夥就忙著爭辯大空頭市場是否快來了，道瓊30種工業股價指數可能跌

到1,500點或更低，空頭市場會讓「整個金融圈多數業者和全球大部分投資人三振出局」（羅傑斯說的），帶來「和1930年代早期一樣的全球大蕭條」（瓊斯說的）。

除了空頭市場和全球性大蕭條以外，還有貿易赤字、失業率、預算赤字好煩惱。在參加巴隆座談前一晚，我常常睡不好，可是1988年這次會議，足足讓我做了三個月的噩夢。

1989年座談狀況比前一年好一點，可是祖老大還是說什麼今年正逢中國蛇年，以中國人的看法是個惡兆。1990年我們再次歡聚，連續幾年掛在嘴上的全球大蕭條還是不見蹤跡，道瓊指數又站上2,500點，當然啦，我們還是找得到不買股票的藉口，這一年房地產價格大跌成了焦點。另外，股市漲太久也讓人不安，紐約股市連續漲了七年（1987年10月雖有股災，全年仍收紅），總有回跌的時候吧？就是如此，太順利也讓人擔心。我一些平時絕非等閒之輩的朋友，甚至以為銀行也會破產，整個銀行體系說不定都快垮了，錢要藏在家裡才安全。

悲情的1990年，比1980到1982年時還糟糕。從前投資人對股票極端失望時，只是提到股票，話題就會轉為地震、喪禮還是波士頓紅襪隊毫無希望的勝利。可是1990年投資人不再迴避，反倒全押股市會跌，不但計程車司機熱心推薦你買債券，連美髮師都全誇說自己怎麼操作「賣出選擇權」，這種東西的價格正好和股票反向而行。

我認為美髮師本來就不應該聽過賣出選擇權這種鬼玩意，可是有人卻用微薄薪水從事這麼複雜的操作。如果有人因為擦鞋童買股票，就把股票全賣掉，那麼美髮師操作賣出選擇權，大概就該進股票了。

以下算是些比較好的報紙標題，足可一窺1990年秋天的社會氣氛：

「專業人士大裁員」《華爾街日報》，10月4日

「你的飯碗穩嗎？」《新聞週刊》，11月5日

「勉強過活」《紐約時報》，11月25日

「房地產重挫」《新聞週刊》，10月1日

「房租太高，年輕人無地可棲」《商業週刊》，10月22日

「房價暴跌，房屋裝修業重創」《商業週刊》，10月22日

「房市崩盤威脅金融業」《美國新聞》，11月12日

「3年前始於東北部的房市不景氣，現已擴及全美」《紐約時報》，12月16日

「赤字（裁減）計畫在國會前途難卜，但也不是萬靈丹」《華爾街日報》，10月1日

「美國經濟後勢難料」《華爾街日報》，12月3日

「慘況可期，消費者憂心忡忡」《商業週刊》，12月10日

「焦慮時代求生指南」《新聞週刊》，12月31日

「美國還有競爭力嗎？」《時代週刊》，10月29日

「你的銀行安全吧？」《美國新聞》，11月12日

「你有競爭力嗎？美國人逐漸落後，如何急起直追」《商業週刊》，12月17日

還不只這些呢！那一年中東還有場仗要打，電視攝影機成天盯著五角大廈的簡報室，幾百萬觀眾現在才知道伊拉克和科威特到底在哪，戰略專家對戰況也爭執不下，不知道盤據沙堡、訓練有素、全球排名第四的伊拉克陸軍，挾其生化武器會

害死多少美國子弟兵，到底需要多少運屍袋。

這個不祥之兆的戰爭，對原本就憂心不已的金融專家，更是個沉重打擊。1991年1月15日我們群聚《巴隆週刊》的會議室，運屍袋陰影讓大夥提心吊膽。討論經濟大勢時，一向憂鬱的祖勞夫更顯鬱卒，認為道瓊指數將跌到2,000點至1987年大崩盤谷底之間，普萊斯預期跌幅500點，柏金斯說最後會大跌到1,600點到1,700點附近。區區在下也說最慘可能出現經濟大衰退，如果戰況像別人預期那麼差，紐約股市可能大跌33%。

不過專家有專家的一套。成功的投資專家才夠資格參加巴隆座談，所以我們也都有自己的投資規範，足以讓自己不被這些可怕的消息嚇倒。我當然知道，波灣戰爭可能讓美國再陷泥沼，戰況也可能惡化，可是一方面我內在的投資本能卻不禁注意到，股價在投資人瘋狂拋售後，已跌到非常具有投資價值的水準。雖然當時我不能像在麥哲倫基金時一樣，進場敲進百萬股，但我自己的帳戶及其他代管的公益信託、公共基金等，還是把握良機逢低承接。1990年10月《華爾街日報》報導說，我個人正加碼W.R.格雷斯公司和摩里森柯納森公司的股票。這兩家公司我都擔任董事。我對《華爾街日報》記者傑森說，這只是「我買進十支股票中的兩支而已……若股價再跌我再進。」此外，我從富達退休後，就買進2,000單位麥哲倫基金，現在我又敲進2,000單位。

當局勢一片悲觀之際，正是選股老鳥一展身手的大好時機。當時報上盡是壞消息，從夏天到初秋道瓊指數已大跌600點，計程車司機叫你買債券，共同基金現金部位高達12%，巴隆座談來賓起碼有五位認為經濟會嚴重衰退。

　　當然我們現在知道，波灣戰況並不像原先所想那麼糟（除非你是伊拉克人），紐約股市也沒有重挫33％，反而是S&P 500指數勁揚30％，道瓊指數上漲25％，小型股飆升60％，結果1991年股市表現竟是20年來最棒的。如果當時你稍微注意這些專家的危言聳聽，保證錯過大行情。

　　過去六年來座談討論的悲觀看法，如果全聽進去，你可能就被嚇出大多頭行情，而對世界末日充耳不聞的投資人，卻很快樂地賺了三、四倍。所以下次聽到什麼日本快破產，或隕石會撞上紐約證交所，別人勸你趕快賣股票時，千萬不要忘記上面的教訓。「股市驚疑不定，愁雲滿布。」這是《巴隆週刊》1991年座談紀錄，結果沒多久股市買氣大熾，道瓊指數再創新高。

學會從更大角度來觀察

　　「嘿！下次股市回檔，我才不管那些賣消息，應該趁機逢低承接。」說起來簡單，做起來可不容易。每次有狀況發生，好像都比以前嚴重，要對壞消息置之不理愈來愈難。我認為只有以規律方式定期投資股票，才不會被消息面嚇倒，例如定期提撥固定金額投資股票的退休理財，或先前提過的股友社團，就比憑感覺殺進殺出賺得還多。

　　跟著感覺走，結果反而容易被矇蔽。股價指數已上漲600點，許多股票已經超漲的時候，投資人反而比較有信心，但指數下跌600點，買點一再現身向你招手時，大夥卻都沒啥信心。所以，如果不定期投資的話，你最好想個法子來堅定信心。

如何堅定信心和選股，通常不會一起討論，但選股之後能否以畢全功，就看你信心夠不夠。資產負債表、本益比或許對你來說都不是問題，可是如果缺乏信心，一丁點壞消息就讓人方寸大亂。你或許選了個好基金，把畢生積蓄全押上去，可是信心若不夠堅定，在驚懼最高點時拋賣，保證碰上價位最低點。

我所謂的信心是什麼？就是相信世界會繼續存在，大夥早上起床穿上褲子，還是一次先穿一隻腳，生產褲子的公司會繼續為股東賺錢，如果老公司喪失競爭力慘遭淘汰，充滿活力的新血輪如沃爾瑪百貨、聯邦快遞等馬上會取而代之。我們相信大夥勤勉而有創造力，即使故作風雅的雅痞偷個懶，也會被責罵。

如果對未來感到疑慮或失望時，我會試著從更大的角度來觀察世界，全神貫注勾畫更大的藍圖。如果你想堅定信念，維持投資信心，就得學會從更大角度來看問題。

由更長遠的視野來看，過去70年來股票投資年報酬率平均為11%，而國庫券、債券及定期存單均不及其半。就算本世紀以來發生過多少次大小災難，千萬個理由都可能帶來世界末日，股票投資報酬還是債券的兩倍。相信兩、三百個經濟分析師、證券顧問公司的經濟大蕭條預言，結果得到什麼？只憑著簡單而堅定信念，長期投資股票的人硬是賺得荷包飽飽。

還有，在過去70年裡，股市跌幅10%以上的回檔共計40次，然無損於股票的投資龍頭地位。這40次回檔中，跌幅達33%或以上者計13次，這可算是恐慌性重挫，其中最嚴重的一次就是1929年到1933年的大空頭市場。

　　我認為1929年的股市大崩盤，已經由單純的事件演化成一種文化上的痛苦經驗和記憶，這種文化創傷到現在還讓幾百萬投資人視股市如畏途，轉而投向債券和貨幣市場的懷抱，以免自己又成崩盤祭品。大蕭條年代到現在已安然度過60餘年，但投資人一直到現在仍心有餘悸，連我們這些1929年以後出生的人，也不曉得在怕什麼。

　　這種大崩盤後的創傷症候群，讓投資人付出高昂代價。把錢放在債券、貨幣基金帳戶、存在銀行或購買定期存單，不但錯過了60多年來股票的投資利得，還飽受通貨膨脹的鯨吞蠶食。通貨膨脹長期來看，對資產的消蝕力遠甚於崩盤，而閣下還不見得有幸碰上崩盤。

　　由於當年股市大崩盤之後，就遇上全球經濟大蕭條，於是大家就把股市崩盤和經濟崩潰畫上等號，認為股市一崩，經濟隨後就垮。但是事實根本不是這樣，例如1972年的股市崩盤，和1929年差不多（像塔可貝爾公司這種績優股竟從15美元跌到只剩1美元），但經濟景氣安然無恙。最近的1987年大崩盤也是如此。

　　或許股市終有崩盤的一天，但誰能預測到這種事呢？我不能，出席巴隆座談的專家也不能，那麼閣下慌慌張張，因噎廢食，又是為什麼呢？況且在過去70年裡面，40次回檔如果都把股票賣了，有39次你會後悔得要命。就算不幸碰上那種恐慌性重挫，股價仍有回來的一天。

　　股市回檔有啥好訝異的，這根本是一再重演的事，好比大夥都知道明尼蘇達州冬天冷得要死。如果待在苦寒之地，低溫早就習以為常，一旦碰上零度以下的日子，誰會以為冰河期要

來了？只穿上雨衣，走道撒點鹽就搞定了，到夏天自然變暖，
沒啥好煩惱的。

　　成功的投資人看待股市回檔，就和明尼蘇達州人民適應寒
冷一樣。你知道大跌會來，心理早已做好準備，一旦看好的股
票與大盤同步回檔，正是逢低加碼的好機會。 1987年10月19
日道瓊30種工業股價指數單日重挫逾508點，大夥都以為全完
蛋了。最後道瓊指數共跌了1,000點（由當年8月頂部回檔
33%），但世界末日也沒有來。這是本世紀以來，回檔逾33%
最近的一次，雖然跌得相當慘，但只是個正常的回檔而已，沒
啥好怕的。

　　如果股市再跌10%以上，就是本世紀第41次回檔（也許
現在已成事實），要是大跌33%就是第14次。當年在麥哲倫基
金年報上，我一再提醒投資人，股市免不了有回檔的時候。

　　當我對未來感到疑懼，陷入憂鬱之際，就常以過去40次
回檔來安慰自己，誰都曉得這是用公道價格買績優股的好機
會。

第 **3** 章

基金總覽

　　投資共同基金應該能避免很多麻煩才是，起碼不必擔心買哪支股票才好，可是現在光是要選哪家基金，就夠你頭大的了。1976年的時候，美國總共只有452家基金，其中278家為股票型共同基金。然而現在股票型基金有1,266家，收益型1,457家，必須繳稅的貨幣市場基金566家，還有276家短期地方公債基金，總共3,565家。

　　基金激增的情況，迄今仍無減緩跡象。各式各樣的分類標準都有，例如：國家基金、區域基金、避險基金、產業基金、價值基金、成長基金，有非常單純的基金，也有多樣混合的基金，有所謂的相對基金，也有股價指數基金，還有以基金為投資標的的基金，或許未來我們還會碰到以所有獨裁國家為投資對象的基金，或是三流國家的基金，以及投資對象專以基金為主的基金。

　　這到底怎麼回事？難道華爾街最近流行，要是哪家投顧獲利銳減，就趕快再設一家基金嗎？

　　近年來美國所設立的基金，已達前所未有的歷史紀錄：基金家數比紐約證交所加上美國證交所，兩家證券交易所的上市

公司總合還多。而且在上市證券中，還有328家實際上是基金
喬裝打扮的（請看本章稍後封閉型基金一節）。我們要如何殺
出基金的重重包圍呢？

投資組合設計

兩年前美國新英格蘭地區幾位投資人，就碰上這個問題。
我剛才說過，我們幾個投資專家曾應非營利組織之邀，協助他
們重新規畫投資組合。和其他公益團體差不多，該X組織也常
常缺錢。他們的投資，多年來都由一位基金經理人負責，分別
投資債券和股票，就如同一般投資人。

在我們向該組織建議如何調整投資組合時，必須面對的問
題，通常也是一般投資人要解決的投資難題。

第一個要決定的是，過去那種債券和股票兩路並進的方
式，是否必須改變。這問題很有趣，因為你最先要考慮的戰略
問題，是要追求成長，還是穩定收入，這對你未來投資報酬影
響深遠。

以我本身而言，則稍偏向債券，因為我現在沒有薪水，所
以要有穩定的收入才行，不過在股票上我還是非常積極。然而
現在大部分投資人根本就搞錯方向，靠錯邊，收益型投資太
多，成長型太少。這個情況現在尤其嚴重。1980年美國共同
基金投資人，有69%選擇股票型基金，可是到1990年時反而
減為43%。如今全美共同基金的債券及貨幣市場部位，共高達
75%左右。

投資人喜歡債券，對政府當然是好事一樁，如此國債發行
永無止境。可是債券對你的財富可沒啥好處，應該去買股票才

對！我在導言中早說過了，股票投資報酬比債券更高，過去70年來股票平均每年投資報酬率達10.3%，而長期公債只有4.8%。

股票比債券好，是非常明顯的。上市公司規模變得越大，賺得錢越多，股票價值也跟著水漲船高，配股配息也會增加。股息的豐脊，絕對是這支股票成不成材的重要關鍵。如果你專挑過去10年或20年股息不斷增加的股票，槓龜機會微乎其微。

穆迪投資服務公司出版的《股息贏家手冊》（在下最喜愛的床頭書之一），就專門摘列這些股息常勝軍，根據我手上的1991年版，美國共有134家公司股息連續成長20年，維持10年者有362家。想在華爾街揚名立萬，有個最簡單的方法：就只買穆迪手冊刊出的上市公司股票，除非哪天慘遭除名，否則死抱到底。普特南股息成長基金，就是緊盯上市公司股息狀況來操作的。

企業如果賺錢，發給股東的股息當然就會增加。但是反觀債券呢？即使回溯到十五、十六世紀的麥第奇時代，也沒有哪家公司因為賺錢，就自願提高債券利率。你買公司債，不會有人請你參加年度大會，不但看不到表演，也不能免費吃點心，公司不會對你必恭必敬、有問必答，而且賺錢也不會分給你。債券持有人頂多拿回飽受通貨膨脹侵蝕的老本。

現在美國之所以投資債券比較多，主要是全國財富集中在年紀比較大的人，而老年人要靠利息過活。年輕人有賺錢能力，當然可以全部投資股票，一旦年老體衰再轉入債券，靠固定利息過活。但是這種年輕人買股票，老年人買債券的觀念，已經落伍囉！因為現在的人活得比較久。

現在，一個62歲健康的人預期壽命可到82歲。往後還有

20年要花錢，資產購買力也要讓通貨膨脹侵蝕20年。原準備靠債券和定存快樂過活的老年人，根本打錯算盤。以後還要付20年的帳單，如果想維持一定的生活水準，勢必要提高投資組合中的成長部位才行。即使閣下資產雄厚，如果碰上低利率時代，光靠利息也很難過活。

在這種情況下，老年人怎不哀歎：「光靠定存利率3.5%，怎麼活下去啊？」。

假設一對退休老夫婦全部資產為50萬美元，如果全砸在短期債券或定存會怎樣呢？利率如果降低，定存利率更低，結果收入大幅縮水；如果利率上揚，收入是增加了，但物價壓力也跟著走高。如果50萬美元全買利率7%的長期債券，每年穩收3.5萬美元，可是通貨膨脹率若是5%，那麼3.5萬美元購買力10年後只剩一半，15年後只剩三分之一。

到時候，這對老夫婦可能就不敢再出去旅行，甚至要開始吃老本了，不但以後收入更少，留給孩子的遺產也跟著縮水。所以，除非是很有錢、很有錢的人，一般人想過好日子，就得靠股票才行。

當然啦，股票投資金額佔個人資產的比例，主要看你的財務能力，還有這筆錢的迫切度而定。我的建議是，盡量把股票比重提高到所能容忍的上限。

對X組織的主事者，我也如此建議。過去他們是採股債各半的比例，50%股票，50%債券。當時債券（五到六年期）殖利率為9%，而股票股利為3%，所以整個投資組合的報酬率共6%。

一般而言，債券到期後以原價贖回，因此債券部位毫無增

長，而股票部位一年預期上漲8%，漲幅遠高於配股率。（根據過去情況，股票投資報酬率約11%，其中3%為股息，8%為股價漲幅。當然，股價上揚的主要理由，可能就是公司增加配股，因此更刺激股價上揚。）

佔投資組合一半的股票部位每年增值8%，但債券卻不動，總計整個投資組合每年僅增值4%，幾乎趕不上通膨速度。

如果我們調整一下投資比例，情況如何？如果把股票部位加大，同時減少投資債券的話，X組織頭幾年收入勢必減少，但股票股利的發放，以及股價的長期增值，絕對可以彌補其短期犧牲還有餘。

調整債券及股票投資比重後，總報酬變化狀況請參考表3-1。該表由貝克威特（Beckwitt）提供，他是富達資產管理資金的經理人，操作績效斐然。

貝克威特數理分析能力極強。這種人思考方式非常複雜，所處理的問題，不是我們這些單線思考者所能理解，連講的話都只有其同類才聽得懂。但貝克威特難能可貴的是，他隨時可以跳脫數理分析模式，用普通英文和我們溝通。

貝克威特的表中假設三種狀況，每種情況都是投資1萬美元，債券利率定為7%，股票配股率3%，股價每年增值8%。

甲案1萬美元全部買債券，20年後共收取利息1.4萬美元，再拿回1萬美元本金。

乙案股債各半，20年後債券利息收入為1萬422美元，股票股利6,864美元，總資產增為2萬1,911美元。

丙案則全部投資股票，20年後股票股利為1萬3,729美元，再加上股價增值，總資產共計4萬6,610美元。

表3-1　股票／公債投資比重一覽表

		公債到期總值	公債利息所得	股票總值	股利所得	總投資所得	年終本金
甲案： 100% 公債	第一年	$10,000	$700	—	—	$700	$10,000
	第二年	10,000	700	—	—	700	10,000
	第十年	10,000	700	—	—	700	10,000
	第廿年	10,000	700	—	—	700	10,000
	廿年總額	10,000	14,000	—	—	14,000	10,000
乙案*： 50% 公債 50% 股票	第一年	5,000	350	5,400	150	500	10,400
	第二年	5,200	364	5,616	162	526	10,816
	第十年	7,117	498	7,686	300	798	14,803
	第廿年	10,534	737	11,377	647	1,384	21,911
	廿年總額	10,534	10,422	11,377	6,864	17,286	21,911
丙案： 100% 股票	第一年	—	—	10,800	300	300	10,800
	第二年	—	—	11,664	324	324	11,664
	第十年	—	—	21,589	600	600	21,589
	第廿年	—	—	46,610	1,295	1,295	46,610
	廿年總額	—	—	46,610	13,729	13,729	46,610

* 乙案投資公債和股票金各佔一半，因為兩部分增值幅度不同，必須定期調整才能維持比重各半，也就是增值較快的股票部位必須注減少投資金額，轉以挹注增值較慢的公債部位。

　　由於股票股利不斷增加，到最後股票收入會比債券的固定收益還多，因此20年後乙案的收益，比甲案多3,286美元。而丙案中，投資人在收益方面只減少271美元，但換來20年股價巨幅增值。

　　若再進一步分析，你會發現即使需要固定收益，也沒有必要買債券。這個相當激進的結論，也是根據貝克威特的資料而來，請參考表3-2。

　　假設投資10萬美元，每年需要7,000美元來維持生活。如果需要固定收入，一般建議就是去買債券。假如不這麼做，反而全部投資股利只有3%的股票，又如何呢？

　　第一年股利3%，收入只有3,000美元，還得賣掉4,000美元股票以為挹注。假設股價每年上漲8%，因此閣下股票部位也增為10萬8,000美元，拋賣4,000美元後還剩10萬4,000美元。

　　第二年股利增為3,120美元，故只須賣掉3,880美元的股票。以後每年股利愈多，需要賣掉的股票也就愈少。到第16年股利超過7,000美元，就不必再賣股票了。

　　20年以後，閣下10萬美元本金已增值為34萬9,140美元，如果再加上這段期間14萬6,820美元的生活費，資產大概膨脹為原來的五倍。

　　好啦，咱們又再次得出股票優於債券的證明，即使你需要固定生活費也一樣。可是債券愛用者還是會怕，害怕股價上漲並非如此規律，每年哪剛好都有8%？有時甚至連跌好幾年哩！以股票代替債券的投資人，不但要熬過歷次回檔，為了彌補股利的不足，有時還得認賠拋股。

　　如果一開始投資股票，就倒楣碰上股市回檔，整個投資組

表3-2	100%股票投資策略				
年	100%股票 年初總值	股利 所得	股票 年終總值	支出	年終 資產總值
1	$100,000	$3,000	$108,000	$7,000	$104,000
2	104,000	3,120	112,320	7,000	108,440
3	108,440	3,250	117,200	7,000	113,370
4	113,370	3,400	122,440	7,000	118,840
5	118,840	3,570	128,350	7,000	124,910
6	124,910	3,750	134,900	7,000	131,650
7	131,650	3,950	142,180	7,000	139,130
8	139,130	4,170	150,260	7,000	147,440
9	147,440	4,420	159,230	7,000	156,660
10	156,660	4,700	169,190	7,000	166,890
前十年總額		37,330		70,000	166,890
11	166,890	5,010	180,240	7,000	178,250
12	178,250	5,350	192,510	7,000	190,850
13	190,850	5,730	206,120	7,000	204,850
14	204,850	6,150	221,230	7,000	220,380
15	220,380	6,610	238,010	7,000	237,620
16	237,620	7,130	256,630	7,130	256,630
17	256,630	7,700	277,160	7,700	277,160
18	277,160	8,310	299,330	8,310	299,330
19	299,330	8,980	323,280	8,980	323,280
20	323,280	9,700	349,140	9,700	349,140
後十年總額		70,660		76,820	349,140
廿年總額		107,990		146,820	349,140

假設每年股票股利3%，股價上漲8%，支出7,000美元。

＊十位數以下四捨五入。

合都在虧本，生活壓力會讓投資人感到特別沉重。投資人總是擔心，萬一全部投入股市就碰上大跌，把老本賠個精光，又該怎麼辦？即使你已充分瞭解表3-1及3-2，而且也相信全部投資股票，長期才屬明智，還是可能被這種大跌恐懼症嚇得不敢買

太多股票，寧可抱著債券來避風險。

讓我們做個悲觀假設，閣下全力投入股市，馬上碰上大跌，一夜之間損失25%。一下就輸掉四分之一財產，當然懊喪不已。但是只要不賣掉股票，結果還是比債券好很多。貝克威特以電腦計算，閣下20年後投資組合成長為18萬5,350美元，幾乎是10萬美元債券本金的兩倍。

或者碰上更糟糕的情況：景氣低迷持續20年，股利發放和股價漲幅都只有正常的一半，這必然是近代金融史上最久的大災難。但若仍全部投資股市，每年從中取出7,000美元來過活，20年後還是有10萬美元，結果和投資債券一樣。

如果當時向X組織遊說時，手上有貝克威特的分析就好了，我就可以說服他們不要把子彈浪費在債券上。最後我們達成結論，提高股票的投資比例，至少這是正確的第一步。

債券及債券基金

決定投資比例後，先把債券部位搞定再說。我個人不熱中債券投資，所以這段討論也不會太長。你們應該都看得出來，我比較偏好股票，不過稍後再來討論我最熱中的投資，現在先講債券。一般認為債券最能保本，事實卻非如此。

有些人以為買債券，不買股票，晚上才睡得安穩。如果你聽聽我以下要說的，大概半夜就驚醒囉！購買利率8%的美國30年期公債很安全嗎？如果通貨膨脹能維持30年低檔，才算安全。萬一通貨膨脹率上升為兩位數，公債價格至少跌個兩、三成。這種情況可讓人進退兩難了，如果先賣掉，必然蝕老本，如果死抱著等30年到期，本金是拿回來了，但幣值卻只

有原來的一半而已。酒或棒球卡也許愈老愈值錢，但錢卻只會
愈來愈貶值，例如1992年美元幣值只有1962年的三分之一。
（值得向大家說明的是，市場輕視的貨幣市場基金，現在表現
未必會像以前那麼糟。目前通貨膨脹率為2.5%，而貨幣市場
利率為3.5%，至少還多出一個百分點。如果利率上揚，貨幣
市場殖利率也會跟著走高。當然啦，我不是說光靠3.5%利率
就能過活，至少你不用怕會蝕掉老本。現在許多投資公司的貨
幣市場基金，管理費用都很低，因此更具吸引力。況且利率不
可能永遠維持低檔，一旦利率開始上揚，貨幣市場基金比長期
債券更安全。）

　　另一個關於債券的錯誤觀念是，買債券基金比直接投資債
券來得安全。如果是公司債或垃圾債券，這個說法沒錯，因為
透過基金運作，可以分散債務人倒帳風險。如果是碰上利率上
揚，債券基金可也沒轍，而投資長期債券最怕的，就是碰到利
率走高。利率一開始上揚，債券基金行情和期限相近的個別債
券一樣慘。

　　或許你可以撥點錢，投資垃圾債券基金，或同時操作公司
債和公債的債券基金，這種基金的報酬率會比投資個別債券
好。我想不通的是，怎麼會有人把所有錢都投資在中期或長期
公債基金上。可是很多人這麼做！目前美國公債基金投資金額
在千億美元以上。

　　話說太白，可能讓我會失去一些債券基金部門的朋友，不
過我還是要說，他們到底為何而存在，實在讓我百思不解。投
資人如果買中期公債基金，還要付0.75%的管理年費，負擔基
金公司的薪資、會計費用及出版年度報告書。可是直接去買七

年期公債，不但不用支付任何額外費用，報酬率也比較高。

　　你可以透過營業員或直接向美國聯邦準備理事會（Fed）各地分行，直接購買公債或國庫券，不必支付什麼手續費或佣金。三年期國庫券最低購買金額為5,000美元起，10年及30年公債只要1,000美元就可直接購進。國庫券利息是期前支付，直接由國庫券價金扣除，公債利息則自動轉存閣下的券商帳戶或銀行帳戶，一點都不麻煩。

　　推銷公債基金的人會說，由專業經理人來操作，不但能在最佳時機適時拋補，風險也較低，報酬率相對提高。說得好，可惜這種情況並不多見。紐約債券交易商GHC公司研究報告指出，從1980年到1986年，債券基金行情一直比個別債券差，有時一年竟落後2%之多。而且債券基金期限愈久，相對個別債券的表現也愈差。經由專家管理是有些好處，但還不值得投資人付出的管理費成本。

　　GHC研究報告同時指出，許多公債基金有犧牲日後整體報酬，蓄意將當前殖利率拉到最高的情況。對此我沒有證據加以支持或反駁，但我確信直接投資七年期國庫券，七年後一定能取回本金，但買中期公債基金就不見得有此保障，基金價格視當日債市行情，隨時都在浮動。

　　還有一個令人百思不解的是，為什麼有這麼多人願額外支付管銷費用，來購買公債基金和所謂的吉尼梅（Ginnie Mae）基金。如果是股票基金表現絕佳，付錢去買還有點道理，因為可以從操作績效把本撈回來。但一張美國30年期公債或吉尼梅票券，和其他的公債或票券又有什麼差別？如果公債、票券走勢差不多，基金經理人又如何凸顯自己的操作不凡？事實

上，收費的債券基金與不收費的債券基金，操作績效幾乎一樣，因此彼得定理第5條是：

> 幹嘛花錢請馬友友來開收音機？

最後X組織共雇用七位經理人來管理債券部位：兩位傳統債券經理人控有大部分債券資金，另外又找三位來負責可轉換公司債（本章稍後討論），兩位專責垃圾債券。垃圾債券如果押對寶，獲利非常可觀，不過也別太魯莽。

股票及股票基金

從某方面來說，股票基金就跟股票一樣，獲利不二法門就是要緊抱不放。想長期持有，意志力要很強。在股票市場中，會嚇得賣股票的人，投資股票基金可能也是一樣。平時操作績效最好的股票基金，在大盤回檔整理時，可能反而比一般個股跌得還慘，這是常有的事。在我接掌麥哲倫期間，有九次股市回檔10%，而基金跌幅更大。不過反彈幅度也比較高，對此稍後再詳細說明。若不想錯失反彈行情，最好就是緊抱不放。

擔任麥哲倫經理人時，我常在公開說明書拉警報，說麥哲倫巨艦也可能熬不過巨浪滔天而沉沒。這麼做是要讓投資人有點心理準備，雖然有點緊張，但事到臨頭比較不會嚇破膽。我想大部分投資人都能保持冷靜，緊抱不放，可是有些人就是辦不到。華倫‧巴菲特（Warren Buffet）曾經說過，如果無法忍受股價腰斬，就不要買股票。股票基金也是如此。

無法坐視基金價值遽減兩、三成的人，就不該投資成長型基金或一般的股票型基金。這種投資人比較適合混合股票和債

券的平衡式基金，或資產分配基金（asset allocation fund）。這兩種基金行情起伏比純股票型小，不過最後報酬也比較少。

針對目前市場上令人眼花撩亂的1,127種股票型基金，彼得定理第6條就是：

> 既然要選基金，就得挑個好的。

說起來簡單。但過去十年來，美國股票型基金75%連二流水準都稱不上，年年落後大盤指數。事實上，基金經理人只要和指數打平手，就在千餘家基金中排名前四分之一。

很奇怪的是，組成指數就那幾檔股票，而這麼多基金公司買賣的，也是那些股票，但基金績效硬是不及指數。多數經理人連平均水準都構不上，聽來不可思議，但實際情形就是如此。1990年基金平均績效再次輸給S&P 500指數，八連敗！

這個怪異現象因何而生，目前眾說紛紜。有人認為基金經理人根本不會選股，不如把電腦扔了，光靠射飛鏢有時矇對，操作績效還會好點。有人以為基金經理人表面上追求卓越，實則深受華爾街集體意識所制，終其一生只求和指數打平手就夠了。可悲的是，這幫傢伙實在缺乏創意，連大盤指數都趕不上，就像聰明絕頂的大作家腸思枯竭，卻擠不出來一本幼稚的暢銷書。

第三種說法算是比較客氣的，認為基金表現不若大盤，主要是過去十年來大型股及小型股行情分歧所致。大盤指數的採樣股票，尤其是S&P 500指數，通常是大型公司，而大型股近年來漲幅甚大，所以在1980年代想擊敗大盤，比1970年代難。1980年代裡面，S&P 500指數採樣股中，許多上市公司曾

捲入經營權爭奪，把股價炒翻天。此外，外資大筆湧入美國股市，專挑有名的大型股，也增強股價動能。

反觀在1970年代時，許多知名上市公司（如拍立得、雅芳、全錄公司及鋼鐵業、汽車業者），因經營不善導致股價疲軟。有些企業雖然獲利頗佳，如默克製藥等績優股，股價卻已經太高了。因此當時刻意避開大型股的基金經理人，反而佔盡優勢。

第四種說法是，指數型基金大受歡迎，刺激指數本身漲幅更大。由於愈來愈多法人投資機構模擬指數採樣來投資，指數採樣股聚集更多買氣，股價當然強勢高揚，支撐指數型基金表現更為突出。

想選家好基金，根本是百中挑一的苦差事，不如乾脆選一家或幾家指數型基金？我和麥克‧理柏（Michael Lipper）討論過，他在基金界可是首屈一指的權威。他把一般的股票型基金和S&P 500指數（股利再投資，並扣除指數型基金手續費）相比較，做成表3-3。

從表3-3可以看到剛才提到的，近十年來指數型基金操作績效，一直優於一般股票型基金，而且幅度相當大。如果1983年1月1日投資先鋒500指數基金10萬美元，然後放著不動，到1991年1月1日會增值為30萬8,450美元。若投資一般的股票型基金，八年後只有23萬6,367美元。指數基金八連勝紀錄，到1991年才打破。

如果以30年時間來看，股票基金和指數漲跌非常接近，前者略勝一籌。投資人耗時費力，拚命想挑個好基金，選個熱門的偉大經理人，結果根本佔不著便宜。除非幸運碰上少數幾

表3-3	股票共同基金與S&P500指數	
年度	一般股票基金(%)	S&P500指數股利再投資(%)
1992	9.1	7.6
1991	35.9	30.4
1990	−6.0	−3.1
1989	24.9	31.6
1988	15.4	16.6
1987	0.9	5.2
1986	14.4	18.7
1985	28.1	31.7
1984	−1.2	6.3
1983	21.6	22.6
不過長期來看，基金稍佔優勢		
1982	26.0	21.6
1981	−0.6	−4.9
1980	34.8	32.5
1979	29.5	18.6
1978	11.9	6.6
1977	2.5	−7.1
1976	26.7	23.9
1975	35.0	37.2
1974	−24.2	−26.5
1973	−22.3	−14.7
1972	13.2	19.0
1971	21.3	14.3
1970	−7.2	3.9
1969	−13.0	−8.4
1968	18.1	11.0
1967	37.2	23.9
1966	−4.9	−10.0
1965	23.3	12.5
1964	14.3	16.5
1963	19.2	22.8
1962	−13.6	−8.7
1961	25.9	26.9
1960	3.6	0.5
總投資報酬(%)		
1960–1992	2548.8	2470.5

過去10年內共有8年，S&P500指數年度漲幅超過共同基金。

資料來源：理柏分析服務公司。

家持續戰勝大盤的基金（稍後詳論），否則只是白費氣力。不過關於射飛鏢投資法，有人認為最好辦法是：整個靶包下來，不就搞定了？

理柏個人也認為，想找出哪個基金經理人是明日之星，根本沒有用。證據已經讓各位看過了。可是投資人永遠抱著希望，華爾街仍是人氣鼎沸，精神盎然，大夥汲汲於撿沙淘金，想找出永遠戰勝大盤的股票基金。

我和幾位同事也接受挑戰，為X組織探訪操作高手。花好幾個小時審查75位經理人的簡歷及操作紀錄，從中挑25位面談。

後來我們僱用幾位不同領域的經理人，分別成立投資組合。閣下也能如法炮製，同時投資幾種不同型式和管理風格的基金。我們認為股市變化無常，週遭情況也常改變，特定經理人或特定一種基金，不可能在市場通殺。股票如此，共同基金也是如此。誰曉得金雞母跑到哪？所以懂得兼容並蓄，往往就有所獲。

如果只買一種基金，或將覺得時不我予，可能經理人表現失常，或基金裡全是些過氣的股票。例如，股票價值基金（value fund）或許三年來意氣風發，但往後六年卻衰到底。1989年10月19日黑色星期一以前，股票價值基金連八年勝出大盤，成長型基金表現落後。之後換成長型基金獨領風騷，但1992年又嘗敗績。

基金種類愈趨複雜。為方便討論，下面介紹幾個重要基本類型：

一、資本增長型基金（Capital appreciation fund）：各類股票都可投資，不拘泥於特定投資觀念。麥哲倫基金即屬此類。

二、股票價值基金（Value fund）：經理人選股主要看公司資產，而非獲利狀況，例如天然資源開採、擁有大筆地產、有線電視、輸油管及裝瓶業者等等。所謂的價值公司，有許多是大筆舉債購置資產。他們的算盤是，債務一旦清償，所購資產即有回收。

三、績優成長型基金（Quality growth fund）：主要投資在中、大型績優股，企業經營良好，穩定擴張，盈餘每年至少成長15%以上，所以景氣循環類股、成長遲緩的績優股及公用事業股，都不包括在內。

四、新興成長型基金（Emerging growth fund）：主要投資小型股。小型股落後大盤多年，1991年轟然一聲，崛然而起。

五、特殊情況基金（Special situation fund）：以發生重大事件之上市公司，足以影響其未來發展者為投資標的。

　　知道持有哪一類基金，你才能充分判斷是否要繼續抱著。瑪利歐‧加百列（Mario Gabelli）的股票價值基金連續落後大盤四年，但這並不表示就該放棄（幸好1992年反彈了）。一旦資產股失寵，加百列、林德耐（Kurt Lindner），或普萊斯（Michael Price）等資產股高手當然跟著灰頭土臉，難與當道的成長型基金匹敵。

　　要比較基金操作優劣，必須以同類型相互比較才公平。如

果加百列績效多年來一直贏過林德耐,當然就挑加百列。但若加百列不如成長型基金經理人,那就不是加百列的問題,而是資產股整體行情的問題。

同樣地,如果去年金礦類股下跌10%,金礦股基金也下跌10%,就是非戰之罪沒啥好苛責的。如果手中基金表現不佳,自然反應就是轉搭順風車,換一家比較好的基金。但若未考慮基金種類,在轉機前夕失去耐心,也許資產股正開始觸底反彈,而成長類股已是高處不勝寒,卻在這個關鍵時刻棄守股票價值基金,轉搭才要走下坡的成長型基金,可就不妙了。

事實上,在資產股普遍低迷之際,某價值基金表現特別突出,反而有點問題(成長型或其他類型基金也是如此)。因為這可能是基金經理人對資產股已感厭倦,轉而投資一些大型績優股或公用事業股。

這種經理人缺乏自律,也許短期內有所斬獲,卻反而犧牲了長遠利益。一旦資產股開始回升,他手上可能沒有多少資產股,結果投資人辛辛苦苦付管理費,卻享受不到應得好處。

思慮週到的投資人會先看看年度報告書或半年報,以瞭解投資的股票是否與基金類別相吻合。例如,在股票價值基金中不應該有微軟公司(Microsoft)的股票。事後批評基金經理人的操作,雖非一般投資人能力所及,卻是我們股票狂最愛幹的事。

組成明星隊

為了提高勝算,確保能照顧到各個面向,我們最後選了13家基金和經理人,包括一位價值型經理人、兩位績優成長型經

理人、兩家特殊情況基金、三家資本增長型基金、一家新興成
長型基金、一家專打股利牌的基金，以及三家可轉換債券基金
（稍後詳論）。

我們認為由各個類別挑出高手組成明星隊，應該每年都能
超越大盤。這種分頭並進方式，萬一其中有人落後，也能由其
他同伴的優越操作加以彌補。我們是想擊敗大盤指數。

一般投資人也可以簡單模仿這個辦法。把資金分成六部
分，買進上述五種基金，最後加上公用事業股基金或證券收益
型基金。這兩種基金在股市震盪之際，極具穩定功效。

1926年到現在，新興成長型股票便一直大幅領先S&P 500
指數，所以押點寶在上頭是對的。或者利用指數基金來搭配，
例如S&P 500指數基金即涵蓋績優成長類股，羅素2000指數基
金則由新興成長類股組成。至於加百列資產基金、林德耐基金
或普萊斯的烽火基金專門投資資產股，而麥哲倫基金（廣告一
下）則屬資本增長型。

最簡單方法是把錢分為六等份，買六個基金，就大功告成
了。若是想再增加投資，還要重施故技。比較複雜的做法則
是，各類投資比重不同，如果想擴大投資，落後大盤者優先加
碼。個人投資還要考慮課稅（公益團體免稅），所以最好不要
常常進出、頻頻轉換。

那麼如何判定那些類股落後大盤呢？1990年秋天為X組織
擬定投資計畫時，我們也討論這個問題。那時我認為部分大型
成長類股已經太高，差不多該休息了，例如，布里斯托麥爾公
司（Bristol-Myers）、菲利普摩里斯公司（Philip Morris）和阿
柏特實驗室公司（Abbott Labs）等，都已到了讓人目眩神搖的

新高價位。第7章我會進一步解釋，如何判斷股價太高。

那些股票都是S&P 500指數中，藥物或食品業的典型大型股。另一方面，道瓊指數則偏重景氣循環類股，那斯達克（Nasdaq）股價指數和羅素2000指數，則以小型新興成長企業為主，如連鎖餐飲業及高科技類等。

回顧過去十年來S&P 500指數和羅素2000指數的表現，就能看出兩者不同的波動模式。首先，新興成長類股震盪遠比大型股激烈，宛如巨鷹平穩翱翔，而燕雀上下跳躍。再者即使小型股重挫超跌，最後還是會趕上大型股。

1980年代下半期，新興成長類股雖上漲47.65%，但若與S&P 500指數114.58%漲幅相比，可謂沉悶異常。不過1991年新興成長類股開始反敗為勝，短短一年間羅素2000指數即飆升62.4%。有些新興成長型基金表現更出色，漲幅高達七、八成。

如果當時注意《巴隆週刊》、《華爾街日報》等專業刊物報導，留心各類指數的不同變化，顯然1990年就是押寶新興成長類股的好時機。

想搞清楚該投資小型股還是大型股，還有一個有用方法，就是根據羅威・普萊斯公司的新展望（New Horizons）基金。新展望基金創於1961年，主打小型股。該基金投資的企業中，若資本額超過一定規模，馬上就會處理掉這支股票。注意觀察新展望基金動向，你就能掌握新興成長類股的變化。

圖3-1是羅威・普萊斯公司定期更新刊出，比較新展望基金所投資的股票和S&P 500種股票的本益比。由於小企業成長一般比大公司快，小型股本益比通常高於大型股。所以理論上

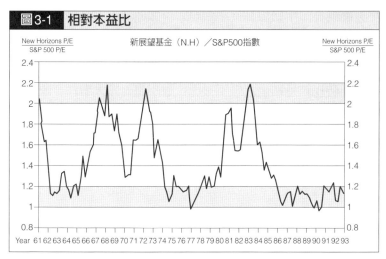

圖3-1　相對本益比

資料來源：羅威‧普萊斯公司。

新展望基金本益比，應該一直比S&P 500指數高才對。

　　但實際狀況並非如此，這就是圖3-1有用的地方。某些時候新興成長類股不受青睞，股價低迷，新展望基金本益比可能跌到和S&P 500指數一樣（相對本益比值1.0）。

　　有時候小型股狂飆，股價高得不合理，新展望基金本益比可能是S&P 500指數的兩倍（相對本益比值2.0）。

　　由圖可見，過去20年來只有兩次突破2.0水準（1972及1983年），但之後均重挫多年。事實上，1983到1987年的股利大多頭行情，小型股幾乎沒趕上。因此，當新展望基金和S&P 500指數相對本益比值逼近2.0時，就是避開新興成長類股，專心大型股的時候。

　　由圖可清楚看出，新興成長類股最佳進貨時機，就是相對本益比值在1.2以下。要利用這個方法賺錢，耐心必不可少。

先要經過幾年生聚教訓，小型股才會開始漲，而且行情真正走完還要再花幾年時間。例如1977年的時候，小型股已連漲一、兩年了，華爾街普遍認為行情已經結束，該換大型股表現了。那時我算是初生之犢不畏虎，並不趨附眾人看法，繼續緊抱小型股。往後五年，麥哲倫基金即賴此得以連續擊敗大盤。

在成長型或價值型基金的取捨上，也一樣能用這個方法。理柏分析服務公司自己彙編兩種指數，一種以30家價值基金價格為採樣，另一則由30家成長型基金組成，每期《巴隆週刊》均有刊出。1989年至1991年間，理柏成長型基金指數勁揚98%，而價值型基金指數只上漲36%。若價值型基金已落後多年，就該是買進的時候了。

基金的得分王

不管黑貓、白貓，總要會抓老鼠才是好貓，那怎麼判斷哪家基金才是好貓？大部分投資人就根據過去操作情況，研讀專家刊物，如《巴隆週刊》上定期追蹤基金績效的理柏專欄等。或者一年，或者三年、五年，甚至更長期紀錄，現在對基金過去績效精挑細選一番，已成為全國性的消遣活動。投資人耗費幾千小時東挑西揀，相關書籍、專論也著實不少，可惜都沒啥用處。

有人以為買去年漲幅最大的基金就行了。理柏一年期排行榜第一名，就是這家！蠢透了，這樣丟錢。只是一年期的冠軍，很可能只因為湊巧押中寶，買了某種或某家熱門股，否則他憑什麼高人一等？明年如果好運不再，說不定就成最後一名了。

嘿！就算用三年或五年紀錄來挑，可能還是行不通。《美

國投資遠見》雜誌（現名為《價值》，*Worth*）研究指出，從1981至1990年，如果每年以過去三年最佳基金為投資對象，結果是落後S&P 500指數2.05%。五年期明星隊只贏0.88%，十年期夢幻隊也僅勝出1.02%，光付基金管理費還不夠哩！

如果專挑五年期或十年期最佳基金，然後緊抱五年呢？前者不過和S&P 500指數差不多，後者反而落後0.61%。

所以說嘛！不要浪費太多時間研究那些老紀錄。當然，我們還是要有過去良好的操作表現來做基礎，但要懂得緊抱操作穩當，持續有好表現的基金，不要盲目跟著大勢跑，進進出出反而自誤。

還有一個值得研究的是，基金在空頭市場表現如何。這相當複雜，有些基金跌幅較深，但反彈力道也強，有些跌得輕，反彈也相對較弱，還有一些是跌多漲少，傻瓜也不會去碰最後一種。

關於基金在空頭市場的表現，《富比世》雜誌每年9月號的英雄榜（Honor Roll）值得參考。想列入英雄榜起碼要設立多年，曾經歷過兩個多頭市場和至少兩個空頭市場。富比世會列出每家基金經理人姓名和掌舵時間，管理費多少，手中股票的本益比以及十年平均報酬率，替每家基金打分數（A到F）。

要登上《富比世》英雄榜很難，因此可以利用它來挑基金。如果是多、空市場都有A或B級表現，應該就錯不了。

全美共有1,200餘家股票型基金，其中只有264家早在1978年或更早以前就成立。在這264家裡面，到現在每年度持續上漲者只有九家：鳳凰成長（Phoenix Growth）、美林資本A（Merrill Lynch Capital A）、美國投資公司（Investment

Company of America）、約翰・韓考克元首（John Hancock Sovereign）、 CGM共同基金（CGM Mutual）、全國（Nationwide）、伊頓・凡斯投資者（Eaton Vance Investors）、世界和平（Pax World）、歐瑪哈收益共同基金（Mutual of Omaha Income）。其中鳳凰成長基金尤佳，從1977年至今，每年複合成長率20.2%。這九家基金中，有八家每年至少上漲13%。

基金的銷售佣金

投資基金是否須支付額外佣金，也要列入考慮。付費表示這家基金操作較好嗎？未必見得。有些很不錯的基金要收費，但有些無需佣金的基金也一樣很成功。若準備抱好幾年，那麼2%到5%佣金就不是很重要，而且佣金的有無也不該是投資決策的重點。

基金的管理費用的多寡，對其整體績效當然有影響，這正是指數基金佔便宜的地方。而在相互比較操作績效時，投資人不必管這些費用，因為在計算年度報酬時，這些費用即以成本列入。

有些人也擔心基金規模的大小，其中特別是麥哲倫基金。1983年麥哲倫資產超過10億美元時，我第一次聽到「規模太大，很難成功」這種話。隨後又一路「規模太大」到20億、40億、100億美元，我離開已達「很難成功」的140億美元。到史密斯（Morris Smith）接手時，我猜大約是200億美元吧？隨著麥哲倫規模日益壯大，這些冷言冷語就不斷出現。

史密斯才剛接管麥哲倫時，《波士頓全球報》馬上刊出一個報導史密斯操作情況的專欄（叫「Morris Smith Watch」），其

實真正用意是「看史密斯因基金規模太大栽跟斗」。事實證明史密斯在1991年表現極佳，那個等著看好戲的專欄才停掉，但還是有很多人在重彈「基金太大」的悲調。如今史密斯又傳給維尼（Jeff Vinik），由維尼繼續來掌管這個「規模太大，不會成功」的基金。

規模龐大的基金確實不好管理，就好像巨無霸靠小點心活下去一樣，要一直吃很多才夠營養。巨無霸基金的操盤人也是如此，即使進到某支小型飆股，對整個基金不過是九牛一毛，所以要把主力擺在大型股上頭。而即使大型股，要吸納到足夠份量的持股，也要花好幾個月的時間，至於出貨可能還要更久。

這些都可藉管理技巧來克服。麥克・普萊斯（Michael Price）的股票共同基金（Mutual Shares）就是證明（該基金已不再對外開放，普萊斯另有烽火共同基金，Mutual Beacon）。而接替我管理麥哲倫的史密斯，也證明巨無霸基金一樣可以靈活操作。

最後，我準備再介紹四種基金：類股基金、可轉換債券基金、封閉型基金和國家基金。

類股基金

類股基金約在1950年代開始出現。一直到1981年，富達公司才首次推出多支類股基金，投資人只要支付一點點手續費，就能在不同類股基金間來回操作。如果投資人看好某項產業，例如石油，但無法研究個別石油業者，那投資石油及天然氣類股基金也行。

可是對那些老是突發奇想的投資人而言，類股基金常被誤為僅憑第六感，就可以順利操作的投機標的。也許某日你忽受神啟，以為油價馬上要大漲。萬一沒猜準，即使你不是敲進艾克森石油公司（Exxon）的股票，而是買進石油及天然氣類股基金，還是難逃賠錢之殃。

最適合類股基金的投資人，必須特別瞭解某種商品或產業。像珠寶商、營建商、保險精算師、加油站經理、醫生、或科學研究人員等等，對貴金屬、木材、石油價格、保險費率、新藥許可或生物科技的商業化等等，都比較容易掌握近況。

若能適時搭上產業快車，包你很快就大賺一票，1991年富達生物科技基金的投資人就是如此幸運，樂享一年暴漲99.05%。不過萬一時機不對，類股基金也會跌得很慘，富達生物科技基金1992年前九個月即大跌21.5%。科技類股基金從1982年中期一路飆到1983年中，但之後連衰了好幾年。過去十年來，醫療保健、金融服務及公用事業類股走勢最強，貴金屬則敬陪末座。

理論上每個產業終有翻身之日，所以我對黃金類股又有興趣了。

我剛操作麥哲倫的頭幾年，金價大漲特漲。那時候我們這種小百姓不敢去看牙，不是怕疼，而是金牙套貴得嚇死人。當時各類基金中，黃金基金表現最是傲人，可是它們名字偏偏叫什麼投資策略基金、國際投資人基金或聯合服務基金等等，外人根本不曉得到底是啥名堂。一想到這個，我就一肚子火。

當時理柏的五年期基金排行榜上，有家黃金基金常壓在我頭上，可是很多投資人不曉得那其實是黃金類股基金。一般投

資人看起來，好像有些基金經理人硬是比我強，哪知道那些全是專門操作黃金類股的特殊基金？不過它們也沒風光幾年，理柏排行榜頭幾名漸漸看不到黃金基金，最近幾年更包辦最後幾名。

一直到1992年6月的十年內，美國表現最差的基金中，有五家就是黃金基金。這當然是非戰之罪，在這段期間一般共同基金成長三倍或四倍之際，黃金類股漲幅只有可憐的15%。即使投資貨幣市場或美國儲蓄公債，也不像黃金基金這麼慘。

然而早在遠古時代老祖宗就喜歡黃澄澄、亮晶晶的黃金，我不相信它會就此失寵。由於某慈善機構的關係（他們也持有黃金類股），最近有幾位行家告訴我黃金市場的情況，據悉過去在美國、加拿大、巴西及澳洲等國新礦開採，及前蘇聯共和國大量拋金下，黃金市場供過於求。但1980年代以來，世界最大黃金產國南非產量大減，減產幅度遠非美加巴澳增產可比，因此未來金市是否仍供給過剩，專家甚感懷疑。

目前正開採的新礦，很快就會採完，況且連續十餘年金價低迷不振，金礦業者對鑽探開發新礦區，當然更是興趣缺缺。如此狀況若經五年，金價必然大有炒作條件。在黃金供給可能減少的同時，珠寶飾品業者需求卻會上升，而且通貨膨脹率哪天又上了兩位數，投資人必定又急著買黃金來保值避險。

另外，金價還有一個「中國利多」。隨著經改有成，中國人民收入漸增，可是購買力卻無處消化，不管是汽車、電器用品或房地產都很少。為了紓解民怨，政府當局可能開放民間持有黃金，如此世界金市再生需求生力軍。而另外一些開發中國家，也可能循中國模式，成為黃金的新需求。

目前美國共有34家黃金類股基金，有些基金以南非金礦股為投資標的，其他則專門操作南非以外的黃金類股。有些基金則屬綜合型，一半投資黃金類股，另一半買進公債。這種黃金公債綜合型基金，最適合一會兒擔心經濟大蕭條，一會兒又憂慮惡性通貨膨脹的膽小鬼。

可轉換債券基金

可轉換債券基金可提供雙重好處，讓投資人享有小型股的高度成長力，同時保有債券的穩定性。可惜投資人對這種基金認識不夠。一般來說，發行可轉換債券大都是規模較小的企業，債券利率通常也比較低。投資人所以接受低利率，主要就是著眼於能以特定價位，將債券轉換為普通股的權利。

轉換價格習慣上比現價高20%到25%，一旦標的股市價漲到轉換價格以上，可轉換債券就開始值錢了。在市場價格超過轉換價以前，投資人起碼還能收利息。而標的股市場價格可能大跌，但可轉換債券價格則相對較穩，因為價格一旦下跌，殖利率就相對升高，因此比較抗跌。比方1990年時，發行可轉換債券的普通股平均下跌27.3%，但可轉換債券只下跌13%。

不過投資可轉換債券，還是可能碰上一些陷阱，所以這方面最好讓專家來幫你解決。可轉換債券有許多種，某些比較簡單的，業餘投資人也可直接投資，不過一定要下很大工夫來研究才行。目前，操作優秀的可轉換債券基金投資殖利率約達7%，比一般股票的3%配股率高。例如普特南可轉換債券收入成長信託基金，過去20年來總投資報酬率為884.8%，不但比S&P 500指數高，也非一般股票基金可比。

　　為新英格蘭的X組織擬定投資策略時，我們選了三家可轉換債券基金，是因為當時可轉換債券價格似已超跌。怎麼說呢？通常普通的公司債殖利率，會比可轉換債券高出1.5到2個百分點。如果這個幅度擴大，表示可轉換債券價格太高，反之則太低。1987年在10月大崩盤以前，普通公司債殖利率竟比可轉換債券高出四個百分點，顯示可轉換債券價格漲得實在太離譜了。可是到了1990年10月波灣局勢開始吃緊，美國股市相應走軟之際，同一家企業的可轉換債券殖利率，竟反而比普通公司債高出一個百分點。這非常罕見，此時不搶進可轉換債券，更待何時？

　　善用可轉換債券和普通公司債殖利率差幅，就可以賺錢：當差幅縮小時（例如兩個百分點，或更低），買進可轉換債券基金，到差幅又擴大時才獲利了結。

封閉型基金

　　封閉型基金就在交易所掛牌交易，和股票一樣。目前全美共有318家封閉型基金。不過各家規模和種類相差甚多：封閉型債券基金、地方公債基金、一般股票基金、成長型基金或股票價值型基金等等。

　　封閉型和開放型（如麥哲倫）最大差別，即發行額是固定的。封閉型基金投資人若要撤出，是將受益憑證賣給其他投資人。而開放型基金發行額則隨時在變，新資金進入，基金總額變大，投資人若要求贖回，基金總額就縮小。

　　基本上，封閉型基金的管理和開放型差不多，不過封閉型基金經理人，在工作上有保障。封閉型基金經理人不必接受

「民意」考驗,即使憑證賣壓大增,自有市場來消化,基金總額還是不會改變,除非操作實在太爛,大賠特賠才會丟官。操作封閉型基金的經理人,就好像取得終身聘書的大學教授一樣,除非有啥滔天大罪,否則絕不會被解雇。

封閉型和開放型基金到底哪個操作績效較佳,到目前為止我還沒看到具決定性結論的研究報告。就一般觀察,兩種基金都沒什麼特殊優勢。在《富比世》雜誌的基金英雄榜中,表現很棒的基金,既有封閉型也有開放型,可見事在人為,跟類型關係不大。

封閉型基金交易方式和股票一樣,因此其價格波動也和股票差不多,市場價格和資產淨值相比,會出現折價或溢價。因此基金價格如果跌得太深,與淨值相比折價幅度太高,馬上會有短線客進去撿便宜。

國家基金

有許多封閉型基金,就是投資特定國家(或地區)的國家基金(或區域基金)。不光是投資一家企業,而是投資整個國家!聽起來似乎更有想像力、更浪漫。想像一下,在某個義大利古城的廣場,和好友共享好酒後,誰會拒絕投資義大利基金呢?基金行銷人員該好好動動腦筋,如果在國外各大旅館附上免費洽詢電話的號碼,包你有生意可做!

目前全美至少有75家國家(或區域)基金,特別是在共產集團分裂後必定更多。生意人嗅覺總是特別靈敏,比方說古巴到現在仍為共產國家,獨裁者卡斯楚還在幹他的土皇帝,可是最近邁阿密就推出了兩家古巴基金。

　　國家基金做為長期投資，最吸引人的地方是，這些地區經濟成長都比美國快，因此股價漲勢也強。過去十年來，情況正是如此。以我個人在麥哲倫的經驗來說，投資國外股票的勝算，也比本國股票高。

　　不過想賺國家基金的錢，你必須有耐心及毅力才行。投資人常以為國家基金很快就能削到大把銀子，特別是那些有空就胡思亂想的人更以為如此。最近一個最好的例子就是德國基金，和後來出現的「新」德國基金。投資人以為柏林圍牆倒囉！德國統一囉！全世界投資人奔相走告，偉大的德國又站起來囉！

　　柏林圍牆垮了！在情緒作祟下，似乎連整個歐洲大一統都不再只是個遙不可及的夢。大夥以為東西德統一，連歐洲各國長久以來的衝突、矛盾都能在一夜之間化解。法國人和德國人相擁和好，英國人也會和法國人、德國人握手言歡，義大利會放棄自己的里拉，荷蘭人會放棄基爾德，歐洲貨幣單一化。整個歐洲即將邁入團結、和協、繁榮的超級時代。呸！我認為死灰復燃的可能性，還比偉大的歐洲統一高一點。

　　當柏林人踩著圍牆瓦礫手舞足蹈之際，德國和新德國基金的價格，馬上比基金淨值高出25%，大夥搶買啊！一夜暴漲25%，德國股票有啥改變嗎？沒有，充其量只是大夥夢想德國經濟繁榮的一廂情願而已。最近投資人也熱切期待南北韓統一，我認為不久將來即可成真。

　　然而六個月之後，投資人又全洩了氣，終於注意到兩德統一問題還真不少，於是熱情轉為絕望，德國基金價格又跌到淨值的20%到25%以下，而且自此之後即低迷於折價狀態。

1991年大夥正對德國狂熱之際，德國股市表現卻很糟，但到了1992年上半年，利空頻傳，股市反而連連上揚。這種情況，即使在德國境內恐怕還搞不清楚葫蘆內到底賣啥藥，遑論我們這些遠在國外的旁觀者？

由上可知，國家基金最好進貨時機，就是大夥全不看好之際，閣下得以折價20%到25%撿便宜。德國遲早都會站起來的，那些曉得逆勢撿便宜的投資人，到時一定樂得合不攏嘴！

事實上，國家基金不利因素不少。例如管理費、手續費通常不低，此外基金投資的企業賺錢也還不夠，有時候也得看匯率的變化，當地匯率如果震盪、疲軟，投資利得很容易被匯率吃掉。政府方面也是重要因素，如果公布啥不利企業的新稅或法規，就慘啦！還有基金經理人也得好好做研究，才跟得上國外狀況。

光要挑選國家基金經理人就不簡單。那種人比較適合呢？當然要到過那個國家，但只是去觀光夠嗎？還是最好曾在那兒定居、工作，和國外大企業有所接觸，能時時追蹤其近況？

對於美國和其他各國孰優孰劣，我個人有話要說。最近大夥都以為外國月亮比較圓：德國人效率較高，生產的汽車也較好；日本人工作較勤奮，電視機做得最棒；法國人最有生活情趣，法國麵包最好吃；新加坡人教育水準高，生產的磁碟機品質最佳。可是我到國外的經驗和觀察，我認為部分美國企業還是全球頂尖，而要投資這些頂尖企業，也數美國最有制度。

歐洲是有些大財團，和美國的績優股相當，可是歐洲可稱為成長型的企業卻不多。正是因為成長型企業太少，股價往往炒得太高了。例如有家法國化妝品公司萊雅，這是我老婆在百

貨公司的香水專櫃「實地訪查」發現的，我對這支股票很有興趣，可惜其本益比已高達50倍！

在美國，企業獲利連續成長20年比比皆是，但在歐洲想找個10年的，已經很不容易了。在歐洲，即使績優股也很少有盈餘連續成長幾年的紀錄，但在美國卻是司空見慣。

關於歐洲企業的消息，報導通常太簡略，有時根本就是錯的，只有英國的媒體可以和美國一較長短。在歐洲大陸，所謂的證券分析師，你搞不清楚他到底混哪裡。我在瑞典幾乎碰不到半個分析師，唯一找到一位，他老兄卻連富豪汽車公司都沒去過。喂！這可是和通用汽車或IBM同等級的大企業。

歐洲企業的盈餘預估，也是想像居多。我們在美國常說分析師胡吹，拿到歐洲比，可算神準！我在法國的時候，曾經讀到一篇馬特拉集團的報導，說那家集團多好又多好。懷著樂觀期待，我就親自走一趟，拜訪馬特拉集團。他們派了一個發言人向我簡報集團各部狀況，結果盡是壞消息：某部面臨毀滅性的競爭、某部突有損失、某部又有罷工等等。最後我說：「聽起來實在不像我看到的這家公司，報導說今年盈餘會成長兩倍呢！」他瞪著我直瞧。

如果自己下工夫研究歐洲企業，外頭那些亂七八糟的報導，反而助長閣下優勢。例如透徹研究富豪汽車公司後，你會發現其股價總值只和其流動現金資產差不多，市場還沒反映其他固定資產。這就是我操作麥哲倫時，在國外股票上大有斬獲的原因。在美國自己選股很困難，就是大概有1,000個比你聰明的傢伙，也在盯同一支股票。但在法國、瑞士或瑞典，情況卻非如此，聰明人都在研究魏吉爾或尼采，誰管富豪或雀巢？

　　那些在資本主義世界稱王,工作起來不眠不休的日本人又怎樣呢?日本人買下紐約的洛克菲勒中心,買下哥倫比亞電影公司,搞不好有一天連華盛頓紀念碑都會落入他們手中。可是你如果走趟日本,好好的研究、研究,你會發現日本根本沒有比較好。

　　日本堪稱全世界最有錢的國家,可是國民卻被日常花費壓得抬不起頭來。日本什麼都好嗎?日本人還羨慕美國人的大衣櫥、低物價,和週末渡假小屋哩!在日本,一顆蘋果5美元,一頓不算高級的晚餐100美元。每天擠著電車上下班,也許坐了一個半小時,還在大東京地區裡繞,這個地方比整個羅德島還大。擠在電車裡沒事幹,只好作作白日夢,想想若搬到夏威夷,就能痛快地花錢買東西。可是他們只能待在日本,辛苦工作一輩子,償付100萬美元的房屋貸款。你以為這房子有多大?不過是1,000平方呎的鴿子籠罷了!如果搬家換房子,同樣還是100萬美元的鴿子籠,不然就是一個月1.5萬美元租間公寓。

　　日本人的處境讓我想到一個笑話。有個人吹說自己養過100萬美元的狗,問他怎知道這麼值錢?他說後來換了兩隻50萬美元的貓。日本人現在是很有錢,或許他們真的有50萬美元的貓,也許還有50萬美元的高爾夫球場會員證,然後拿去換些一股就要10萬美元的股票!

　　有句廣告說:「荷頓一開口,大夥都聽。」日本的情況比這還慘,大概可以說:「野村證券一聲令下,大家都遵命!」投資人完全信任證券經紀商,簡直奉之為教主。或許只要經紀商要要嘴皮,大夥就真的去買50萬美元的貓。

　　日本投資人這麼聽話,結果造成嚇人的股市奇觀,本益比

50倍、100倍甚至200倍。這麼離譜的高價搞得我們這些老外一頭霧水，最後只好歸諸東洋文化特性。事實上，1960年代美國股價也是賽天高，如果把通貨膨脹因素考慮進去，道瓊30種工業股價指數前後共耗了22年，才在1991年真正趕上1967年的天價。

日本股市背後一直有些黑幕和黑手，這是華爾街股市自1920年代以來就銷聲匿跡的現象。大戶聽經紀商的話進場拉股票，萬一賠錢，就由經紀商墊。如果美林證券或美邦（Smith Barney）證券也這樣保證，咱們的股市自然信心猛進。

1986年我第一次到日本，就聽說日本股市受到操控。當時是東京的富達公司請我去的，該公司共有80位員工。以前亞當·史密斯曾寫過一本書《金錢遊戲》，其中提到富達創辦人強森，後來這書在日本出版，富達公司在當地就開始出名了。

雖然行程由日本的富達安排，後來還是經過多次書信和電話討論，我才能訪問多家日本企業。訪問之前，我先取得各企業的年報，翻成英文，詳讀後再提出我想搞清楚的事。我把在美國那一套搬到那兒，先說個無傷大雅的笑話暖暖身，再提出一些跟實際狀況有關的問題，表示我之前也下了番工夫，不是來混的。

日本企業可是一板一眼的，會議進行好像儀式或典禮，咖啡一直倒，鞠躬鞠個不停。有次在某公司我問資本支出是多少，用英語來說只花15秒，可是翻譯員用五分鐘轉述給日方人員，對方答以日語再花七分鐘，然後翻譯員告訴我：「1億500萬日圓。」日文真是博大精深！

後來我又拜訪一位有名的證券經紀人，更加深股市被操縱

的想法。他一直在講最看好的某支股票，我忘了叫啥名字，言談之中他不斷提到一個數字，好像是10萬日圓，我搞不清楚指什麼，是營業收入、盈餘或是其他意義，結果他告訴我是一年後該股的價格。果不其然，一年後我注意一下，這支股票就到這個價格！

對基本分析師來說，日本企業更是一場噩夢。許多日本公司資產負債狀況奇糟無比，獲利時好時壞，股價高得不像話，本益比更是荒謬無比！連金融史上最大的國營企業民營化者，日本電話公司也不例外。

一般來說，碰到電話公司官股釋出，我是迫不及待地搶著要（參見第17章），但日本電話公司我可不碰。日本已非開發中國家，人民也不會搶著裝電話，因此日本電話公司業務及獲利不可能快速成長。像日本電話公司這種已近成熟的企業，在企業體分裂之前，受到政府諸多管制，一年大概就是成長6%或7%，不可能以兩位數飛快擴張。

日本電話公司首次官股釋出於1987年，上市價格每股110萬日圓，當時我就在想這根本就瘋了，可是後來竟又漲為三倍！現在日本電話公司股價本益比大約是3,000倍，若以股價市價總值計算，全公司共3,500億美元，比整個德國股市還高，連《財星》500大企業前100名全部加起來都不是對手！

關於這樁上市案，我認為不但國王根本沒穿衣服，連百姓的襯衫都輸光了。首次釋出價格110萬日圓還算折扣價哩！1987年全球股市大崩盤後，日本政府再高價釋出官股兩次，分別為每股225萬日圓及190萬日圓。但自此以後日本電話公司股價兵敗如山倒，敝人寫這本書的時候是每股57.5萬日圓，與

最高釋出價相比只剩四分之一。如果把日本電話公司股東的損失全部加起來，大概等於《財星》前100大企業全倒了！

　　然而即使每股跌到57.5萬日圓，日本電話公司股價本益比仍高達50倍，股票市價總值還是比菲利普摩里斯公司高。菲利普摩里斯可是美國數一數二的大企業，而且盈餘連續成長30年！

　　聽說日本投資人只關心上市公司的現金流量，對盈餘反而不在意，或許是因為盈餘根本沒多少吧？日本企業花起錢來像爛醉如泥的水手，尤其是併購活動和買房地產。結果企業的備抵折舊和負債大幅膨脹，現金流量是很高，但盈餘卻很低。這就是日本企業。

　　研究日本股市的人會說，注重現金流量是另一項桃太郎文化特性，可是若談到虧損，可就沒啥文化可言囉！用100萬元買狗、50萬元買貓，日本銀行業竟然還會借錢給他，難怪現在火燒屁股。

　　在日本經濟中，投機所扮演的角色，比在美國重要得多。美林證券公司在最風光那幾年，也不曾躋身《財星》500大企業中的全美前100大，但日本前25家大企業，曾經有五家證券商同時上榜，而且另外五家到十家為銀行業者。

　　以前美國房地產超貸弊案，如李奇曼（Reichmanns）案和川普（Trumps）案爆發時，美國銀行業者被罵慘了，說有誰這麼蠢會借錢給這些空心大佬倌？可是這兩件最笨的房地產放貸起碼還有一點抵押品，日本銀行業竟然還100%全額放款給房地產飆得最兇時，租金收入也難以支應開銷的辦公大樓，而且也沒有設定抵押權。

　　如今日本股市已大幅回檔，我認為最合算的股票就是小型股，這些螞蟻雄兵是日本經濟未來成長和繁榮的關鍵，如同小企業在美國的重要性。過去日本股市狂飆之際，一般人不太注意小型股，而我則全力搶進。後來這些小型股價格也和大盤一樣，飆到瘋狂地步，我就全部出清了。經過重重考慮之後，我寧可回來投資穩健的美國新興成長型股票基金。

　　以下總結共同基金投資策略：

1. 盡可能把資金放在股票基金。即使需要固定收入，以股利充數，偶爾再賣點股票週轉，長期而言還是比較好。

2. 如果閣下一定要投資公債，就直接向財政部買，不要透過公債基金。因為你只是白付管理費，什麼好處也撈不到。

3. 搞清楚投資的股票基金類型，才能以相同類型正確比較操作績效，以免牛頭對上馬嘴，還嫌嘴長！

4. 最好把資金分散投資三或四種不同類型的股票基金（如成長型、股票價值型、新興成長型等等），這樣不管市場趨勢為何，你都不會錯失良機。

5. 若想擴大投資，先加碼那些落後大盤好幾年的基金類型。

6. 以昨日成績挑選明日之星，雖非全然無用，但成功率很低。所以只要操作情況穩健，就該緊抱不放。常常換來換去，成本非常高，對財富累積殊為不利。

第 **4** 章

麥哲倫經驗談：早期

　　最近我把新收到的募股說明書清掉，再從書架上把塵封已久的麥哲倫基金年報搬下來，希望搞清楚那13年我是怎麼管理麥哲倫基金的。在此要特別感謝富達公司的電腦專家佩羅（Jacques Perold）以及瑟倫多羅（Guy Cerundolo）和塞爾（Phil Thayer），幫我算出13年來賺、賠最大的股票。這張表比我原先所想的還有用，當時所操作的股票，有些連我自己都很意外。大家都以為麥哲倫基金很成功，是拜小型飆股所賜，事實上根本不是這樣。

　　回顧過去經驗，是希望給專業經理人實務上的參考，業餘投資人也能從我個人的錯誤中學到東西，或者有些投資人對當時麥哲倫情況很感興趣，希望知道哪些股票助我成功，哪些又讓我扼腕不已。歷史回顧分為早期、中期和晚期三章，看來似外交官寫回憶錄，這是為了行文方便，不是我這個股市老鳥自賣自誇，自以為了不起。

　　富達公司股票並未公開上市，否則我一定叫大家搶進。當年我在富達公司，親眼目睹資金源源湧入，公司成立許多新基金，而且管理階層也非常高明，最先是老強生掌舵，後來由他

兒子耐德‧強森接手。

麥哲倫基金一開始，並非由我管理。耐德‧強生首先在 1963年設立富達國際基金，後來甘迺迪總統對國外投資課稅，基金方面只好出清國外股票，只操作本國股票。 1965年3月31日改名為麥哲倫基金，在此之前兩年，富達「國際」基金實際上只是國內基金。當時基金投資最多的股票，就是克萊斯勒汽車公司。 20年後克萊斯勒從破產邊緣起死回生，在我管理麥哲倫時也持有最多，證明有些公司你絕對不要放棄。

麥哲倫剛成立時，我還在波士頓學院念書，週末當桿弟打工。那是基金業異常蓬勃的時代，每個人都想買基金，連我媽都染上基金熱。事實上家母守寡多年，手頭資金相當有限。當時有位當老師的，兼差賣基金，他極力向家母推銷富達資本基金。家母很喜歡這家基金，因為是由華人操作的，她認為東方人很聰明。那位華人叫蔡至勇（Gerry Tsai），和富達趨勢基金的耐德‧強森一樣，在當時基金界中非常特別。

如果不是那位兼差賣基金的，我媽永遠不會知道有個華人操作富達資本基金。當時基金銷售就靠這些人遊走各州，其中很多都是兼差打工的，和吸塵器、保險、陰宅福地及百科全書的推銷員一樣，挨家挨戶去拉生意。我母親很中意推銷員說的終生投資計畫，每月投資200美元，讓孩子以後順順利利的。事實上她負擔不起一個月投資200美元，不過富達資本基金操作績效實在很不錯，不但漲幅超過S&P 500指數，總計1950年代上漲三倍，1960年代前六年又漲了兩倍。

說來讓人難以置信，儘管股票有時連漲好幾年，但本質上仍是反覆無常。一旦大回檔開始，又缺乏消息面主導，行情必

然陷入長期低迷，往日圍著股市打轉的新聞媒體如今閃得一乾二淨，宴會上的股票經銷聲匿跡，投資耐心受到嚴苛考驗。這時仍然一心一意專注股市的投資人，就像是淡季的孤單遊客一樣。

我剛到富達公司幹研究員時，美國股市正好陷入低潮。當時股市高峰已過，開始邁向1972至1974年的空頭市場，這是1929至1932年大崩盤以來最嚴重的一次。突然間沒有人再對共同基金感興趣，市場上一點買氣也沒有。基金業生意糟透了，過去遊走四方的銷售大隊被迫解散，只好再回去守著基金熱以前的老本行，賣賣吸塵器或汽車亮光蠟等等。

投資人能逃就逃，把資金從股票基金轉入貨幣市場或債券基金。這時候富達公司就靠貨幣市場或債券基金來賺錢，盡量維持一些不受歡迎的股票基金可以繼續下去。市場中股票族已是微乎其微，但這些僥倖存活下來的股票基金，還得使出渾身解數去爭取這些客戶。

那時候各家股票基金都差不多，大部分就叫「資本增長型基金」，這種含含糊糊的名稱讓經理人比較不受限制，景氣循環股、公用事業股、業績成長股或有特殊狀情況的股票，均得任君自選。雖然各家基金所買的股票都不同，但對投資人來說全是一樣貨色。

1966年富達麥哲倫基金規模還有2,000萬美元，但受益人持續要求贖回，結果到1976年只剩600萬美元。當時管理年費為總資產的0.6%，也就是一年3.6萬美元的營運費用，這點錢連電費都湊和不了，更別提員工薪水。

看來不是辦法，所以1976年富達公司把600萬美元的麥哲

倫基金，和同樣乏人問津，總資產1,200萬美元的艾賽斯基金合併，擴增總資產以符經濟規模。艾賽斯基金當年曾達一億美元，可是大盤行情實在很差，艾賽斯大虧特虧，累積了5,000萬美元的抵稅額。這就是艾賽斯魅力所在。富達公司就是看中其抵稅優勢，合併後的麥哲倫基金在賺飽5,000萬美元的資產利得以前，一毛錢都不用繳稅。

在和艾賽斯合併以前，麥哲倫基金在1969年到1972年間，由耐德‧強森和赫伯曼（Dick Haberman）共同管理，1972年到1976年合併時由赫伯曼獨掌。

1977年我剛接手麥哲倫基金就是這樣子，兩個基金併成一個，總資產1,800萬美元，資本利得免稅額5,000萬美元。然而當時股市行情還是很差，投資人愈來愈少，而且絕不會再有新客戶，因此麥哲倫決定關起門來自己幹，不再接受申購。

四年之後，也就是1981年，麥哲倫才又開放招攬新客。麥哲倫閉關自守這麼久，外界不知原因何在，媒體常有錯誤臆測。最常見說法是以為，富達公司希望先把績效做出來，再開放招攬新客，以利銷售。市場有所謂的開路先鋒，做為開路先鋒的基金一旦能通過長期市場考驗，基金公司就可藉其聲勢再推出更多基金。當時很多人以為麥哲倫就是富達的重頭戲。

真實狀況根本不是這樣。我們很希望有更多新客戶，但就是乏人問津，所以乾脆關起門來撐著。那時候基金業生意一塌糊塗，連證券商的基金銷售部門都裁掉了，所以根本沒人賣基金給那些還可能有興趣的怪胎。

不過我一直認為，在我剛接手麥哲倫那四年，不再招攬新客戶反倒是福不是禍。這段時間讓我真正學會股票交易，不必

在大庭廣眾之下丟人現眼。基金經理人就跟運動員一樣，一開始慢慢帶領，等上了軌道，長期表現會更好。

要管理一個任何股票都可以買的資本增長型基金，整個股市所有上市公司只熟悉四分之一，是絕對不夠的（以我而言，大部分是紡織、金屬及化工股）。幸好我從1974年到1977年擔任富達研究部主任，也要參與投資委員會的討論，因此其他產業對我也非陌生。另外，1975年我開始幫波士頓某公益機構管理投資組合，這就是我的基金處女航。

以前拜訪上市公司的日誌，我保存得非常好，就像大情聖珍藏約會紀錄一樣。翻開日誌，1977年10月12日我參觀了通用影業公司，當時我一定沒啥興趣，因為後來根本沒買過這支股票。那時候通用影業股價還不到一美元，現在卻已經漲到30美元以上。唉，錯過了30多倍！（這裡提到的30美元股價，是經過股票分割調整後的價格。本書所提股價都是如此處理，因此與目前情況或有差異，不過漲跌情況都是絕對正確的。）

看看我以前的日誌，錯過的良機俯拾皆是，不過股市還是非常仁慈，笨蛋總有第二次機會。

剛接手麥哲倫那幾個月，我邊忙著調整投資組合，換上我的最愛，一方面還得不時賣股票，才有現金應付無止無休的贖回賣壓。1977年12月底，我買進最多的個股是Congoleum公司（共5.1萬股，總值83.3萬美元，十年後這點錢可不算什麼了），以及Transamerica公司、聯合石油和安泰人壽。另外，還有漢斯公司（我老婆對他們生產的雷格斯絲襪簡直迷瘋了）、塔可貝爾公司（我第一個交易員邁斯菲爾接到我下單時問說：「這啥玩意？墨西哥電話公司嗎？」），以及芬尼梅公司三萬股。

所以押上Congoleum公司，是因為他們發明一種無縫乙烯地板，可以整片鋪在廚房，跟地毯一樣。除了地板以外，該公司還幫國防部打造小型驅逐艦，使用的方法跟組合式房子一樣，據說這種組合式戰艦很有看頭。塔可貝爾是因為它的墨西哥玉米餅很好吃，美國人九成沒吃過這麼好吃的玉米餅。塔可貝爾的獲利紀錄極佳，資產負債狀況非常穩健，而且總公司跟隔壁的車庫差不多。因此，彼得定理第7條就是：

　　辦公室的豪奢程度，和公司回饋股東的意願成反
比。

除了都是股票上市公司以外，我最先買進的股票沒什麼共同點（Congoleum、Kaiser鋼鐵公司、Mission保險公司、La Quinta汽車旅館、二十世紀—福斯影業公司、塔可貝爾和漢斯等）。一開始我就覺得很奇怪，因為裡頭沒有化工股，而這是我幹研究員時就徹底研究過的股票。

1978年3月31日我操作麥哲倫滿十個月，年報出爐，就是我的成績單。年報封面是精緻的古南美洲地圖，河流及出海口都詳細標明。邊緣有三艘西班牙古帆船，就當是麥哲倫船隊意興風發地朝最南端的合恩角駛去。又過了幾年，基金規模愈來愈大，封面設計則趨簡化，河流及出海口的西班牙名字拿掉，船隊也由三艘變兩艘。

我記得1978年的年報說，麥哲倫基金過去一年勁揚20%，但同期道瓊指數下跌17.6%，S&P 500指數也下跌9.4%。

麥哲倫得以逆勢上揚，我這個菜鳥經理人當然有點苦勞。年報上我有義務說明這個意外的結果，讓投資人瞭解。我說我

的投資策略是這樣的：「減少汽車、航太、鐵路、防污、公用事業、化工、電子及能源類股；加碼廣播、娛樂、保險、消費產品、觀光旅館、租賃、銀行及其他金融股。」當時手中只有2,000萬美元，投資的股票還不到50支。

其實我從來沒有什麼全盤策略，選股全憑經驗，跟訓練有素的獵犬嗅味追蹤差不多。一有特別的新聞，我特別關心一些細節。例如某家電視公司今年獲利為何比去年好，我就想知道為什麼，至於我廣播業持股太多或太少，則不是那麼重要。為了搞清楚廣播業情況，我可能拜訪某個廣播業者，他或許就會透露景氣正好轉，然後告訴我他們公司最大對手是誰，我再繼續追蹤細節，然後通常會買最大對手的股票。任何方向我都會追一追、聞一聞，其實很多產業都知道一點，未必有什麼危險。

因為麥哲倫屬資本增長型，所以國內外股票，甚至債券都可以操作，我的獵犬作風當然更是如魚得水。在類股的選擇上，我不會像成長型基金經理人一樣自我設限。成長類股幾年可能超漲一次，這時若只為嚴守投資標的，成長型基金經理人就必須高價買進股票，這時是從最差的股票中挑最好的。可是我能隨意發揮，不會放棄Alcoa公司盈餘因鋁價上揚而回升的機會。

1978年1月我們告訴股東：「投資組合主要有三類股票：特殊狀況股、價格偏低的景氣循環股和中小型成長類股。」如果還不清楚，下一年我們解釋得更詳細：

「為達資本增長目標，麥哲倫主要投資五種普通股：中小型業績成長公司、轉機股、低迷的景氣循環類股、配股配息持續增加的公司，最後是市場忽略或低估其實質資產的企業……

未來某個時候，國外股票投資可能也會相當多。」

也就是說，只要證交所有賣，我們都可能買。

其實「彈性」才是關鍵，總是有些股票價格偏低。剛接掌麥哲倫那幾年，手中兩支漲幅最大的股票，都是大型石油公司：Unocal公司和荷蘭皇家石油公司。僅有2,000萬美元的小基金，你可能以為我們不會注意大型石油類股，只會專注操作成長率較高的小型股。但當時我很清楚荷蘭皇家石油公司業績正在好轉，而華爾街顯然還不知道，所以我趕快搶進。麥哲倫還在跑龍套時，我就押了15%在公用事業股，那時已有波音公司、陶德造船廠、皮肯賽便利商店（Pic 'N' Save）和SCI國際服務公司（葬儀業的老大）。大夥都以為成長類股對麥哲倫貢獻最大，但我懷疑該類持股是否曾經超過50%。

在投資上我從不採取守勢，而是積極進攻，只要有更好的投資機會，找到比我手中股票更有上漲潛力的，我就換股，絕不會在股票表現不如預期時，找藉口粉飾太平（現在華爾街仍有許多人樂此不疲）。1979年股票行情大致不差，S&P 500指數全年上漲18.44%，麥哲倫基金則上漲51%。在年報上我再次說明投資策略，好像我真的有什麼法寶一樣，不過我只能說：「加碼觀光旅館、餐飲業、及零售類股。」

速食餐飲業之所以吸引我，是因為這一行容易瞭解。連鎖餐廳如果在某個地方作得起來，可能在別處也會成功。例如塔可貝爾公司成功進駐加州多家商場後，便往東部發展，每年盈餘成長約20%至30%。我買進脆餅桶連鎖餐廳股票後，就曾親自前往喬治亞州梅肯郊區的脆餅桶餐廳吃飯。當時我到亞特蘭大參加投資說明會，決定順道彎到那兒。從租車上附的地圖來

看，梅肯離我住的亞特蘭大飯店好像只有幾里。

　　結果呢？我好像開了100里，塞在交通尖峰時段裡，我的「順道」足足花了三小時才到。不過還是相當值得，不但吃到美味的鯰魚，而且對該公司營運印象深刻。這支上漲50倍的股票，對麥哲倫極有貢獻，故列入我最重要的50支股票（見第6章附表6-1）。

　　那時我還順便看了另一家公司，即亞特蘭大的自助工具店Home Depot。那兒服務人員親切有禮，且專業知識豐富，各類庫存如螺絲、門閂、磚塊、灰泥等都很多，且價格低廉。在這裡，像我們這種家庭業餘油漆匠和水電工，無須再忍受東西又少又貴的小油漆店或五金行。

　　那時候Home Depot公司才剛開始，股價只有25美分（由分割後股價倒推）。在親眼目睹其經營後，我買了這支股票，但不久覺得沒趣，一年後就賣掉了。結果是讓我跳腳的圖4-1，股價由25美分漲到65美元，15年翻260倍。當時我就在現場呀！卻沒看出它的潛力。

　　這大概也要靠點運氣吧！如果Home Depot公司是在我老家新英格蘭地區，或者我對那些雜七雜八的工具知道更多的話，就不至錯過這支好股票。另外，玩具反斗城也賣得太早，這兩支股票是我一生最大遺憾！

　　雖然沒有好好掌握Home Depot，1980年麥哲倫再有斬獲，持續上漲69.9%，而S&P 500指數才上揚32%。此時我最大持股是賭場（正確地說是Golden Nugget和國際渡假中心）、保險，以及零售類股等。此外，我很看好便利商店，所以同時買進Hop-In Foods、皮肯賽、Shop & Go、Shop & Shop、及

圖4-1 HOME DEPOT公司（HD）

HOME DEPOT, INC. (HD)

建材及家庭裝潢業
1993/1/31發行總額
公司債：8.44億美元
普通股：4.44億美元
面值：5美元

SCALE REDUCED 15%

股價月線

1984/4/19
由櫃台市場
轉為NYSE上市

每股盈餘

三股拆
四股

二股拆
三股

一股拆
二股

二股拆
三股

二股拆
三股

二股拆
三股

二股拆
三股

月成交量

Sunshine Jr.等便利商店的股票。

回顧早期管理經驗，當時我的股票買賣週轉率，幾乎讓我嚇一跳；第一年投資組合共有41支股票，週轉率343%，之後三年每年也達300%。自從1977年8月2日出清30%持股開始，就以驚人速度在石油、保險及消費類股間來回操作。

1977年9月我買進景氣循環類股，到11月又全部賣掉；同年秋天買進芬尼梅及漢斯，隔年春天又賣掉。我最大持股從Congoleum變成席格諾（Signal）公司，然後又由米遜保險公司、陶德造船廠、龐德羅沙（Ponderosa）牛排館依序領銜。壹號碼頭公司（Pier 1）出現又消失，另一支叫四階段（Four-Phase）的股票也是來來去去。

我操作四階段股票，跟月亮盈虧週期差不多，時進時出。後來摩托羅拉買下這家公司（其後頗為後悔），我就不再來回操作該股。我記得他們作的東西和電腦終端機有關，當時我搞不清楚，現在也一樣。還好我對不瞭解的東西從不押太多，例如波士頓地區128號公路那些科技業就是。

我會突然換股操作，通常跟投資策略改變沒啥關係，而是找到更喜歡的股票。當然啦，如果兩支都能留著最好，可是像我們這種小基金，而且贖回賣壓不斷，那能有此奢望？為了能買更棒的股票，就得清掉一些舊的。而且因為我老有更好的點子，所以我一直拋股。每天每天，我似乎都會找到比前一天更讓人興奮的股票。

因為買賣頻繁，年報上就得對投資人有所交代，讓他們瞭解我這麼作不是亂搞。有一年我這麼寫：「景氣循環類股已漲過了，所以麥哲倫基金將重心轉到營收及盈餘可望增加的非景

氣循環類股。企業盈餘可能受景氣回檔影響者，麥哲倫已經減碼，不過那些股價低估的景氣循環類股，本基金仍大量投資。」

如今再看這些年報，有些只持有數月的股票，其實應再抱久一點。這不是無條件的忠誠，如果企業基本面愈來愈好，當然就得死盯不放。我後悔賣掉的股票包括：亞伯森公司，帥呆了的成長類股，漲了300倍；玩具反斗城，理由同上；皮肯賽便利商店，先前已提過；華納通訊公司，有個技術分析師勸我賣掉的；聯邦快遞公司，5美元買進，漲到10美元很快拋出，結果眼睜睜地看它兩年後飆到70美元。

為了買那些較差的股票，而賣掉飆股，像這種「摘花澆野草的情形」，實在是司空見慣，連我也不例外。以投資及寫作聞名的華倫·巴菲特有天晚上就打電話問我，能否引用「摘花澆野草」這句話。榮膺選用，我興奮得很。據說有些投資人為了巴菲特寫的年度報告，才買他的波克夏公司（Berkshire Hathaway Company）股票（每股1.1萬美元）。波克夏公司年報，大概是有史以來最貴的出版品。

與企業共餐

在麥哲倫閉關自守那四年，沉重的贖回賣壓（共贖回約三分之一）逼得我必須先賣股票，才能再買進。不過同時我也得以摸熟許多企業和產業，知道那些因素會刺激股價漲跌。那時我壓根沒想到這是為日後管理上百億美元的基金鋪路。

那時我學到最重要的經驗，就是要自己做研究。我親自拜訪許多企業的總公司，從各地投資說明會知道許多公司的狀況。此外，來參觀富達公司的企業也很多（1980年代早期約一

年200家）。

以前我們在公司都是和好友或營業員一起吃午飯，話題不外高爾夫球或波士頓紅襪隊。後來富達公司推動新政策，邀請企業人士與我們共餐。雖然和營業員、好朋友一起吃飯很不錯，但總不如熟知保險業、煉鋁業的企業執行長或公關人員有價值。

原來只邀企業人士一起吃午餐，很快又擴大到早餐及晚餐，幾乎足不出戶就能在公司餐廳碰上S&P 500家大企業。每星期祕書會整理出一張用餐名單，像是學校讓學生帶回家的菜單（星期一義大利麵，星期二漢堡）。我們則是來賓名單（星期一AT&T或Home Depot；星期二安泰保險，富國銀行等等）。總是有不少選擇。

當然，餐約無法全都參加，所以那些沒投資過的公司我一定參加，看看是否錯失良機。例如，不看好石油類股時，和石油業者吃飯我一定到，透過他們很快就能知道石油業現況。

從跟某個產業直接或間接相關的業者，如生產商、供應商等等，也都能探聽到有用資訊。例如想知道石油業情況，包括油輪業者、加油站老闆或設備供應商等，都很清楚其變化，而且最有資格利用這個優勢。

波士頓是美國的基金重鎮，所以我們在公司裡面，每年就能和幾百家公司碰面。包括企業管理階層和財務主管，都會來波士頓拜訪普特南公司、威靈頓公司、麻州金融公司、富達公司等投資業者，為自家股票找買主。

除了每天三餐之外，富達公司也鼓勵分析師和經理人在會議室喝下午茶，交換投資訊息。我們邀請許多企業人士來喝下

午茶，不過也有不少貴賓不請自來。

如果是企業主動來說明什麼事，通常也早已傳遍華爾街，所以換我們採取主動，邀請公司來說明比較有效果。

我曾經花一個小時，和西爾斯百貨公司的人談怎麼賣地氈。殼牌石油公司副總裁也向我簡介石油、天然氣及石化市場（殼牌石油公司曾透露情報，讓我及時出掉某乙烯業股票，不久該公司就垮了）。坎培爾公司的人則告訴我，保險費率是否要調高。十次閒聊總有兩次會發現重要訊息。

每個月我至少和各主要產業代表見次面，以探查景氣是否有變，或任何華爾街可能疏忽的消息。這種早期預警非常有效。和業者碰面，最後我總會問：「你最尊敬哪個對手？」當企業執行長承認某同業做得不錯或比他還好時，就是最有力的背書。結果我買的通常是那些對手公司的股票。

我們探查的消息，即非內幕也不是什麼最高機密，所以企業人士很樂於將他們知道的說出來。大多數企業人士都相當客觀，對自己的優缺點也不刻意隱瞞。如果生意不好，他們直言不諱。並預期何時會有轉機。我們都容易懷疑別人，特別是跟錢有關係時，不過在接觸這麼多企業代表後，我只上過很少幾次當而已。

事實上，華爾街的騙子可能比街上還少。在華爾街，我們得到的幾乎都是第一手消息。並不是說金融圈內比街上商人還善良，而且因大家都不相信他們，所以證管會查得特別嚴。而少數滿嘴胡言的人，即使偶然僥倖得逞，到下季盈餘報告時就真相大白了。

午餐及會議上遇見的業者，我總是仔細地記下來，這些人

往往都變成我的重要消息來源。對那些我不熟的產業，他們會告訴我資產負債表該注意哪些要項，該問哪些問題。

我開始熟悉保險業，是因為認識了安泰保險、旅行者保險及哈特福的康乃狄克保險等公司的高級主管。他們在短短幾天內，給我密集上課。雖然還不算是保險業專家，至少我也知道哪些因素會影響保險業的盈餘，這樣才能搔到癢處。（我曾經說過，保險專家應善用自己的優勢，如果不注意保險類股，反而買自己一無所知的鐵路或廢物處理公司的股票，那可就白白浪費自己的專業。雖說無知是福，代價也未免太高了。）

說到保險，在1980年3月時，我在產物保險及意外險公司的持股，即曾高達25.4%。當時保險類股並不為投資人青睞，或許是因為我持有不少，因此保險業者視為我為親密戰友，邀請我到他們的股東大會演講。要是他們知道一年後我就出清保險類股，轉進銀行股的話，恐怕就不會請我去了。

美國利率水準在1980年為歷史最高，當時是卡特政府已快下台了，美國聯邦準備理事會（Fed）正對經濟猛踩煞車。這種情況下，銀行類股即使成長前景極佳，股價竟仍低於淨值。我發現銀行股潛力十足，可不是坐在桌前胡想利率下跌會怎樣，而是參加一場亞特蘭大的投資會議才知道的。

其實我是在會議之「外」，發現銀行股契機的。因為議程頗為沉悶，聽來聽去都是些既無業績、又無盈餘的企業，所以我就溜去拜訪亞特蘭大第一銀行。該行盈餘連增12年，比說明會中大多數公司好太多了。但投資人顯然漏掉這匹黑馬，五年後亞特蘭大第一銀行和北卡羅萊納的華喬維亞銀行合併時，股價已上漲30倍。

對那些在生死線上掙扎的企業，華爾街通常興奮得要命，但像這麼穩健的銀行股，股價本益比只有別人一半，卻視而不見。

我知道亞特蘭大第一銀行的情況以後，就開始注意地區銀行業者，同時對投資人疏忽成性驚訝不已，而且法人投資機構對銀行股也不很在意。隨便找個基金經理人，問他圖4-2、4-3、4-4這幾個很賺錢的公司是哪些，他可能說是沃爾瑪百貨、菲利普摩里斯或默克大藥廠。這些看來像是小型成長類股的企業，有誰知道全是銀行股呢？圖4-2就是十年內漲十倍的華喬維亞銀行；圖4-3是明尼亞波里斯西北銀行；圖4-4為底特律NBD銀行。

像NBD銀行多年來盈餘每年成長約15%，和小型成長類股差不多，本益比卻這麼低，到現在我還覺得很驚訝。投資人都以為銀行業像已經熟過頭的公用事業股，實在錯得離譜。

地區銀行類股價格未來能反映實質基本面，就是買進良機，所以麥哲倫基金的銀行股部位比重，一向是其他人的四、五倍。有支我最喜歡的股票，由2美元漲到80美元，就是FT（Fifth Third）銀行（多麼迷人的名字）；還有瑪里丹銀行，投資人已冷落多年；凱伊銀行公司，以特有的「寒帶」經營理念，專門收購高山地區的小銀行與信合社，高山居民不但節儉、保守，也比較不會賴帳不還。

讓我賺最多錢的銀行股，一直是那些地區銀行，例如圖4-2到4-4。我所選的銀行，必須在當地有高額存款，而且是有效率又謹慎的商業銀行。麥哲倫基金最重要的50支銀行股，請見第6章表6-2。

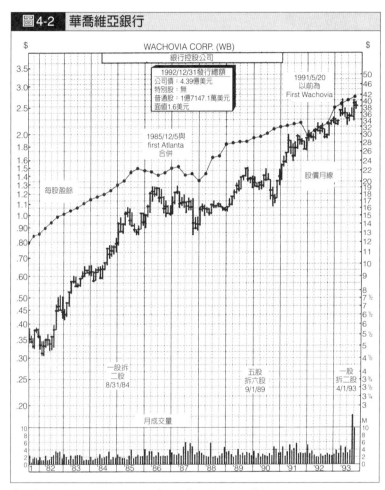

圖4-2　華喬維亞銀行

資料來源：美國證券研究公司（巴布森聯合投顧所屬）。

　　銀行股一支接一支，到1980年底，我分別投資12支銀行股，佔基金總資產9%。1981年年報中，我很高興地通知投資人資產已經加倍，基金淨值比去年3月成長94.7%，同期間S&P 500指數漲幅33.2%。

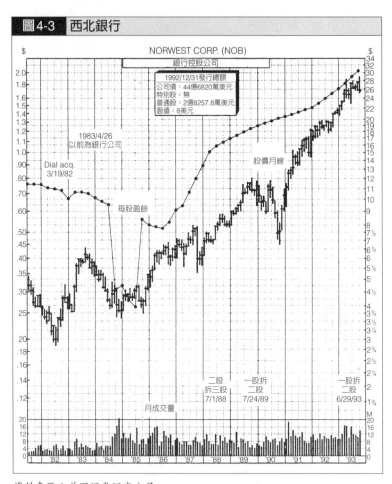

圖4-3　西北銀行

NORWEST CORP. (NOB)

銀行控股公司

1992/12/31發行總額
公司債：44億6820萬美元
特別股：無
普通股：2億8257.8萬美元
面值：8美元

1983/4/26
以前為銀行公司

Dial acq.
3/19/82

每股盈餘

股價月線

二股
拆三股
7/1/88

一股拆
二股
7/24/89

一股拆
二股
6/29/93

月成交量

資料來源：美國證券研究公司。

　　麥哲倫基金雖然連續四年擊敗大盤，但投資人卻持續流失，在這段期間共贖回三分之一。不曉得為何如此，我猜是因為原先艾賽斯基金的投資人，並不樂意加入麥哲倫，所以等大致撈回本，就急著離開。所以，基金再成功，投資人還是可能

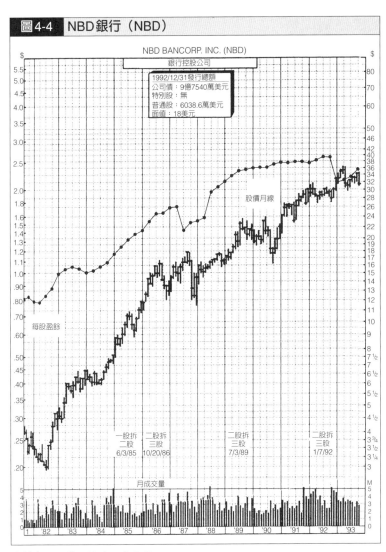

圖4-4　NBD銀行（NBD）

NBD BANCORP. INC. (NBD)

銀行控股公司

1992/12/31發行總額
公司債：9億7540萬美元
特別股：無
普通股：6038.6萬美元
面值：18美元

股價月線

每股盈餘

一股拆
二股
6/3/85

二股拆
三股
10/20/86

二股拆
三股
7/3/89

二股拆
三股
1/7/92

月成交量

資料來源：美國證券研究公司。

虧錢，特別是情緒在作祟的時候。

雖然資本利得不少，卻都拿去支應投資人的贖回，結果麥哲倫總資產成長非常有限。合併之初麥哲倫共2,000萬，四年增值四倍後應有8,000萬美元，但事實上只有5,000萬美元。1980年麥哲倫共持有130支股票，比剛接手那兩年約50至60支增加不少，但之後贖回賣壓再次激增，我只好又緊縮戰圈到90支股票。

1981年麥哲倫再與賽倫基金合併，賽倫基金也是規模太小才併過來，它以前叫道氏理論基金，同樣因操作虧損而有利得免稅額。這項合併早在1979年就宣布，一直到正式合併的兩年中，由華倫・凱撒（Warren Casey）負責管理，成績還算不錯，但它還是太小了，根本不符經濟效益。

等到賽倫加入後，麥哲倫基金才又開始接受申購。關閉這麼久才重現江湖，可見當時股票投資的確很沒人緣。麥哲倫的促銷，富達公司執行長耐德・強森決定由內部業務人員負責，不再像十年前一樣，另雇銷售員在外招攬生意。

一開始申購手續費訂為2%，由於反應相當熱烈，所以就提高價碼到3%，後來為了衝業績，我們又打出60天期限2%優惠。

結果這個促銷行動差點擺烏龍，因為我們印錯電話號碼。投資人興沖沖地打電話，卻打到麻省眼耳醫院，害得院方忙了好幾週，不斷否認是基金公司，真是糟糕。

因為已經作出一點成績，又和賽倫基金合併，再接受投資人申購，麥哲倫基金在1981年首次突破一億美元。可是我們才剛挑起大夥興致，結果怎樣呢？股市崩盤了！事情就是這

樣，大家才剛覺得股市很安全，股價馬上回檔。不過儘管大盤下跌，麥哲倫基金那一年仍上漲16.5%。

麥哲倫基金有個好開始，不是沒有原因的。1978年我持有最多的十支股票，平均本益比只有三到六倍，1979年更降到三至五倍。當績優股的本益比只有三到六倍時，精心選股的投資人是不會吃虧的。

那幾年裡，我看中的股票大都屬二類股，亦即中小型股，其中包括我之前提過的零售業和銀行。1970年代末期，許多經理人和分析師都說該換大型績股揚眉吐氣了。還好沒聽他們的話，大型績優股一來沒啥振奮人心的消息，股價又比二類股貴一倍。人家說小而美，小不只美，還更有賺頭哩！

第 **5** 章

麥哲倫經驗談：中期

群策群力

我每天的工作，從早上6時5分開始。友人摩爾開紳寶汽車從麻博罕過來，順道送我進城。他老婆芭比在前座，我在後座，夫婦倆都是放射線科醫師。

因為天色還不亮，芭比在前座點著小燈看X光片，我在後座也有一盞小燈來看年報及圖表，還好我這些資料從不曾和芭比的病歷資料搞混。在車上我們不常說話，大夥各忙各的。

6時45分我進辦公室，可是很多同事也到了。富達公司在新英格蘭可一點也不含糊，分析師和基金經理人天還沒亮就到了，甚至到週末也能從公司裡找到十個人打場籃球。至於其他基金公司，我想要湊兩個人打牌恐怕都有問題。

不過我們不是去打球的，我們在工作。耐德・強生希望大夥都能很努力地工作，他自己就常常一上班就12個小時。

我從亂成一團的桌上，翻出作股票需要的東西，券商送的S&P股市指南，筆記本和2B鉛筆，以及用了15年，按鍵特大的夏普計算機。桌上還堆著過期的S&P指南，桌旁架上就放著國通（Quotron）即時交易系統。

　　早期的國通即時系統，要先鍵入股票代碼，才會出現股價，不然螢幕上啥也看不到。閣下或許已看過後來的新版，整個投資組合所有股票價格全部顯示，即時跳動。我覺得舊系統比較好，因為新系統會讓你整天盯著螢幕，跟著股價起起伏伏，結果我反而要把螢幕關了，不然實在太刺激。

　　在股市開盤，電話開始響個不停以前那幾小時，我會先看同事整理好的前一天買賣簡報，從這些報表可以看到富達公司各基金經理人的操作狀況。公司分析師與各企業電話訪談，摘錄出來的內部簡報也要看看，還有《華爾街日報》。

　　大概到8時，我就整理出一張新的操作明細，主要是過去兩天來所買的股票，以便在合理價位慢慢進貨，累積足夠股數。然後下單給我的交易員林登（Barry Lyden）。

　　我的辦公室和交易室之間，在九層樓高度有條走道互通，走在上頭好像是走鋼索過峽谷。公司這麼設計，一定是想讓經理人別老去煩交易員。對我來說，這方法挺管用的。

　　剛開始，只有林登負責執行麥哲倫的交易，後來到1983年底，麥哲倫規模變大，買賣操作愈來愈忙，公司又派迪魯加（Charlene DeLuca）來協助。林登負責買單，迪魯加負責賣單。兩位都對我都很有耐心，我也盡量讓他們有發揮的空間。

　　買賣股票，是我最不擔心的事。不過現在回想起來，或許我還是浪費太多時間在上頭，只需十分鐘的事，卻花了一小時才搞定。買賣股票是很有趣，但若能省下50分鐘打電話給兩家公司，收穫也許更大。投資的成功關鍵是：重心要擺在上市公司，而不是股票。

　　交易明細送出後，就開始我的主要工作，研究企業暸解狀

況。方法跟記者差不多，先從公開資料中找線索，再跟分析師及公關人員討論，然後追本溯源：向上市公司討教。

　　每次和上市公司接觸，不管是用電話或親自拜訪，我都會記錄：公司是哪家，目前股價多少，和短短一、兩行探訪摘要。這種記錄對投資人非常有用，不然很容易忘記當初為何買進。

　　隨著麥哲倫日益增長，訪談記錄愈來愈多，我得花更多時間來看。與業界人士用餐的次數減少了，雖然這樣還是很有用，可是邊打電話給企業人士，邊隨便吃點三明治，似乎更有效率。因為從過去的餐約，我已經布下週密的情報網，如今只要打打電話，大概就能取得想要的訊息。

　　我門外有四位祕書，由冷靜的蘇利文（Paula Sullivan）帶領，每個人都忙著接電話。她們一喊：「某某人在一線。」我就接。誰也不會在我辦公室待很久，因為椅子已變成檔案櫃，除了地板根本沒地方坐。

　　我一離開座位，不是去冰箱拿可樂，就是上洗手間。洗手間旁有間小會客室，來賓或來訪的分析師都會在此等候。因為常有熟人在會客室，所以我都繞到後面樓梯，上另一個洗手間。不然我可能花太多時間在寒暄上，要不就疏忽冷落了朋友，我可不願這樣。

我的伙伴不沉默

　　麥哲倫基金絕非只有我一個人單打獨鬥，從1981年開始一定有助理幫我，打電話給上市公司或分析師，讓我得以掌握最新狀況。第一個助理是芬廷（Rich Fentin），為這個職務立下典範，他後來管理富達成長基金及富達清教徒基金。芬廷之後

的幾位助理，都從我的錯誤中學到不少，所以獨當一面時相當成功；法蘭克（Danny Frank）管理特別情況基金；諾伯（George Noble）設立海外基金；史坦斯基（Bob Stansky）接管成長基金；丹諾夫（Will Danoff）在康查基金（Contrafund）；維尼克（Jeff Vinik）現執掌麥哲倫基金。還有巴梅爾（Jeff Barmeyer，已逝）、惠勒（Deb Wheeler）、多摩奇（George Domolky）、費列史東（Kari Firestone），和現在擔任維尼克助理的道爾頓（Battina Doulton）。

這些精力旺盛的助理，讓我的分身可以同時在很多地方出現，刺探軍情。這證明充分授權的好處，要讓員工發揮全力，就是讓他們負全責，充分授權給他，他就會拚命去幹。

富達公司在管理上就是充分授權，讓所有基金經理人為自己的研究負責。這是相當革命性的管理方式，不過不是每個人都喜歡。傳統做法是分析師做研究，再選出股票推薦給基金經理人。這樣對經理人不但方便而且安全，萬一哪支股票成了廢紙，大可把責任推給分析師。其實很多投資人也是這樣，或許聽了親戚朋友的話就買股票，萬一賠錢就對老婆說：「某某怎麼這麼呆？」和基金經理人跟老板說的差不多。

為了不惹禍，分析師只好避重就輕，不拿出具有想像力的點子，只打些安全的爛牌，像IBM之類的股票。只要所推薦的股票是一般人都能接受的，萬一行情很差，經理人績效不好，也不會被K得太慘。

可是富達公司不會這樣。不管這麼做是好是壞，基金經理人都得自己研究，對結果負完全責任。一方面分析師照樣作研究，把心得告訴經理人，經理人自行決定取捨。這樣就比傳統

方法多一層研究。

富達公司每設立一個新的基金，就會聘請一位新的經理人，這位經理人也同時會替同儕蒐集資訊。所以富達旗下基金愈來愈多，公司內部情報網也愈形週密。同事的情報和幫忙，對我尤其有用，因為麥哲倫屬資本增長型，舉凡特別情況、小型股、成長型、價值基金或上櫃股票等經理人所推薦的股票，都是我的投資目標。

我對發行新基金特別熱心，例如櫃台市場基金，海外基金，退休成長基金等等。新基金大都很受歡迎，即使不甚成功，至少我們在新領域也培養出更多研究人才。對他們的研究成果，我必然充分利用。特別情況基金的法蘭克，最先看到芬尼梅（Fannie Mae）的潛力，和好幾支轉機股；天命基金的凡德海登（George Vanderheiden）推薦了歐文－康寧公司（Owens-Corning）；資本增長基金的史溫尼（Tom Sweeny）則報我一支超強股環戴恩公司（Envirodyne）。

新基金同時開闢出新戰線，讓優秀人才得以展露頭角，獲得公司的拔擢，不然可能會被同業挖走。所以富達公司擁有史上最佳專業投資隊伍。

剛接掌麥哲倫時，我就刻意推動內部資訊交換。過去只在冰箱走道的閒聊，改在會議室舉行，讓所有分析師和經理人提出本週明星股。

後來我用一個小小的廚房計時器來控制會議時間，每人設定三分鐘說一支股票。事實上，我限定的時間愈來愈短，最後只有一分半而已。現在老實招來，他們若想要回去，也太遲囉！

因為大家討論得很熱烈，誰也不會注意到我動了手腳，而

且90秒說一支股票,也很夠了。如果你看中哪支股票就要能簡單的說明,讓五年級小朋友也聽得懂,而且還不能講太久,太久就沒人理你了。

討論的目的不在於辯倒對方。華爾街充滿了火藥味,伶牙俐齒、能言善道的人才活得下去。但若想讓大夥暢所欲言,一味地爭鬥、攻訐絕非好方法。如果你被大夥圍剿,下次哪敢再吭聲?倘若大家群起而攻之,可能連信心都被打垮。

也許別人的敵意,不會馬上影響士氣,但這種痛苦經驗很難忘記。你認為克萊斯勒汽車公司股票一股5美元非常划算,可是大夥都笑你。有天克萊斯勒漲到10美元時,你也許就會想到:「搞不好那些聰明的傢伙才對!」隔天醒來馬上賣掉,結果又漲到30美元,你太早下轎了!這不是很嘔嗎?

為了維護討論者的信心,聽完別人的說明,不准提出意見或反駁,要取要捨閣下寸心獨斷。我最注意的是點子的好壞,而不是誰提出的,或說明技巧好不好。最棒的情報常常來自那些精於選股,卻拙於言辭的人,所以會後我一定選取那些不善言辭的意見。

到最後因為會議室塞不下這麼多分析師和經理人,所以每週例行會議取消,改為每天提出個人研究心得摘要。

外頭的分析師和基金經理人,也是重要情報來源。我每週至少和競爭對手的經理人碰次面,偶爾在街上或開會碰到時,互道安好後,接著說的是:「你最近喜歡什麼股票?」這就是股市老鳥的溝通方式。什麼「你老婆好嗎?」「哇塞!你看到大鳥那一球嗎?」這種廢話是不會有的。我們通常先說:「你最近喜歡什麼股票?」然後是:「達美航空最近開始有搞頭

了」，或者「我認為聯合碳化公司快有轉機了」等等。

在理柏、巴隆和富比世的基金排行榜上，我們這些基金經理人可是爭得你死我活的，因為排行高低，隔年生意馬上有影響。儘管大夥互相競爭，一有機會我們就會透露自己的明星股，至少上了車就沒啥好隱瞞的。

我想棒球隊的教練不會一起分享比賽經驗吧？可是我們基金經理人都樂於互通有無，你報他一支明牌，他也會回報你。

外頭的分析師和券商營業員的意見，我就比較保留。因為他們的為人和研究素質差異非常大，盲目聽信券商建議非常危險。有些功成名就的分析師志得意滿、養尊處優，或許投資法人雜誌評為一流高手，可是他們可能好幾年沒真正下工夫，親身造訪上市公司紮實地研究。

華爾街現在愈來愈多這種閉門造車的分析師，他們盡把時間花在解釋或推銷自己的看法，卻沒空真正搞研究。每天都會打電話給好幾家公司的分析師，現在已經很少了，親自登門拜訪公司者更是鳳毛麟角。

如果認識嚴肅研究的分析師，我一定和他保持聯絡，例如波士頓第一銀行的吉利安（Maggie Gilliam）、納維斯特公司的凱藍尼（John Kellenyi）、格魯托公司的許耐德（Elliot Schneider）、薩羅門兄弟公司夏普羅（George Shapiro）等人，都是非常認真的分析師。他們的意見很值得聽，特別是你主動向他們請教，而非他們來推銷看法的時候。

分析師都喜歡吹說「最早發現」哪支股票，什麼當時每股25美分，十年後漲到25美元。我認為最重要的不是誰最早報明牌，而是能否一路緊咬不放？在股價上漲到5美元、10美元

或15美元的時候，他是否還敢堅持這個看法。古早以前報過一次明牌，誰會記得？如果只是十年前報過一次就丟，十年內不知錯過多少上車良機。

耐心有償

　　1981年麥哲倫再度對外開放時，我比以前更有耐心，麥哲倫的投資人也懂得靜觀後效，贖回賣壓已漸減輕，這表示我不必再被迫拋股求現，因此基金的買賣週轉率大幅降約三分之二，由原來的一年300%降低為110%，操作上愈趨穩定，持有最多的幾支股票有時連續幾個月都相同，包括瓦斯公司尼珂、冷氣機製造商菲德公司、連鎖葬儀社SCI國際服務公司等等。

　　這時候麥哲倫還算小角色，總資產一億美元，在股票型基金中排行倒數第五。我將資金分散投資200餘種股票，幾乎想得到的類股都有：強布萊爾廣播公司、雪克電台老闆譚帝公司、塑料安全柵欄製造商吉柯德公司、電信信貸公司、前總統布希也是股東之一的柴巴達公司、化學除草公司、百貨行折扣券服務商七橡樹公司、歐文銀行，以及兩家速食連鎖店恰特及史基波公司。

　　我對連鎖餐廳及零售業的長期成長潛力，愈來愈是印象深刻。這兩類企業一旦能成功打開全國市場，每年成長20%，且連續維持10年、15年都不是問題。打打算盤，就知道這個生意太棒了。若盈餘每年增加20%，三年半翻一倍，七年後就是四倍。股價也會跟著大幅上漲，且漲幅通常比盈餘更高，因為投資人樂於為企業美好遠景多付代價。（麥哲倫基金最重要的50支零售類股，請見第6章表6-3）

　　要計算資金增值狀況，「72定律」很管用。以72除以投資年報酬率（百分數），就能知道資金增值為兩倍的時間。例如投資報酬率25%（72除以25），則三年內資金能增值一倍；投資報酬率15%，五年內資金成長一倍。

　　眼看各產業的起起落落，我發現即使投資景氣循環類股及股價偏低的特別狀況類股，可能讓資金增值為兩倍或五倍（如果萬事順利的話），但零售業和餐飲業卻更有賺頭。一方面零售業及餐飲業成長速度很快（和高科技產業，如電腦軟硬體製造商、醫療業者差不多），且風險也低。電腦業者可能因同業的競爭產品，整個公司的價值一夜間縮水一半。但新英格蘭地區某甜甜圈連鎖店，不會因為俄亥俄州有家更棒的甜甜圈連鎖店就關門大吉。對手來踩地盤也許要花十年的時間，而且生意消長有目共睹。

　　1981年底，我賣掉Circle K便利商店和差點破產的賓州購物中心股票，獲利了結。另外，我還賣掉經營吃角子老虎和賭場的巴力公司，轉入另兩支賭場類股艾西諾公司和國際渡假村公司。1982年初，我再買進Circle K便利商店股票。當時麥哲倫最大部位是玩具商馬泰爾公司，投資比率達3%。其他還有華友銀行、加州折扣連鎖商店皮肯賽公司、磁碟製造商維巴廷公司（我又迷上高科技股）、餐飲及禮品郵購業者宏恩哈特公司和汽車零件股派普男孩公司。

　　從派普男孩、七橡樹、恰克、電信信貸及古柏輪胎公司，我發現我喜歡的股票有些共同點。這些公司的資產負債表均相當健全，獲利前景佳，但不獲法人投資機構的青睞。如我所言，為了保住飯碗，基金經理人傾向於投資一般人可以接受的

股票，如IBM之流，而不會買進先前提過，在墨西哥設廠的服務業者七橡樹公司。因為七橡樹公司如果賠錢，基金經理人就倒楣了，如果賠錢的是IBM，那就是IBM的錯，因為它「讓整個華爾街失望」。

為何不像其他經理人一樣呢？麥哲倫基金非常開放，沒人在我背後盯著，任何動作無須層層上報。很多公司都是分層負責，層層節制，每個人都要盯著下屬，並且擔心上司的看法。

我覺得一旦考慮到上司的看法，就沒什麼專業可言了，你也不必為你所做所為負責。同時，你也會懷疑自己是否能力不足，不然他們幹嘛盯著你不放？

我有幸無須忍受上司的批評，可以自由買進名不見經傳的股票，也許40美元賣掉，稍後改變心意又用50美元追回來（我老闆可能覺得我瘋了，但還是沒講話），我不用每天或每週在會議上為操作辯護，也不曾遭到批評打擊士氣。

為了讓操作績效比大盤好，基金經理人已經夠忙了，實在不必再要求他們遵守什麼計畫，或每天為買賣辯護等額外負擔。只要遵守公開說明書中明定法則，年底再來算算總帳也就夠了。至於操作過程中，為何買進甲股而不買乙股，並不是那麼重要。

1981至1982年時，我忙得週六也得上班。我要加班清清桌面，好好看看郵件（有時一天三呎高），2月和3月必須看上市公司的年報，複習企業訪問記錄，觀察基本面狀況是否有變，推敲股票波動原因何在（記錄上載有當日股價）。我總希望到下午就能全部搞定，但有時也沒辦法。

1982年上半年股市行情很差。民間基本利率高達兩位數，

通貨膨脹和失業率也飆上兩位數高峰。住在郊區的有錢人忙著搶進黃金，囤積罐頭，還買槍自保防身。也許20幾年沒釣過魚的人，忙著清理釣具，整理行頭，以防雜貨店關門時自力救濟。

因為利率實在漲得太高了，麥哲倫有好幾個月把主力放在長期公債，政府付我13%-14%的利息。我不是不敢買股票，而是因為公債殖利率已經超過股票平均報酬。

所以彼得定理第8條，就是公債唯一贏過股票的特例：

> 如果長期公債殖利率，比 S&P 500 指數採樣股票平均配股率高出6%以上，就該買公債。

那時我認為利率已經到頂了，也很難長期維持高水準。如果利率一直這麼高，經濟恐怕就會崩潰，也許我們都要自己去捕魚。如果利率一直這麼高，我也要自己去捕魚，麥哲倫基金要怎麼操作就沒啥好擔心的了。但利率不會一直維持高水準，所以我準備把所有資金全押在股票及長期公債上。

有些人急著變現，好像隨時有什麼大災難，我可一點都想不通。如果災難真的來臨，放在銀行的鈔票和證券、股票一樣，都沒有用。萬一災難沒發生（就歷史紀錄來看，這比較可能），「謹慎」的人賤售資產，反而變成最魯莽。

1982年初，股市還是天天上演震撼教育，我則把目光放得更遠。如果財經情況不會更糟，會怎樣呢？利率遲早得下來。一旦利率回跌，股票和債券就會大漲。（事實證明，1982年到1990年S&P 500指數漲幅四倍，美國30年期公債漲幅更高。不過到了1991年，股價再漲31%，但公債奇差無比，再次證明股票長期勝過債券。）

　　在那個晦暗時代，金融分析師盡彈悲調，好像汽車銷售率永遠不會回升一樣。但我認為不管經濟是否衰退，消費者總會回到汽車展示間的。如果有什麼像死亡，或紅襪隊老吃敗仗那麼肯定的事，就是美國人一定會買汽車。

　　就是這麼想，我才在1982年3月買進克萊斯勒汽車公司股票。事實上，我原來的目標不是克萊斯勒。我本來是對福特汽車公司有興趣，認為車市復甦有利於福特公司。但拜訪福特公司後，我認為克萊斯勒會更好。我在股票研究過程中常常如此，從甲公司挖到乙公司，就像沿著河中金沙探源。

　　當時克萊斯勒已是美國第三大汽車製造商，但股價僅兩美元，華爾街普遍預期這家公司快玩完了。仔細檢視資產負債表後，我發現克萊斯勒把戰車部門賣給通用動力公司後，還留有十多億美元的現金，說它快倒實在太誇張。克萊斯勒是有可能倒閉，不過還能撐幾年。而且美國政府也已伸出援手，讓克萊斯勒短期內不致告急。

　　如果車市已大幅上揚，但克萊斯勒還賣不好，那麼未來就很悲觀了。不過當時情況是汽車業普遍低迷，但馬上要反轉了。既然克萊斯勒債務壓力已經減輕，在營收不振之際也能勉強打平，那麼銷售一旦回升，獲利必然大有可觀。

　　那一年6月克萊斯勒公關部主任強森安排我訪問總公司，參觀新車種，並和幾位部門主管見面。在我21年投資生涯中，大概就數這一天最重要。

　　後來原訂三小時的訪問，延長到七個小時。原來只準備和克萊斯勒救星艾科卡（Lee Iacocca）稍稍交換意見，結果成了一場兩小時的會議。最後，我深信克萊斯勒不但有足夠財力繼

續下去，且其業務也不失活力。

那時道奇Daytona、克萊斯勒Laser和G-124渦輪跑車都已上線量產。G-124渦輪跑車從起動加速到60哩，時間比保時捷還短。克萊斯勒不但生產適合年青人的敞篷車，也有名為「紐約客」的前輪傳動車系。艾科卡非常興奮的提出「汽車界20年來第一鮮貨」：T-115迷你廂型車。後來九年共賣出300萬輛。

我原來對轎車比較有信心，但挽救克萊斯勒的卻是迷你廂型車。不論你對某項生意多懂，總有讓你驚訝的事。迷你廂型車的設計，和引擎上的突破不是來自日本或瑞典，而是底特律自行研發。後來在美國市場中，克萊斯勒迷你廂型車銷售量，以五比一擊敗所有富豪車系。

克萊斯勒為大型上市公司，有數百萬股流通在外，所以麥哲倫才能充分進貨。因華爾街認為它快完了，所以投資法人早就放棄這支股票。1982年從春天到夏天，我安心的進貨，到6月底已成為麥哲倫的最大部位。7月底，麥哲倫基金把5%資產全押上克萊斯勒，這已是證管會規定的上限。

一整個秋天，克萊斯勒都是我的最大押注，超過宏恩哈特公司、史達普便利商店、IBM和福特汽車的股票。如果可以的話，我還會加碼到10%甚至20%。不過大數朋友及同事都說我瘋了，認為克萊斯勒即將破產。

10月時麥哲倫的債券比重降為5%，因為股市大多頭行情已經起跑了。美國開始降低利率，景氣漸趨活絡。就跟過去衰退剛結束時一樣，大盤由景氣循環類股領軍，全面反攻。現在我持有11%的汽車類股和10%的零售類股，賣出一些銀行和保險類股。

我並非看到報上有啥消息，或美國聯邦準備理事會（Fed）

主席說了啥話，才調整持股，而是親自看到一家家企業生意陸續好轉。

當時基因科技公司以25美元上市，一天之內就漲到75美元，這是我買的新上市股之一。

萬聖節之前那個週末，我第一次上電視節目《華爾街一週》。直到最後一分鐘，我才看到主持人魯凱瑟（Louis Rukeyser）。他走進攝影棚到我面前，然後彎下腰對我說：「別緊張，不會有問題的，大概只有800萬個觀眾在看而已。」

魯凱瑟以萬聖節笑話開場，說政客比那些頑皮小鬼更讓華爾街害怕。然後有三位來賓回顧和評論本週情況。一如往常，他們擔心很多事情，第一是道瓊30種工業股價指數上週五跌了36點，報上大驚小怪，說是「1929年以來最大單日跌勢」。這實在是不倫不類，指數在990點跌36點，跟大崩盤時280點跌36點，根本是天差地別。

很多事情都是這樣，今天看來驚天動地，隔日或覺平淡無奇。當時談到股市利空時，三位專家說的是汽車製造商迪羅林（John De Lorean）被起訴，泰勒諾（Tylenol）止痛藥恐慌，還有國會選舉將至，許多現任議員可能落選等等。魯凱瑟還唸了封觀眾來函，指銀行及儲貸機構若有危機，可能連聯邦存款保險公司也收不了爛攤，不過對此專家來賓不太擔心。魯凱瑟最後開玩笑說政府該「多印點鈔票以防萬一」，詎料日後證明一語成讖。

我個人則是以「五年來共同基金最佳經理人」介紹出場，據理柏基金排行榜，五年漲幅305%。我穿著素面褐色西裝和藍色襯衫，很適合上電視，但還是很緊張。在金融界能上魯凱

瑟的節目，等於得到奧斯卡金像獎。

魯凱瑟先問我「成功祕訣」為何，我說我一年拜訪200多家公司，看700份企業年報，我改寫愛迪生的話說：「投資是99%的努力。」當時我就是如此。但魯凱瑟反駁說：「愛迪生說的是天才，不是投資。」我卻接不上話，太緊張了。

魯凱瑟又問我的投資方法。我該怎麼說？「喔，喜歡的就買！」我當然沒這麼說，我說麥哲倫的股票可分兩大類：一邊是小型成長股和景氣循環類股，另一則屬保守型股票。「當股市下跌時，我就賣掉保守股，轉進成長股及景氣股。股市上漲時，成長股和景氣股獲利了結，加碼保守股。」當時我向800萬名觀眾說這些話，其實若與事實相符，純屬巧合。

魯凱瑟又問我最喜歡哪些股票，我說巴塞特家具公司、史達普便利商店和汽車類股，尤其是克萊斯勒。汽車業已連續低迷兩年，我認為汽車業一復甦，克萊斯勒就會跟著翻上來。其中一位來賓跟所有華爾街人士看法一樣，認為克萊斯勒風險太高，我則答道：「甘冒奇險。」

後來有人問某高科技公司的問題，氣氛就變得比較輕鬆了。當時我自嘲對高科技一無所知，甚至「從不瞭解電流怎麼回事」大夥都笑了。魯凱瑟又問我，是否想過自己是個「相當老派」，我機智地回答：「噢，還沒。」

儘管電視上我緊張兮兮，卻帶來神奇促銷效果，處理詢問和申購電話，讓富達業務部快忙死了。1981年和賽倫基金合併時，總資產為一億美元，隔年年底就膨脹為4.5億美元。新資金之踴躍，實為四年前無法想像：10月份增加4,000萬美元，11月份7,100萬美元，12月份再增5,500萬美元。這跟股

市熱絡大有關係。

現在我不必拋售既有股票，就有錢介入新目標。因為不能把所有資金都押在克萊斯勒，所以我又買了幾支汽車類股，化工股及零售類股。三個月內共買進166支股票。

其中有些是大型股，但多數不是。在此讓我想不透的是，在麥哲倫基金還小時，我把主力放在大型股，但基金規模變大時，反而集中在小型股。我並未特別安排，但情況就是如此。

進入1983年後，麥哲倫投資熱潮仍未稍退。2月份湧進7,600萬美元，3月份更增加一億美元。其實空頭市場較有股票可買，但1983年初道瓊指數從去年谷底上揚300餘點。許多科技股已是高處不勝寒，或許六、七年都難以重探的天價。股價節節上揚，整個華爾街瘋狂大樂，我卻很不高興，寧可指數跌個300點，可以逢低搶進。

股價超跌才是成功投資的不二法門。股市重挫時，跌個10%或30%都不要緊，如果回檔就低價搶進更多股票，這才是致勝之道。

那年麥哲倫的克萊斯勒部位，大概都是滿檔5%，佔第一位。過去八個月來克萊斯勒股價已上漲一倍。宏恩哈特公司、史達普便利商和IBM，都在前五大持股部位之列，其中IBM佔3%（比S&P 500指數中4%的比重略低）。那時候大夥都以為，不買IBM股票，那算基金經理人？對此錯誤想法，或許我個人也有責任。

到了4月，麥哲倫基金膨脹為十億美元，回首前塵往事，大夥感概不已。不久有個分析師說麥哲倫基金已太大，很難成功，市場很快就相信這個鬼話。

麥哲倫經驗談：晚期

　　擁有愈多股票，研究時間也隨之增加。一支股票一年得要幾小時，包括讀年報、季報，和定期打電話給公司等等。如果只持有五支股票，那真是個消遣。中小型基金經理人嘛，還可以朝九晚五的上下班，但大型基金卻得一週60到80小時，才照顧得好。

　　1983年年中，麥哲倫共持有450支股票。當年秋季，再翻倍為900支。如果在公司我要對同事一支支來解釋買進緣由，我必須在90秒以內就說完才行。為了確實掌握每家企業的情況，幸得能幹助理幫忙調查，追蹤情報。

　　當時美國的基金王，是約翰・耐夫（John Neff）的先鋒基金。不過到1983年底，麥哲倫已成長為16億美元，緊跟其後。麥哲倫此時資產激增，也刺激一些評論家大放厥詞，說麥哲倫會像古羅馬帝國一樣，擴張太大而自己崩潰。他們認為，麥哲倫持有900餘支股票，是不可能超越大盤指數的，因為這麼作本身就和大盤指數差不多，似乎認定我所管理的，是全世界最大的指數基金。

　　現在仍有人以為基金愈大，表現愈平凡，不過這跟十年前

一樣，根本不正確。有創意的經理人就能跳脫常軌，見人所不能見，挑出 1,000 支或 2,000 支華爾街不看好的股票，就是能「避開（華爾街的）雷達區」。他可能持有 300 家儲貸機構股票，250 支零售類股，但完全沒有石油公司或製造業的股票，結果其操作績效或與大盤剛好相反。反過來說，那些沒創意的經理人把目標限制在 50 家投資法人普遍認可的企業，結果其投資組合只是個具體而微的 S&P 500 指數。

所以彼得定理第 9 條是：

　　並非所有普通股都一樣平凡。

基金規模、持股數目，和操作績效一點關係也沒有。大家都知道我一次持有 900 支股票，後來又擴增為 1,400 支，可能就讓某些投資人覺得害怕，而不敢投資麥哲倫，這真是個壞消息。1983 年麥哲倫共持有 900 支股票，但其中約 700 支全部加起來還不到麥哲倫的 10%。

比重這麼少，原因有二：(1)股本本來就小，即使我吃到滿檔，取得公司 10% 股權，總金額還是不大；或(2)還不值得大進。這些股票很多都是隨時在調節，只須持有一點股票，公司就會主動寄些資訊、報告，繼續追蹤才較容易。

原本只是個小公司，有時卻會導出大機會，例如珍貝爾行銷公司的故事。珍貝爾為珠寶供應商，股本只有區區兩億美元，絕不是《財星》500 大那一種。該公司有次派人到富達拜訪，因為我有他們的股票，所以我趕到會議室參加說明會。除了我以外，沒有其他經理人在場。

珍貝爾公司股本很小，麥哲倫也吃不飽，但我還是很慶幸

參加那場說明會。珍貝爾代表說明經營情況時，曾表示最大客戶都是折扣商店，而且因為訂單很大，珍貝爾得卯起來幹才能應付。

聽完說明會後，我就想到折扣商店。如果像珍貝爾所說的，折扣商店能賣掉那麼多珠寶，整體銷售狀況也一定很棒。於是我拜託零售業分析師唐諾夫（Will Danoff）調查一下。唐諾夫後來接管富達康查基金（Fidelity Contrafund）。

折扣商店剛上市時很受歡迎，但熱潮短暫。市場預期過高，與實際獲利不相符，於是投資人紛紛拋售持股，整個華爾街都意興闌珊。唐諾夫和幾家大型投資法人接觸，卻發現沒人研究折扣商店。

後來我們兩人直接拜訪幾家折扣商店，證實珍貝爾所言不虛，而且各家折扣商店也都減輕負債，大幅提升財務結構，盈餘年年增加，股價仍處低檔，實在太美了。我馬上買進數十萬股的好市多公司（Costco）、批發俱樂部公司（Wholesale Club）和蓓斯公司（Pace）。這三支後來都漲了，好市多公司還漲了三倍。

這些折扣商店的員工和顧客，和我們一樣，如果多加注意，就能知道生意好轉的情況。在零售類股方面，如果投資人夠機警，就會比華爾街更早掌握第一手資訊，在股價還低的時候趕快搶進，把消費的錢全部賺回來。

1980年代中期，所有股票上市的儲貸機構，我幾乎是一網打盡。儲貸機構多數股本很小，為使投資部位在麥哲倫佔有相當比例，我得買進一大堆才行。況且因美國利率降低，部分金融業者獲利漸有改善，所以我預期其他金融業者也會因此增加

獲利。1983年4月在我新買進的83支股票中,銀行及儲貸機構共佔39支,到年底儲貸機構股票共100支,投資部位已達3%。

媒體注意到我對儲貸機構的「青睞」,大肆報導,不少投資人以為儲貸機構類股的漲跌,對麥哲倫的操作績效一定影響很大。幸虧這不是真的。後來那些經營狀況比較差的儲貸機構破產倒閉時,財務狀況健全者也跟著大跌。如果當時麥哲倫持有的儲貸機構部位高達20%的話,恐怕我早就下台一鞠躬了。

雖然當時我持有不少銀行和儲貸機構的股票,但讓我賺最多錢的卻是汽車類股。拜訪福特公司後,我極力搶進克萊斯勒,後來又跟著買進速霸陸和富豪汽車公司的股票。在景氣狀況好轉時,某家企業獲利增加,整個產業也會跟著一起動。

因為克萊斯勒股價漲勢極猛,麥哲倫的克萊斯勒部位很快就超過5%上限,因此我除了緊抱持股以外,依規定不得再加碼。所以我轉而買進福特和富豪股票,最後這三支汽車股共佔8%,加上其他汽車公司股票,麥哲倫的汽車類股部位共計10.3%。

如果只是個散戶,自然就可以只挑一家最好的汽車公司,把錢全部押上去。但大型基金經理人不能這麼做,為搶搭景氣復甦列車,必須把資金押在整個產業才行。押產業的寶,方法也各有不同,例如你認為汽車業不錯,準備把汽車類股比重提高為8%,然後閉上眼睛,隨便挑幾家汽車類股;或者也可以一家一家來研究,再決定要選哪幾家黑馬股。

在第一種情況中,準備把汽車類股部位提高到8%,顯然就經過深思熟慮的,但選中哪幾支股票則全靠運氣。第二種狀況,則是挑中哪些股票比較重要,但總部位有多大卻不一定。

猜也猜得到，我喜歡第二種方法。做研究當然要花點時間，但1983年時若隨便選股，可能不幸選到通用汽車公司。

我從沒買過很多通用汽車的股票，即使當時汽車類股正是主流中的主流。因為我認為通用汽車公司是家「悲慘」的企業，這麼說算最客氣了。儘管通用汽車股價在1982年到1987年共上漲三倍，但同期間福特上漲17倍，克萊斯勒差不多50倍。誰把寶全押在通用汽車上頭，只怕不氣得傻眼才怪。

今天我必須承認，在上窮碧落下黃泉的調查研究後，我準確抓到汽車業景氣的反轉，但整個汽車業大遠景卻沒看對。我一直認為日本汽車業者仍將集中在小型車市場，沒想到後來他們又攻入中型車及高級車市場。雖然跟我的預期有點出入，福特、克萊斯勒和富豪汽車的股票，已讓我大有斬獲。

從1982年到1988年整整六年內，麥哲倫前五大持股部位，有時這3家汽車股同時名列其中，不然至少也有兩家上榜。這三支汽車股中，福特和克萊斯勒漲幅最大，各讓我賺了一億美元以上，富豪則賺了7,900萬美元。在這幾個重點投資大有斬獲後，麥哲倫操作績效自是不同凡響。

雖然麥哲倫一直被認為是成長型基金，但我還是可以買進任何類股，所以才能搭到汽車類股這種特快車。克萊斯勒及福特公司，都不屬於成長型股票，因此一般成長型基金不會買這種股票，但汽車類股已是跌無可跌，所以反彈勁道也非成長類股可比。

除了執著於基金類型之外，擔心股票的「變現性」，也讓部分經理人老是捆手縛腳的。如果把小型黑馬股全部集合起來，對大型基金也能帶來令人驚喜的成果，但經理人可能因為

這些股票「交投清淡」，因此刻意避開這些黑馬股。他們只關心那些能在五天之內就順利買進、賣出的股票，以至於忽略那些小型飆股。

投資股票就像談戀愛一樣，如果一開始就考慮怎麼離婚最方便，哪裡還會互許終生、永世不渝呢？婚前明智的選擇，就不會隨便離婚。萬一情況不若預期，那時已是一塌糊塗了，你覺得痛苦，免不了賠錢，「變現性」也難扭轉大局。

例如1973年時，拍立得公司股價一年內慘跌90%，讓許多經理人捶胸頓足，恨不得從沒買過這支股票。拍立得公司很大，且交投十分熱絡，因而一成市場焦點，賣壓馬上排山倒海而來。其實拍立得股價已緩步下跌三年之久，若想退出，不愁沒機會。不過就我所知，連幾個投資專家都著了道，未能及時撤出，他們根本沒注意到拍立得要倒大楣了。

全錄公司（Xerox）的股票也是，有機會落跑，卻未及時賣出。所以，只因為某支股票「每天成交不到一萬股」，就不敢買進，實在既荒謬又可笑。且不提99%的上市股票每天成交股數都不到一萬股，擔心變現能力的經理人只能在百分之一的股票中挑三揀四。況且上市公司若經營不善，不管交投熱絡與否，基金經理人還是得賠錢。反之若企業賺錢，悠哉悠哉地獲利了結，誰不樂意呢？

麥哲倫漸漸成長為中型基金後，我就很難在一天之內買到足夠的股票。偶爾有機會從法人機構大筆進貨，例如有次一天就買到200萬股歐文康寧公司的股票，還有一次買到200萬股美國商業銀行。但這些都是特例，一般而言都要分批慢慢進貨。

基金一變大，情況就是如此，各個部位幾乎每天都得加碼

買進，以維持相關比重。其中小型股特別麻煩，進貨時間往往要幾個月。如果太過急躁，可能反而拉抬股價上漲到我想出貨的程度。

一整個1984年，麥哲倫前十大持股部位大概都差不多，當時我一買進就緊抱不放，跟早期隨買隨丟的情況大有差別。某個月福特部位最大，再來依序為克萊斯勒和富豪；或者某個月富豪最多，接著是克萊斯勒和福特。另外，我還持有不少去年買的公債，由於美國利率降低，公債價格持續上漲。

汽車股投資最高潮時，麥哲倫前十大個股部位中，有五家是汽車股，包括克萊斯勒、福特、富豪三家，和速霸陸、本田等等，有一陣子連通用汽車也上榜了。隨著美國車市復甦，再平常的汽車公司也會賺大錢。

提到錢，1984年麥哲倫又吸收了十億美元。我花了點時間，才習慣買賣單上要加個「○」，早上指示交易員也耗時愈來愈久。

那時候想到哪兒渡假，只考慮到時區和聯絡方便與否。奧地利很不錯，因為美國股市開盤時，那兒已經傍晚，所以在打電話回美國交易室之前，我可以滑一整天的雪。在美國，我最愛去新罕夏州的巴薩姆（Balsam）滑雪，因為山腳的纜車站就有電話亭。我從山上滑下來，打個電話給交易員，搞定一張買賣單，再搭上纜車好好想想。

在麥哲倫的第一個五年，我不常外出旅行，但第二個五年我常出去，大都是參加美國境內舉辦的投資研討會。這些研討會就像密集課程，兩、三天就能聽到幾十家公司的報告。

蒙哥馬利證券公司9月會在舊金山開會。韓伯里希公司5

月會舉行小型科技公司說明會。羅賓森－韓福瑞公司每年4月在亞特蘭大舉辦美東和美南企業說明會，載恩－鮑斯華茲公司也在明尼亞波里斯舉辦類似說明會，介紹中西部企業；普雷斯可、巴爾及杜班公司分別在秋天，於克里夫蘭舉行研討會；亞力士・布朗公司在巴爾的摩，亞當斯、哈克尼斯及希爾公司則在8月於波士頓召開。霍華・威爾公司每年會在路易斯安納舉行兩場研討會，一場針對能源業者，另一場為能源服務業。此外，生物科技、餐飲、有線電視及銀行等產業，也各有投資說明會。

參加投資研討會，讓基金經理人省下許多時間和氣力。不過常有兩、三個說明會同時進行，讓人覺得分身乏術。通常富達公司每一場都會派人參加，以免遺珠之憾。有時會議中得到寶貴訊息，逼得我連會都還沒開完，就溜到大廳打電話下單。

在外地參加研討會一得空，我就租車或搭計程車去拜訪不在會議之列，但總公司就在附近的企業。我對城市的認識，並非根據什麼特殊地標，而是《財星》500大企業中有誰設址在此。像華盛頓的MCI公司或芬尼梅公司、舊金山的雪芙蘭公司和美國商銀、洛杉磯的里頓公司和優諾可公司、亞特蘭大的可口可樂公司和透納廣播公司，還有克里夫蘭的TRW公司、國民市銀及伊頓公司等等，就是我的渡假地點。

海外探險

除了坦伯頓（John Templeton）之外，我算美國首位大量投資國外股票的基金經理人。坦伯頓管理的基金，即是麥哲倫的全球版。麥哲倫的國外股票部位可能高達20%或30%，而坦

伯頓幾乎全部投資在國外股票。

　　1984年我開始認真操作國外股票，但當時要即時取得可靠的國外交易所報價可不容易，我的交易員每晚要打電話到斯德哥爾摩、倫敦、東京和巴黎等地，盡量搜羅我隔天要用的資訊。電話費很高，但非常值得。1986年，麥哲倫設立了國外部。

　　由於手頭資金充裕，我幾乎是被迫要投資國外股票。因為麥哲倫規模相當大，所以我也要找到股價會動的大企業才行，而歐洲大企業的比例就比美國高。這些大企業的股票，很多不為投資人所重視，不過外商公司的資訊揭示和會計制度，都跟美國不一樣，所以研究起來並不容易。但若真下工夫，就能找到富豪汽車這種黑馬股。

　　1985年9月，我展開個人最成功的研究之旅，三週內參觀23家企業。比起1973年的秋季之旅，這次更累但收穫更大。1973年我還是富達分析師時，受邀訪問道氏化學公司工廠。在接受全美道氏各廠熱烈招待後，我才恍然大悟，一家工廠就足以代表全部，何勞一一走訪？

　　這次我先在週五拜訪三家波士頓企業，下午便搭機直飛瑞典，抵達時已是週六。結果航空公司弄丟我的行李，真是個不好的開始。那是沙班那航空公司，我很高興沒買這支股票。

　　瑞典人頗為拘謹，而未來兩天我會和好幾位當地工業鉅子見面。我實在不敢想像，如果我一身上飛機時的燈芯絨褲，皺巴巴的運動外套，還穿著球鞋，不知他們做何反應？這場文化災難大概躲不過了，因為：(1)沙班那航空公司根本不曉得把我的行李送到哪兒去了；(2)斯德哥爾摩所有商店都沒開。

　　看來我得硬著頭皮了。朋友的妹妹卓吉爾小姐來機場接

我，到斯德哥爾摩郊區辛圖那的住家，我準備在此落腳。沒想到奇蹟出現了，她瑞典老公的身材竟和我一模一樣，連鞋號都相同，我馬上借到一整套體面的瑞典服裝。

因為我的白髮和比較淡的膚色，穿上當地服裝，跟在地人差不多。每次一出門，就有人來問路，至少我覺得他們是在問路。不過我不懂瑞典話，所以也不是很確定。

行李一直沒找到，但我已不太介意了。週一我穿著全套瑞典盛裝，跟艾森托公司（Esselte）執行長見面，他們賣辦公室設備，包括抽屜的文具盤。我還參觀了ASEA公司，財團績優股，跟美國的奇異公司（GE）差不多；阿爾發拉伐公司（Alfa Laval），奇特的多角化經營，生產擠乳機，也搞遺傳科技。晚上我稍看一下隔天行程，伊列特魯（Electrolux）公司，吸塵器及家電巨擘，董事長就像是克萊斯勒的艾科卡；Aga公司，本領是靠這裡稀薄的空氣來賺錢。

靠空氣來謀生的企業？投資這種公司，好像沒啥道理，因為那裡沒有空氣？這根本不算稀有商品。但參觀Aga公司以後，我才知道鋼鐵業對氧氣需求量很大，速食業也需要很多氮氣，但僅少數幾家業者具有這種技術，能在空氣中挖金礦。因為原料成本幾乎等於零，這幾家業者（包括Aga公司）都做得非常好。

參觀完Aga公司後，我便驅車前往易利信公司（Ericsson），電話設備公司，類似美國的西方電器公司。下午我參觀斯堪地亞公司（Skandia），聽起來像賣家具的，其實是大型保險業者。若非富達海外基金的諾柏替我安排，誰會來參觀這家公司？

以美國保險業而言，保險費率調高後幾個月，公司獲利才

會增加。保險類股跟景氣循環類股差不多。如果保險費率提高，馬上買進股票，會賺很多錢。保險類股常因費率調高，先漲一倍，等獲利確實增加後，股價再漲一倍。

我以為瑞典情況亦然。當我知道當局已通過提高保險費率時，我以為斯堪地亞股價應該已經上漲。可是沒有。瑞典投資人根本不注意這項利多，只關心眼前獲利不佳。這真是作夢都想不到的好事。

我揉揉眼睛，更仔細看看這家公司。看是不是漏了什麼大利空嗎？負債過高？半數資產投機垃圾債券或房地產？有高風險的高額理賠保單嗎？答案都是否定的。這是家保守的保險業者，只單純承做產物保險和意外險，盈餘保證加倍。之後股價在18個月內漲了四倍。

兩天密集參觀七家公司，還要再趕到瑞典另一邊的富豪公司，當然沒空洗洗三溫暖，遊覽特有的冰蝕峽灣風景。為了拜訪富豪公司作準備，我找到瑞典獨一無二的金融分析師，他任職於某卡內基氏開設的證券商。同樣叫卡內基，瑞典這位只能待在北國天寒地凍中默默奮鬥，但在美國的幸運兒卻有幸致富發跡。

富豪公司是瑞典的企業龍頭，對瑞典而言，富豪公司的重要性，就好像汽車業之於美國一般，而且除了汽車之外，還有其他多角化經營。然而我們這位獨一無二的分析師，卻從沒拜訪過富豪公司！看來我只好親自出馬一探究竟，自己開車跟卡洛琳到瑞典第二大城哥特堡（Göteborg）。現在卡洛琳已趕來和我會合。

在哥特堡的富豪公司，很歡迎投資人到訪。我先和富豪的

董事長、執行副董事長、卡車部門主管和財務長見面，然後他們帶我參觀公司。

當時富豪正為工會問題所擾，但還不足以為憂。短期內股價盤旋於34美元，而資產中的現金餘額平均每股也達34美元，所以花34美元買這支股票，等於免費跨足汽車業生意，擁有裝配廠、食品廠、醫藥公司和能源公司等富豪資產。在美國，或有市場忽略的小公司，會讓你佔到這種便宜，但像通用電力或菲利普摩里斯這種大企業，股價會這麼低，一輩子也碰不上。這就是我遠征歐洲的原因。

有人以為國外股市可能因為不同的文化背景，股價或許永遠偏高或偏低。但是，從前我們一再聽到日本股價偏高的重重解釋，但現在日本股市不是下來了嗎？所以文化因素不是關鍵，股價不會永遠脫離基本面。瑞典投資人確實低估了富豪、斯堪地亞及許多績優企業的價值，而我相信真相必將大白，瑞典投資人一定會大為吃驚。

離開哥特堡後，我和卡洛琳轉赴挪威的奧斯陸參觀諾斯克資訊公司（Norsk Data）及諾斯克水力公司（Norsk Hydro）。前者可稱為挪威的惠普電腦公司，是潛力產業中的潛力企業。後者所經營的事業頗無聊，如水力發電、製鎂、煉鋁和化學肥料工廠，但這家公司仍是潛力十足。我認為這是支景氣循環股兼帥呆的能源股。諾斯克水力公司油田和天然氣井的開採年限，是德士古（Texaco）、埃森（Exxon）或其他大型石油業者的三倍以上，但股價最近才剛腰斬，正是撿便宜的好時機。

我忙著研究歐洲股票時，卡洛琳則忙著玩外匯。歐洲諸國財長決定調整匯率水準，美元匯率一夜之間下跌10％。但隔天

卡洛琳用美國運通銀行的旅行支票買件狐皮大衣時，奧斯陸皮草店老闆一定沒看報，仍以原價賣出，等於打九折。

我們再從奧斯陸搭火車到貝根（Bergen），車行越過美麗農田，蜿蜒群山之間，再到這個迷人的海岸城鎮。但我們沒時間領受這份悠閒，因為明天得起個早，飛往德國法蘭克福，拜訪德意志商業銀行、赫斯特公司（Hoechst）和德利銀行的經營者。後天再轉赴杜塞道夫參觀製造商KHD公司，和過去生產阿斯匹靈，現已成為化學、製藥集團的拜耳公司。

有次在德國某個火車站，有位好心的德國人自願幫我提行李，我以為他是腳夫，所以給他兩美元的小費。結果他只是個普通的生意人，我覺得很難堪，竟然粗魯的用小費來打發他的好意。因為太專注於歐洲企業的財務資料，我錯過不少歐洲文化景觀和各地風景，不過我注意到德國的男人似都互稱博士（Doctor），甚少直呼其名。

我們沿萊茵河而下，北行至科隆拜訪更多公司，接著轉往巴登巴登（Baden-Baden），再租另一輛車上高速公路。除了到愛爾蘭科克親吻布列尼之石（Blarney Stone，據傳吻後會使口齒伶俐）以外，能在德國高速公路風馳電掣一番，也是我的人生目標之一。結果證實這兩個經驗一樣可怕。

要親吻布列尼之石，你得戰戰兢兢地走過百尺深淵。在德國高速公路上，就好像在印地安納波里500大賽車拚命一樣。我猛踩油門，時速超過100里，有卡洛琳拍照存證。我一鼓作氣再超越前車，瀟灑的滑到內線道，加速到120里，比我成年後最高時速還要高出一半。一直到我注意後照鏡之前，每件事都很順利。因此彼得定理第10條為：

在德國高速公路上，絕對不要往後看。

我往後一看，有輛賓士也以120里高速緊貼著我，距離大概只差三吋。實在貼得很近，連對方的指甲都看得一清二楚。他的指甲修得很漂亮。如果我敢放開油門，即使只有一秒，我想那傢伙就會撞到我的前座來的。我不得不再咬緊牙關加速前進，超過右車滑出外線道，也就是慢車道。之後我就維持在100里。

一直到第二天，我還是驚魂未定。當天我們開車去瑞士巴塞爾，山多士（Sandoz）總公司在此，為瑞士知名的製藥及化工業者。在美國的時候，我就曾打電話給山多士公司，表達參觀意願。正常而言，企業負責人應能瞭解我企圖何在，但山多士則不然。山多士公司由一位副總裁接電話，我說想參觀他們公司，他問說：「為什麼？」我說：「想進一步瞭解你們的生意，好決定是否加碼。」他又問：「為什麼？」我繼續說：「我希望知道最新狀況。」他又問：「為什麼？」我說：「如果買了股票，價格上漲，就能為投資人賺錢。」他還是問：「為什麼？」我就說拜拜了。後來聽說山多士已放寬參觀規定，但我還是沒去過。

我們繼續穿越阿爾卑斯山進入義大利，到米蘭參觀蒙泰迪生公司（Montedison），這也是水力發電業者。在蒙泰迪生300年歷史的會議廳中，有個奇妙的滴漏裝置，規律滴下的水滴，實際上就是引自通過水壩，推動發電機的澎湃怒潮。除了蒙泰迪生公司外，還參觀附近的IFI公司，和著名壁畫《最後的晚餐》。另外，也看了歐里維蒂公司（Olivetti）。像我這種把蒙泰迪生、IFI和歐里維蒂公司，與《最後的晚餐》相提並論，當

作義大利北部名勝的觀光客，大概很少吧！

當時義大利物價壓力奇高無比，政壇上更是風波連連。不過通膨壓力已稍降低，政治上也漸上軌道。我突然覺得，1985年的義大利跟1940到1950年代的美國很像，家電業、電力公司和超級市場，未來極富成長潛力。

卡洛琳隻身前往威尼斯，因為那兒沒啥企業好看的（總督官殿和嘆息橋都尚未公開上市），所以我先到羅馬參觀史岱特公司（Stet）和SIP公司。10月9日我和卡洛琳從羅馬搭機返國，10日回到波士頓。一回來後我馬不停蹄，又參觀四家公司：康地斯可公司（Comdisco）、AL威廉斯公司、花旗銀行和蒙泰迪生公司（即一週前在米蘭參觀的同一家）。

因為這趟歐洲旋風之旅，我無法參加耐德‧強生的25週年結婚紀念日。他是我的老闆，不過我缺席是有好理由的。從歐洲回來以後，我開始買進富豪、斯堪地亞和艾索特公司（Esselte）等股票，結果表現非常好。

那時麥哲倫國外股票部位共10%，其高額報酬對麥哲倫維持排名第一大有裨益。麥哲倫表現最好的11支國外股票，分別為標緻汽車、富豪汽車、斯堪地亞、艾索特、伊列特魯（Electrolux）、Aga公司、諾斯克水力、蒙泰迪生、IFI公司、東武鐵路公司、及近畿日本鐵路公司，一共為投資人賺兩億美元以上。

那兩家日本鐵路公司股票，是富達海外基金的諾柏推薦，後來我在日本親自研究一番。那趟日本行，跟歐洲一樣讓人興奮，細節在此就不提了。東武鐵路漲勢最猛，五年386%，只可惜部位太小了，只佔麥哲倫的0.13%。

超越50億美元

1984年S&P 500指數下跌6.27%,但麥哲倫仍小贏2%。1985年在汽車類股及國外股票的幫助下,麥哲倫大勝43.1%。當時我最大部位還是公債和汽車類股,為了某些理由,IBM也買了不少,但表現一直不好。另外還有吉列、伊頓、雷諾、哥倫比亞廣播、原來的國際哈維斯特公司(現稱那維斯塔)、史派利、坎百、迪士尼、沙利梅、紐約時報和澳洲公債。而SK貝克曼公司、新英格蘭銀行、大都會媒體和羅威公司的股票也不少,足以名列十大持股。那時希望沒買的股票是:OT馬鈴薯公司、東方航空公司、國際網路公司、宏觀財務公司、法國航空、ASK電腦、威爾頓工業及聯合運輸公司等股票。

1985年又有17億美元加入麥哲倫,加上去年和前年各有10億美元,麥哲倫資產淨值相當於哥斯大黎加的國民生產毛額。為了充分利用這筆龐大資金,我進攻再進攻,不斷評估、調整投資組合,建立新倉,加碼舊部位,忙得不亦樂乎。因此彼得定理第11條為:

> 最值得買的股票,或許就是已擁有的那支。

芬尼梅(Fannie Mae公司)就是個好例子。1985年上半年時,我持有的芬尼梅股票並不多,再次檢視後我發現芬尼梅已是脫胎換骨(詳見第18章),馬上加碼到2.1%。那時福特及克萊斯勒股價已漲了兩、三倍,但汽車業盈餘持續增加,且基本面相當好,所以我仍偏重汽車類股。不過芬尼梅很快大步趕上,接替福特和克萊斯勒,成為麥哲倫的大功臣。

　　1986年2月麥哲倫基金終於突破50億美元，我也可以加碼買更多的福特、克萊斯勒和富豪股票，以維持其部位比重。另外還有中南公用事業公司、DS便利商店、默克製藥、美國醫療公司、林氏廣播公司、麥當勞、史特林藥廠、西格蘭公司、洛健製藥、道氏化學、吾爾渥茲公司、布朗寧菲利斯公司、懷爾史東公司、史濟巴公司、可口可樂、優南公司、戴比爾斯公司、馬如意公司和龍侯公司等股票。

　　此時國外股票部位已增為20％，和最近幾年來一樣，仍以富豪汽車最多。除汽車類股外，其他十大個股包括：新英格蘭銀行、坎伯公司、史濟巴和迪吉多設備公司等。

　　1976年時麥哲倫全部只有兩億美元，如今這個數目已不算什麼。為更有效管理這幾十億美元，我決定建立些一億美元的高額部位，不然我會忙死。理智上，我知道應該這麼做，但總覺得並未真的有這麼迫切需要，直到有一週市場交投異常熱絡，而我剛好到加州優聖美地國家公園渡假時，才意會到。

　　原本我每天都把持股依字母排列，依序決定買賣事宜，但基金愈來愈大，持股愈來愈多，名單也愈來愈長。那一次我站在優聖美地電話亭前，心無旁騖，無視怡人山景，打電話給交易室下單，結果搞了兩個小時才說到L。

　　在公司拜訪上，也到最大極限了。不管是在富達、對方公司或投資會議上碰面，1980年我總共和214家業者見面，1982年增加到330家，1983年再增為489家，1984年稍減為411家，1985年463家，到1986年更增為570家。照這種速度，平均一天要和兩家業者見面，連週末和假日都賠進去了。

　　執行麥哲倫賣單的交易員德魯加小姐，在連續五年的賣

出、賣出、賣出之後，準備離職嫁給富達前董事長歐布萊恩。在她最後一天上班，我們決定讓她執行一些買單，好知道另一位交易員是怎樣過日子的。她顯然很不習慣，電話中賣方喊價，比方說每股24美元，德魯加竟然自己加到24.50美元。

轉變策略

1986年麥哲倫基金上漲23.8％，又過半年再漲39％，道瓊指數也上攻到2,722.42點創新高，全美主要媒體一片看好，但我卻不敢掉以輕心，做五年來第一次反攻為守。我認為美國經濟已經復甦很久很久了，想買車的人也都買了。汽車股分析師對業界盈餘還是非常樂觀，但我自己研究後，認為並不可靠。於是我開始減碼汽車類股，加碼金融類股，特別是芬尼梅公司和儲貸機構的股票。

1987年5月，麥哲倫基金衝破百億美元大關。這時候冷言冷語又來了，說麥哲倫實在太大了，不會成功的。我不知道這些閒話對我績效的貢獻有多大，但肯定不小。他們從10億美元就開始拉警報，結果是20、40、60、80，一路拉到100億美元，刺激我更加努力，一定要把成績做出來。

別的基金到一定規模後，就不再接受申購，但麥哲倫基金一直對外開放。即使是這一點，也有人說話，批評富達利用我的名聲搜括更多手續費。

到了1987年，麥哲倫規模已和瑞典的國民生產毛額一樣大，但操作績效還是擊敗大盤，我提刀四顧躊躇滿志。可是也累壞了，希望能有更多時間陪老婆，不用成天跟芬尼梅耗在一起。其實我那時候就想辭職，比真正離開麥哲倫還要早三年。

不過那年的10月大崩盤，硬是把我留下來了。

我根本不曉得股市快崩盤了。其實那時候股價瘋狂飆揚，正是為日後的千點回檔預做準備，現在說來都是後見之明。雖然我平時總能看到更遠的未來，洞察力確實不賴，但還是沒抓住這個關鍵。股市已一步步走向驚險的高檔，我還是把資金完全押在股票上，手頭上幾乎沒有現金。唉，當時的情況就是如此。

當年8月，有幾十支儲貸機構的股票先遭減碼，原來投資部位為5.6％。但我發現有些儲貸機構放款漸趨浮濫（富達的儲貸機構分析師艾利森也有警覺），因此我趕快獲利了結。但不幸的是，我把賺來的錢又押進股市。

1987年大崩盤之前，麥哲倫共上漲39％，但S&P 500指數漲幅41％，我火大得很。那時我老婆說：「你已經為投資人賺了39％了，幹嘛落後大盤兩個百分點就唸個不停？」沒錯，沒啥好抱怨的。因為到12月時，麥哲倫反而下跌11％。因此彼得定理第12條就是：

> 你以為股票只會上漲嗎？狠狠跌一次夢就醒了。

我對空頭市場，一開始就有愚蠢的幻想。我剛接管麥哲倫那幾個月，大盤下跌20％，但基金反而上漲7％。這個暫時的勝利讓我昏了頭，以為我可能對一般的回檔免疫。可是再碰到股市回檔，亦即從1978年9月11日到10月31日，我的夢就醒了。

那次跌勢相當猛，主要是因為美元匯率走軟，通膨壓力太重，減稅案卡在國會，Fed又趨於緊縮。此外，債券市場上短期殖利率反高於長期，這種「殖利率曲線逆轉」很不正常。結

果股價一路殺，麥哲倫更殺到谷底。如此即是往後我基金經理人生涯的常態趨勢：股市一旦下跌，麥哲倫肯定跌得更慘。

包括1987年的大崩盤，我任內共碰上九次大回檔，麥哲倫都是有過之而無不及。基金跌勢較慘，但反彈幅度也比大盤高。這種波動現象，總得在年報向投資人解釋才行，有個比較詩意的說法是：漲得越高的股票，沿途也最容易讓你受點小傷。

1987年總算捱過去，太棒了。年底算總帳麥哲倫還有1%的漲幅，能連續十年上漲，多少也算是勝利。而且我的操作績效，年年高於股票基金平均表現。此外，麥哲倫的反彈幅度也再次高於大盤。

大崩盤暫時解決麥哲倫的規模問題。8月崩盤前，共110億美元，到10月已縮水為72億美元，才一週就玩掉哥斯大黎加的國民生產毛額。

我在拙著《彼得林區選股戰略》（*One Up on Wall Street*，財訊出版）曾提到，1987年大崩盤時我正在愛爾蘭打高爾夫球。那時許多投資人嚇壞了，我得賣很多股票籌措現金以應贖回。10月份麥哲倫基金仍然吸金6.89億美元，但贖回金額高達13億美元，一反過去五年來上升趨勢。賣方以二比一領先買方，不過大多數投資人留下來了，其實崩盤不過就是如此，並非世界末日。

可是融資戶真的碰上世界末日。他們向券商借錢買股票。在股價跌到谷底，券商只好把押抵的股票賣掉，追回墊款，融資戶只能眼睜睜的看著自己的投資化為烏有。這時我才第一次瞭解融資有多危險。

我底下幾個交易員，為了應付大崩盤的震盪餘波，星期天

還特別來加班。富達公司週末也加班籌畫，如何因應股市變化。去愛爾蘭之前，我特別提高現金部位（為過去單日最大贖回金額的20倍）。這還是不夠，崩盤後贖回賣壓蜂擁而至。隔週的週一我被迫賣掉一些股票，週二又砍掉一大筆。我當時覺得應該逢低搶進，但卻只能賣股票。

　　據此來看，基金的成敗，投資人的態度也很重要。如果投資人能堅定信念，在緊急情況不致驚慌過度，經理人就無須為了應付贖回賣壓，低價拋股。

　　股市回穩後，福特還是最大部位，接著是芬尼梅、默克藥廠、克萊斯勒和迪吉多設備公司。反彈力道最強的是景氣循環股，例如克萊斯勒由20美元回升為29美元，福特從38美元反彈為56美元。但緊抱循環類股，卻是大錯特錯。三年後，也就是1990年時，克萊斯勒跌到10美元，福特只剩20美元，不到1987年的一半。

　　操作景氣循環股，能抓對時機獲利了結很重要。克萊斯勒就是豬羊變色的好例子，1988年克萊斯勒每股盈餘4.66美元，大夥以為1989年起碼還能有四美元水準，結果只剩一美元多一點，1990年又減少到0.3美元，1991年反而虧了一屁股。眼見再難好轉，我只好全賣了。

　　克萊斯勒股價逐步下滑之際，不少華爾街專家還在叫進。我覺得自己對克萊斯勒已是無可救藥的樂觀，卻還比不上華爾街最悲觀的預期。當時我預期每股盈餘頂多三美元，有些分析師算盤卻打到六美元。一旦你發現你設定的上限，竟然比別人的下限還低時，就得當心股價已經飆上天了。

　　崩盤後的主流股是成長類股，而非景氣循環股。幸運的

是，我已把汽車股出掉，把錢轉到營運狀況佳，且財務結構穩健的公司，如菲利普摩里斯、RJR納比斯可公司、伊士曼柯達公司、默克藥廠和大西洋里斯菲爾公司等。現在菲利普摩里斯是我最大部位，另奇異公司的投資部位也達2%。（事實上2%是不夠的。奇異公司股票市價總值佔整個股市的4%，麥哲倫只持有2%，等於不看好自己押寶的股票。這是後來接管麥哲倫的史密斯〔Morris Smith〕替我破除迷障。）

由奇異公司的例子也能看出，把公司定型分類卻不知巧妙變通，是多麼愚蠢的做法。一般都以為奇異公司是相當乏味的績優股，有點景氣循環股的味道，但絕對不算成長類股。請看看圖6-1，你可能誤以為是某個穩定成長類股，如嬌生公司（Johnson & Johnson）之類的。

在挑選超跌股方面，有些不受市場青睞的金融服務類股也非常划算，包括好幾家共同基金公司。因為華爾街擔心投資熱潮可能急速消退，不少共同基金公司股價一跌再跌。

1988年麥哲倫上漲22.8%，1989年再漲34.6%。1990年我離職那年，麥哲倫漲幅還是超越大盤。總計我任期13年，麥哲倫漲幅年年勝過所有股票基金的平均值。

我離職當天，麥哲倫總資產共計140億美元，其中現金部位高達14億美元（大崩盤讓我學乖了，手頭上可不能沒有現金）。同時也建立不少獲利穩定的大型保險股部位，如AFLAC公司、珍娜瑞公司（General Re）、普里美利加公司（Primerica）等。還有醫療類股和國防類股，如雷神公司，馬汀·馬利耶塔公司（Martin Marietta）和聯合科技公司等。由於當時蘇聯戈巴契夫大力推動開放政策（glasnost），華爾街以為東西冷戰結

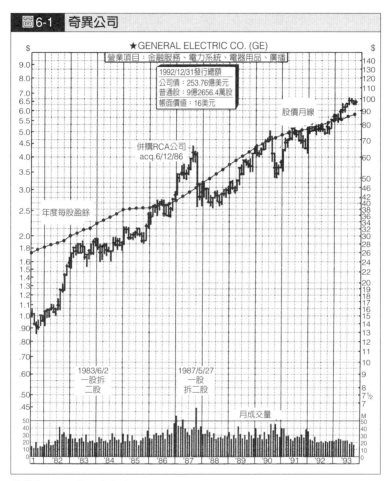

圖6-1 奇異公司

★GENERAL ELECTRIC CO. (GE)

營業項目：金融服務、電力系統、電器用品、廣播

1992/12/31發行總額
公司債：253.76億美元
普通股：9億2656.4萬股
帳面價值：16美元

股價月線

併購RCA公司
acq.6/12/86

年度每股盈餘

1983/6/2
一股拆
二股

1987/5/27
一股
拆二股

月成交量

資料來源：證券研究公司。

束，世界和平就來了。兔死狗烹，國防類股當然慘跌。華爾街
實在太樂觀了。

　　我還是不看好景氣循環類股，如造紙、化工和鋼鐵等，雖
然有些股價非常低，但營運狀況也很差。國外股票投資部位共

14%，另外我也買進醫療供應、香菸和零售類股。當然還有芬尼梅。

如今，芬尼梅已接替福特、克萊斯勒等，成為麥哲倫的台柱。芬尼梅部位為5%滿檔，股價兩年漲四倍，對基金自是大有裨益。過去五年來，麥哲倫單靠芬尼梅就賺了五億美元，富達旗下所有基金，就從芬尼梅撈到十多億美元。單一企業從個股賺到的錢，這可能是最多的。

讓麥哲倫賺到第二多錢的股票，是福特汽車（1985年到1989年，共獲利1.99億美元），其他依序為菲利普摩里斯（1.11億美元）、MCI公司（9,200萬美元）、富豪汽車（7,900萬美元）、奇異公司（7,600萬美元）、通用公司事業公司（6,900萬美元）、學生貸款行銷公司（6,500萬美元）、坎伯公司（6,300萬美元）及羅威公司（5,400萬美元）。

九支常勝軍中，有兩家汽車製造商，一家香菸兼食品業者，一家香菸兼保險集團，一家出過意外的電力公司，一家電話公司，一家多角經營的金融業者，一家娛樂業，一家專門承做學生貸款。它們並非都是成長類股、景氣循環類股，或什麼資產股，但總共為麥哲倫賺進8.08億美元。

雖然麥哲倫很大，光是一支小型股影響不了大局，但若把90支或100支小型股集合起來，就很夠看了。不少小型股一漲就是五倍，有些更漲了十倍。我在麥哲倫最後五年，手中表現最好的小型股是：羅傑斯通訊公司，上漲16倍；電話暨資訊系統公司，上漲11倍；環戴恩工業公司、柴拉基集團和金恩世界製作公司等，都上漲十倍。

金恩世界製作公司的成功，全美千百萬人有目共睹，因為

大家都在看電視嘛！該公司擁有《財富之輪》和《千鈞一髮》兩個搶手節目。先是在1987年華爾街某分析師跟我提到金恩世界公司，後來我帶我家人去參觀《財富之輪》的錄影，看到很多默片時代的明星，不過我只認得范娜‧懷特（Vanna White）。金恩世界公司也有一個滿受歡迎的脫口秀，大概是歐普拉（Winfrah Oprey）主持的吧？

我下了點研究工夫，知道遊戲型節目的壽命大約是七到十年，算是非常穩定（比電腦晶片穩定多了）。《千鈞一髮》已製播25年之久，但打進黃金時段才剛第四年。《財富之輪》才製播第五年，就成為全美收視冠軍。脫口秀的歐普拉身價一路漲高，金恩世界的股價也是一樣。

面對賠錢貨

麥哲倫所買的股票，當然不只上述那些賺錢的，還有幾百支賠錢的股票，我手上的賠錢貨名單一長串，有好幾頁呢！幸虧這些股票都不是最大部位。要成功的管理投資組合，能否控制損失，是很重要的。

選錯股票賠了錢，沒啥好丟臉的，誰都有看錯的時候。但若挑錯股票，還死抱著不放，或者還想加碼攤平，就很糟糕了，我一再告誡自己不要踏進這個陷阱。雖然我的股市生涯中，賠錢股票比上漲十倍的還多，但我絕不會再去加碼攤平（詳見第11章）。所以彼得定理第13條是：

> 股票行情結束時，就別再死纏爛打，奢望會起死回生。

　　讓我賠最慘的股票，是德州航空公司，賠了3,300萬美元，那時還虧我在跌勢中忍痛砍倉，不然更慘。另一個賠錢貨是新英格蘭銀行，當時我對新英格蘭地區經濟衰退狀況太過低估，因此我高估了新英格蘭銀行的前景。後來股價腰斬，從40美元跌到20美元，我才死心認賠，到15美元時全部出清。

表6-1	麥哲倫最佳50支股票（1977-1990年）
Alza公司	Medco Containment
美國商業銀行	大都會媒體
波音公司	NBD銀行
樞機配銷公司	歐文・康寧
克萊斯勒汽車	派普男孩
Circuit City	百事可樂
Circus Circus	菲利普摩里斯
可口可樂公司	皮肯賽便利商店
Comerica	銳跑國際
Congoleum	羅傑斯通訊
古柏輪胎	荷蘭皇家石油
Cracker Barrel Old Country Store	Sbarro
唐金甜甜圈公司	SCI國際服務
環戴恩公司	蕭氏工業
美國聯邦抵押貸款聯合公司	斯堪地亞
福特汽車	史達普便利商店
通用公用事業公司	Stride Rite
吉列	學生貸款行銷
Golden Nugget	塔可貝爾
Great Atlantic & Pacific	墨西哥電信
大湖化學	TDS電話暨資訊系統
國際租賃金融	德勵
金恩世界製作	聯合利華
La Quinta汽車旅館	富豪汽車
MCI通訊	Zayre

　　那時候波士頓各方人士，有些還是精明老練的投資人，反而說這是買進的好時機。結果新英格蘭銀行由15美元，再跌到10美元，之後只剩下4美元，他們還在叫進。但我的想法是，不管股價多低，如果這張股票一文不值的時候，錢就全泡湯了。

表6-2　麥哲倫最佳50支銀行股（1977-1990年）	
南方信託	船夫銀行
美國商業銀行	中央銀行公司
富國商業銀行	紐約銀行
Wilmington Trust	第一帝國銀行
Landmark Banking	歐文信託銀行
佛羅里達西南銀行	奇鑰銀行
亞特蘭大第一銀行	米德蘭海事銀行
第一鐵路銀行	NCNB銀行
太陽信託公司	FT銀行
夏威夷銀行	杭亭頓銀行
威萬公司	國民銀行
哈里斯銀行	色塞蒂銀行
北方信託公司	大陸銀行
美國佛雷契公司	柯斯岱金融公司
國民商銀	道芬存款公司
肯塔基第一銀行	吉拉德信託銀行
馬里蘭第一銀行	頂盛銀行
聯合信託公司	PNC金融公司
州街信託銀行	FN公司
Comerica	南卡羅萊那國民銀行
美國第一銀行	第一美國銀行
Manufacturers National	第三國民銀行
NBD銀行	西奈銀行
歐肯金融公司	撒蘭銀行
西北公司	MI公司

表6-3	麥哲倫最佳50支零售類股（1977-1990年）	
皮肯賽—折扣商店	Circuit City—電器
Dollar General—折扣商店	The Good Guys—電器
Service Merchandise—折扣商店	Sterchi Brothers—家具
沃爾瑪百貨—折扣商店	Helig-Myers—家具
Zayre—折扣商店	Pier 1 Imports—家飾
Family Dollar—折扣商店	Edison Brothers—雜貨
TJX公司—折扣商店	Woolworth—雜貨
凱瑪百貨—折扣商店	Melville—雜貨
Michaels Stores—折扣加盟	Sterling—珠寶
Del Haize (Food Lion) —超級市場	Jan Bell Marketing—珠寶
Albertson's—超級市場	Costco—量販店
史達普公司—超級市場及折扣商店	Pace Membership—量販店
Great A & P—超級市場	House of Fabrics—家用縫紉
Lucky Stores—超級市場	Hancock Fabrics—家用縫紉
American Stores—超級市場	Transworld Music—唱片
Gottshalks—百貨公司	Toys "R" Us—玩具
Dillard—百貨公司	Office Depot—辦公用品
J. C. Penney—百貨公司	Pep Boys-Manny, Moe & Jack—汽車用品
May—百貨公司	Walgreen—藥房
Mercantile Stores—百貨公司	Home Depot—建材
Merry-Go-Round—服飾	CPI Corporation—照相
Charming Shoppes—服飾	Pearle Health—保眼用品
Loehmann's—服飾	Herman's—運動器材
Children's Place—服飾	Sherwin-Williams—油漆等
Gap—服飾	Sunshine, Jr.—便利商店

　　新英格蘭銀行的問題，並非全無徵兆，該行發行的公司債大跌，就是重要線索，由公司債行情的變化，就知道問題非同小可。當時該行先前發行的公司債價格，由面值100美元跌到不值20美元，就非常值得注意了。

　　如果某公司有償付債款的能力，它一美元的債務，就應該

值貨真價實的一美元。如果該公司一美元的債務，在外頭只賣20美分，顯然就有問題。債券投資人通常比較保守，所以他們對企業的償債能力非常重視。況且，債券求償順序還在股票之前，如果連債券都快賣不掉，股票就更別提了。從這個經驗學到的祕訣是，某企業搖搖欲墜，股價非常低，若想知道安不安全，就先看看公司債的表現吧！

其他害我賠得慘兮兮的股票，還有第一管理公司，賠了2,400萬美元；伊士曼柯達，1,300萬美元；IBM，1,000萬美元；Mesa石油公司，1,000萬美元；尼曼－馬可士集團，900萬美元。芬尼梅在1987年也賠過錢，不過當時大盤一片漆黑。克萊斯勒在1988年到1989年間，也讓我賠過錢，不過當時投資部位已不到1%。

景氣循環類股，好比賭21點：玩太久，先前賺的可能全部吐回去。

最後，對於賠錢股票中科技股最多的情況，我一點也不意外，包括1988年迪吉多賠了2,500萬美元，以及其他賠少一點的譚盾（Tandem）、摩托羅拉、德州儀器、EMC（生產電腦週邊設備）、國民半導體、美光科技（Micron Technology）、優利系統（Unisys），當然還有所有基金經理人的最恨──IBM。我雖認為科技股沒什麼搞頭，但有時候還是會心動。

第 **7** 章

藝術、科學及採訪

本書以後的內容，就是1992年我在《巴隆週刊》推薦21支股票的挑選過程，打電話給上市公司，思考再思考，精密詳細的計算、規畫等等過程。之所以要用這麼多篇幅來說明，是因其間絕無簡單公式、或按圖索驥，照辦即成的祕訣。

選股是一種藝術，同時也是科學的，若不能允執厥中，就可能有危險。精於算計的人，終日研究財務報表，還是可能失敗。若光靠資產負債表就能未卜先知，數學家和會計師早就撐爆了。

太執迷計算反受其害，這在古希臘哲學家泰利斯身上，就已得到證明。這位古希臘先賢大哲晚上因太專心數星星，常被路上的坑坑洞洞絆倒。

但是把選股當成藝術，還是有所欠缺。這裡說的「藝術」，是指直覺、感性，也就是較富藝術傾向的右腦區。想找個有搞頭的投資，藝術家就是憑直覺、第六感。所以，直覺強的人是一路發，不開竅的滿臉豆花。不過如果股票只靠直覺、第六感，那就甭玩了。

太相信直覺的人常疏忽研究準備工作，抱著隨便玩玩的態

度進入股市，結果虧了一屁股後，就死心地認為自己沒有賺股票錢的命。最常聽到的藉口是：「股票像女人，你永遠猜不透。」這對女性同胞不公平（誰想被比成聯合碳化鈣），對股票也不公平。

我的選股方法是三合一，20年來一以貫之，就是藝術直覺及科學研究，再加上親自調查。在操作配備方面，我有國通即時報價系統，但目前廣為基金界採用的最新式工作站我沒有。這種新式工作站不但能同時顯示所有分析師對個股的分析，還能處理精密技術分析。我想這種超級工作站，就是和五角大廈玩玩戰爭遊戲，或跟世界棋王費雪（Bobby Fischer）殺一盤，都不成問題。

許多專業投資人根本沒抓住重點，只曉得在操作系統上日新月異，爭著買Bridge、Shark、彭博（Bloomberg）、First Call、Market Watch、路透社（Reuters）等交易系統，怕疏忽其他專業投資人的一舉一動，卻不知道要多花點心思逛逛購物中心。如果不對企業下工夫去研究，空有軟體還是沒搞頭。相信我，華倫・巴菲特也沒這些玩意兒。

剛獲邀參加巴隆座談，我對股票實在太狂熱了，結果1986年我第一次就報了百來支明牌，第二年我更推薦了226支股票，主持人亞柏森只好說：「也許該問你，不喜歡的是哪些。」1988年是大家最不看好股市的一年，但我還是推薦了122支，若把分拆後的七家貝爾電話公司分開計算，該是129支股票，亞柏森諷刺說：「你這多頭可真公平，全部看好。」

1989年，我稍趨保守，只提供91支最愛，但亞柏森還是說：「或許我們要再問一次，你到底不喜歡什麼？應該比較少

吧！」1990我推薦的更少，只剩73支。

我一向以為，找好股票跟捕昆蟲一樣，翻十塊石頭，也許只找到一隻，翻20塊找到兩隻。那四年裡面，我每年翻開成千上萬塊石頭，才能為麥哲倫找到足夠的昆蟲。

從專業投資人退下來後，就無法再推薦那麼多股票了。1991年21支，1992年也是這個數。家庭及公益活動佔去我不少時間，現在我只有空翻幾塊石頭而已。

我不會因此感到不習慣或沮喪，因為業餘投資人不必辛辛苦苦地找50或100支黑馬股，十年內若有幾支大賺，就值回票價了。即使資金只有一點，也可以利用「五股原則」（Rule of Five），只買五支股票，如果其中某支上漲十倍，其他四支都沒動，整個投資組合還是漲了三倍。

股市超漲

1992年1月巴隆會談時，道瓊指數前一年底才漲到3,200點的高峰，市場上喜氣洋洋。在道瓊指數三週飆揚300點瘋狂氣氛中，我是座談會中最不起勁的。跟經濟衰退時，備受打壓的股市相比，超漲的股價讓我更覺得不對勁，因為大多數股票幾乎日日創新高。

經濟衰退總會過去的，所以超跌股市裡，到處都是逢低買進的好機會。但股價高估時，很難找到什麼便宜又大碗。所以，指數跌300點時，老練的投資人比漲300點還高興。

當時不少大型股，尤其是市場上眾所皆知的成長型企業，如菲利普摩里斯、亞伯特實驗室、沃爾瑪百貨、布里斯托──麥爾公司等，股價漲勢普遍超越獲利基本面，如圖7-1、7-2、

7-3、7-4所示，這都是不好的訊號。

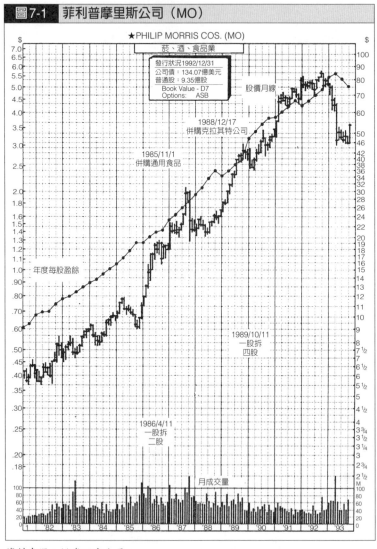

圖7-1 菲利普摩里斯公司（MO）

資料來源：證券研究公司。

圖7-2　雅培實驗室（ABT）

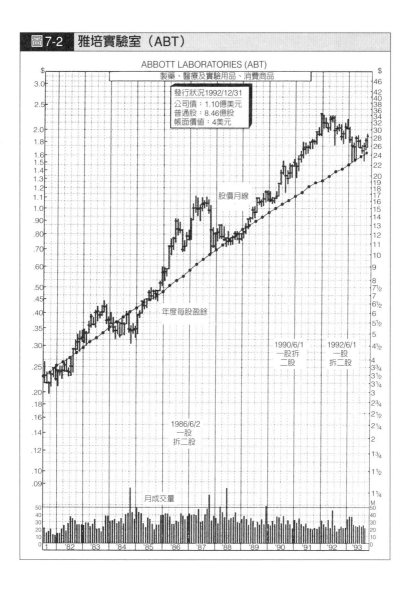

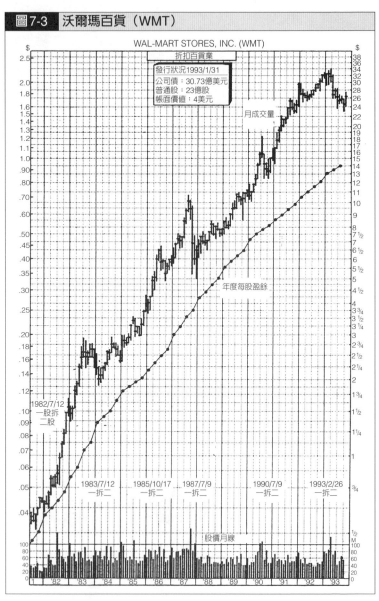

圖7-3　沃爾瑪百貨（WMT）

WAL-MART STORES, INC. (WMT)

折扣百貨業

發行狀況1993/1/31
公司債：30.73億美元
普通股：23億股
帳面價值：4美元

月成交量

年度每股盈餘

1982/7/12
一股拆
二股

1983/7/12
一拆二

1985/10/17
一拆二

1987/7/9
一拆二

1990/7/9
一拆二

1993/2/26
一拆二

股價月線

資料來源：證券研究公司。

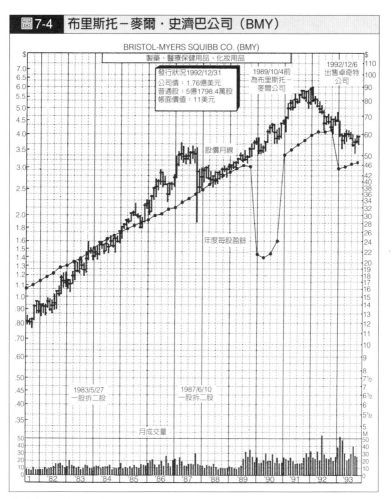

圖7-4 布里斯托－麥爾・史濟巴公司（BMY）

BRISTOL-MYERS SQUIBB CO. (BMY)

製藥、醫療保健用品、化妝用品

發行狀況1992/12/31
公司債：1.76億美元
普通股：5億1798.4萬股
帳面價值：11美元

1989/10/4前
為布里斯托－
麥爾公司

1992/12/6
出售卓奇特
公司

股價月線

年度每股盈餘

1983/5/27
一股折二股

1987/6/10
一股折二股

月成交量

資料來源：美國證券研究公司。

　　價格一旦脫離獲利基本面，通常就是橫盤（休息一下），
或者回檔整理，到比較合理價位。看看這四家公司的股價走勢
圖，我認為這些普受認同的成長股，1991年雖是大贏家，但

1992年即使大勢仍舊看漲，它們頂多只能橫向盤整，倘若大勢不妙，跌個三成也不為過。我在巴隆座談會上說，和年齡老邁、健康欠佳的德蕾莎修女比較起來，我認為許多股票更是岌岌可危。我對那些成長類股更擔心了。

翻開上市公司的盈餘、股價走勢圖（圖書館或券商都找得到），一眼即能分辨股價太高、太低還是合理。股價剛好在盈餘線上，或低於盈餘線，就是買進時機，如果高於盈餘線，就是進入危險區。

根據帳面價值、盈餘或其他一般的標準，1992年時道瓊30種工業股價指數或S&P 500指數也都相當高了，但許多小型股則不然。秋末之際，通常是我為隔年巴隆座談做準備的時候，投資人避稅賣壓再度出籠，小型股更是我見猶憐。

若曉得利用年底到隔年初的股市波動，每年11月和12月避稅賣壓出籠，股價低挫時買進，等隔年1月反彈再賣出，就會混得相當不錯。所謂的「元月效應」，小型股尤其來勁，60年來小型股1月份漲幅為6.86%，而股市平均漲幅才1.6%。

1992年，我原本準備在小型股中找到黑馬。不過在開始研究之前，我又注意一下去年推薦的股票。

沒有真正下工夫去研究，別亂買什麼新鮮、奇怪的股票，對你而言可能只是行情表上的一個報價，久而久之手上股票愈來愈多，到最後根本記不得當時為何買進。

在自己可能應付的範圍內，以少數幾家上市公司為目標，專門操作這幾支股票，也是相當好的投資策略。閣下曾經作過的股票，應該對整個產業及該公司的情況大致瞭解，你曉得經濟衰退時它們表現如何、什麼因素會影響獲利等等。等到某個

無所逃於天地之間的空頭市場開始時，原本那支票又回到合理價位，你就能守株待兔，以逸待勞了。

成天忙著殺進殺出，連自己手頭上有什麼股票都記不清楚，這樣哪會成功呢？可是不少投資人就是如此。很多投資人曾經買過的股票，就再也不碰。老是勾起傷心回憶，誰願意再吃回頭草？不是未能及時獲利了結，反而賠錢，就是耐力不足，熬不到賺錢就認賠離場。唉，誰還想記得這些痛苦？

特別是那些賣掉後，還漲個不停的股票，你可能故意忽略它現在行情如何。這是人情之常。就像突然在超市碰到老情人，你可能默默地走開一樣。或許你在看股票版的行情表時，還遮遮掩掩的，怕萬一看到沃爾瑪百貨在你出掉後，又漲了一倍。這種心情我能體會。

可是你得學會克服這種恐懼感。我開始管理麥哲倫以後，以前曾買過的股票我也得多加注意，不然遲早找不到股票好買。不要把投資當成斷斷續續的個別事件，要看成綿延不斷的歷史傳奇，必須時時提高警覺，不放過任何轉折和變化。除非這家上市公司倒了，不然故事永遠不會結束。不管是十年前，還是兩年前剛買過的股票，現在可能又有好機會。

為了不忘記過去的最愛，我用一本像學生在用的筆記本，把過去曾經投資過的股票詳細記錄下來，季報、年報的重要資訊，買進和賣出原因等等。在我到公司途中，或夜深人靜在家獨處時，就把筆記本拿來翻翻，好像在回味藏在閣樓的舊情書一樣。

這次我再看一遍1991年挑的21支。那一年大盤全面走高，這些股票也是可圈可點。S&P 500指數上漲30%，我的明

星隊則勁揚50%或以上，包括坎伯公司（保險及金融服務）、豪斯霍國際公司（金融服務）、賽達育樂公司（遊樂場）、EQK綠畝田公司（購物中心）、銳跑（運動鞋）、凱世界（賭場）、費爾道奇公司（煉銅）、可口可樂企業（裝瓶業）、基因科技（生物科技）、美國家庭公司，現稱AFLAC公司（日商，癌症保險）、凱瑪百貨（零售）、優尼瑪公司（印尼商，石油）、佛雷迪麥克（Freddie Mac）公司和凱士岱抵押公司（抵押貸款）、太陽信託（銀行）、五家儲貸機構，以及我連續叫進六年的芬尼梅公司（抵押貸款）。

我再次詳讀記錄，注意到幾個重要變化，最主要就是股價已經漲了。並不是說，股價漲了就不能再推薦，而是最佳買進時機或已不再。

賽達育樂公司就是如此。該公司在俄亥俄州及明尼蘇達州都設有設樂場。1991年引起我注意的，是這支股票投資報酬率高達11%。當時每股不到12美元，但現在已漲到18美元，報酬率已降低為8.5%。這種報酬率還算不差，但不會讓我想加碼。我希望挖到盈餘增加的利多，但和經營者談過之後，我研判他們並沒有新活動來刺激業績，所以轉向其他公司尋求更好的投資機會。

我又仔細研究另外20支股票。首先我刷掉在長島經營購物中心的EQK綠畝田公司，因為注意到最新一期季報上，有一則短短的說明。我發現像季報這種小冊子，常透露很多訊息。這則說明表示，過去該公司都會宣布增加一美分的配息，但現在正討論是否取消這項慣例。綠畝田公司上市六年來，每季都會宣布調高配息，雖然取消此一慣例，會讓公司省下十萬

美元，但我卻覺得事有蹊蹺。提高配息已成傳統的企業，突然
改變成例好省下一筆錢，閣下可別掉以輕心。1992年7月謎底
揭曉，綠畝田公司配息不但沒增加，反而大減。

　　可口可樂企業公司股價未漲反跌，而且後市看疲，所以也
刷掉了。芬尼梅股價已經上漲，但後市還是看漲，所以我連續
第七年推薦這支股票。要記得，股價比以前低，不是買進的理
由；股價比以前高，也不是賣出的理由。另外，我決定再推薦
費爾道奇公司和兩家儲貸機構，理由請待下回分解。

逛街找股票：零售業

把去年明星隊篩選一番，保留五支股票後，我用平常方式找新的黑馬股。二話不說，我就去投資靈感最多的聖地：柏林頓（Burlington）購物中心。

柏林頓購物中心離我住的地方約25哩，規模很大，裡頭有各式各樣的商店，像這麼大的購物中心，全美大概只有450家左右，而且裡頭非常舒適，很適合研究股票。這個地方就是眾多上市公司拚搏廝殺的地方，有的企業在此贏得市場，有的就此淘汰，不管是業餘，還是專業的投資人，每天都能在此看到企業勢力的消長。就投資而言，我認為與其相信證券商的建議，或自己拼湊報上的消息，不如自己到購物中心多逛逛，多看看。

許多股價漲幅極大的上市公司，就是幾百萬消費者常常光顧的地方。Home Depot、Limited、Gap服飾和沃爾瑪百貨這四支股票，若在1986年投資一萬美元，到1991年才五年就增值到五萬美元以上。

開車到柏林頓路上，經過許多商店，想起曾買過的零售股。到市郊時，經過兩家Radio Chacks（譚帝公司所有），若在

1970年代初投資一萬美元，到1982年天價時出場，就增值為100萬美元；一家玩具反斗城，股價由25美分漲到36美元；一家安米斯百貨公司，股價最低可以跌到零；一家規模很大的眼鏡行Lens Crafter，但問題是差點拖垮美國製鞋公司（U. S. Shoe）。

下高速公路後走128號公路，北上柏林頓。這條128號公路，是1960年代許多「嘎嘎叫」科技股的興盛之地，如拍立得、EG&G公司等，就像現在的矽谷（美加州舊金山附近的高科技電子業集中區）。我經過霍華強森公司，1950年代是漲勢極猛的成長類股；塔可貝爾公司，在百事可樂接管前就幹得有聲有色，後來還幫助母公司獲利大增。一家就叫「奇里辣味」的餐廳（股票代碼很好玩，正好是EAT），雖然孩子們說很好吃，但我還是錯失這支股票，因為我自作聰明：「誰喜歡這種辣味餐廳？」

柏林頓購物中心的停車場，跟我住城鎮的市中心一樣大，但總是停滿車子。遠處有家汽車保養廠，豎著固特異（Goodyear）輪胎的廣告。我曾在65美元買進固特異，但表現並不理想，最近雖見回升，但我還是頗為後悔。

購物中心正處四棟大樓之間，就像個大十字架，東邊是喬丹馬許大樓，南邊為菲林大樓，這兩棟過去均屬土地開發業者坎培所有。有次坎培突然衝進我的辦公室，大談零售業，舉出許多實況和分析數字。他對數字很有一套，所以我買了坎培公司的股票，結果踩到地雷。在北邊有羅德泰勒大樓，現在屬於美伊百貨公司，很棒的成長類股。西邊是西爾斯（Sears）大樓，這支股票20年前的天價，到現在還沒破！

中心裡面讓我想起以前的市鎮廣場，有水池、涼椅，許多大樹，年輕戀人悠遊其間，老者睹物思人。只是過去廣場對面的老戲院，現在卻是四棟大樓，而過去人們隨意逛逛的雜貨店、西藥房、五金行等等，現在則是集中在兩個樓層，總共有160幾家不同的商店。

不過我可不是隨意逛逛。我認為購物中心是研究基本面的好地方，把許多股票集合起來，其中有些正是潛力黑馬股，這些股票肩並肩地坐在購物中心裡面，投資人可悠哉悠哉地慢慢觀察。仔細地看，耐心地探索，在此獲得的情報，比參加投資說明會一個月還多。

唯一糟糕的是，柏林頓未附設證券公司，不然就在這兒泡上一整天，觀察各店人氣消長，再上證券公司買進人潮最多的商店。這個做法當然不是萬無一失，不過還是比亂聽親戚朋友的明牌強上百倍。因此彼得定理第14條是：

> 喜歡某店，可能也會看中這支股票。

食品口味和服裝的同質化，雖造成文化上單調無聊，但零售業和餐廳的老闆卻因此大賺。某物在某地賣得起來，大概就能風行全國，例如甜甜圈、飲料、漢堡、錄影帶、養老保單、襪子、褲子、洋裝、園藝工具、優酪乳，甚至葬儀社服務都是如此。投資人如果慧眼識英雄，懂得買進在亞特蘭大崛起，後來西征全美的Home Depot公司股票，或崛起加州，東向席捲美國的塔可貝爾公司（Taco Bell），還是從威斯康辛州出發，朝南發展的蘭茲園公司（Lands'End），或者源於阿肯色州北向發展的沃爾瑪百貨，還是由中部起家，再擴及兩岸的Gap服飾

或the Limited公司，就能賺到夠你環遊世界，不用再待在購物中心或連鎖商店，辛辛苦苦地找股票。

1950年代的時候，零售類股少有大賺的機會，雖然當時大量生產概念早已風靡企業界，各家庭製作餅乾的模型也都大同小異，但消費者購物和飲食習慣仍極多樣化。美國作家史坦貝克寫的《與柴麗共遊》（*Travels with Charley*）說，他和柴麗可以根據不同色，分辨出他們到的任何地方。但現在若把他們帶到柏林頓，蒙上眼睛再轉去斯伯坎（Spokane，在華盛頓州）、奧馬哈（Omaha，內布拉斯加州）或亞特蘭大（喬治亞州）某個購物中心，他們可能還以為在柏林頓。

我偏愛零售類股，一開始是看到李維家具公司股票上漲100倍，令我永誌難忘。零售商不見得百戰百勝，但經營狀況是消費者有目共睹的，這就是吸引力之一。想知道某連鎖商能否擴及全國，你可以先等他們在某地區成功後，再仔細注意其他地區能否同樣順利，再決定要不要投資。

購物中心員工更具內線優勢，每天發生什麼事，都逃不過他們的眼睛，也很容易從同仁得知各店生意狀況。購物場的經理主管手中所有，更是任何人都比不上：每月的營收和成本數字。商場經營者可能每個月都最先看到Gap服飾或the Limited公司一步步邁向成功之路，但卻不曉得去買他們的股票！這種人坐失良機，實在太可惜了。即使作弊炒股票，被抓去關的波斯基（Ivan Boesky），也拿不到這麼棒的第一手資訊。

我沒有親戚朋友開購物中心，不然我會每週請他們吃三、四次飯。不過比上不足，比下有餘，我們家卻有幾位盡忠職守的消費者，對「瞎拚」很有一套。我老婆卡洛琳現在較少研究

購物目錄（她幾位朋友可是黑帶高手），不過後繼有人，我們的三千金青出於藍更勝於藍，連我都花不少時間才趕上她們。

好幾年前有次我們圍著餐桌閒聊，我女兒安妮問說：「加拿大可麗（Clearly Canadian）是上市公司嗎？」我家很鼓勵孩子提出這種問題。冰箱塞滿了加拿大可麗，我當然曉得他們喜歡這種新的碳酸飲料。可是我並未用心注意這家公司，只是翻翻S&P股票指南，沒看到這家公司，也就忘了。

後來才知道加拿大可麗是在加拿大上市，所以S&P指南上沒有記載。當時沒有追根究柢，真是大錯特錯。加拿大可麗公司1991年上市後，股價在一年內由每股3美元飆上26.75美元，之後又回檔為15美元。純就漲幅來算，不到一年就增值近九倍，十年漲九倍就夠你偷笑了，何況是不到一年？這支股票比我1991年在《巴隆週刊》上推薦的任何股票都好。

奇里辣味餐廳也是因為我的疏忽，而失之交臂。家裡三千金晚上睡覺時，常穿著餐廳送的綠色運動衫，讓我老覺得好笨，竟沒把她的話當回事。唉，事實上有多少為人父母的，隨便相信鄰居的話的就買金礦股或商用地產公司的股票，卻不曉得跟著孩子們上購物中心，認識Gap服飾這家公司，和這支從1986年到1991年就漲100倍的股票？即使到1991年他們才從孩子那兒知道，而且買了Gap的股票，當年投資也會增值一倍，比那些在市場上臭屁的基金都來得強。

我們總認為自己的小孩最特別，其實他們就是國際消費族群的一部分，對帽子、襯衫、襪子、牛仔褲的品味也都差不多。所以當我家老大，瑪莉在Gap買衣服時，我大可認為全美各地青少年也都喜歡Gap。

　　1990年夏天，瑪莉在柏林頓二樓的Gap買些準備在學校穿的衣服時，跟我提到一些跟Gap服飾有關的事。在此提供一項購物中心觀察老鳥的心得：若是兩層樓的購物中心，生意較好的店反而都在樓上，如此安排是希望讓顧客多走兩步，讓其他商店有更多機會。瑪莉說以前她不喜歡Gap的牛仔褲，可是現在他們推出色彩繽紛的新商品，她很喜歡，成千上萬個年輕人想必也是如此。可惜我又忽略這個明顯的買進訊號，如同錯失奇里辣味餐廳和加拿大可麗的股票一般。1992年我痛下決心，絕對不再重蹈覆轍。

　　聖誕節前我帶女兒去柏林頓購物中心，表面上是要去買聖誕禮物，其實我是希望找到好股票。我讓她們帶我到最喜歡的店，根據以往經驗，這是絕對可靠的買進訊號。Gap服飾和往常一樣生意好得很，但這不是女兒的第一選擇，她們先到美體小舖（Body Shop）。

　　美體小舖賣化妝品和保養品，例如香蕉、核果和莓子等製成的乳液和沐浴乳、蜂蠟睫毛膏、奇異果唇膏、紅蘿蔔保濕液、蘭花油脂清潔液、蜂蜜燕麥片清潔面膜、覆盆子防皺化妝水、海藻加樺樹的洗髮精，還有更奇怪的東西，叫雷蘇爾美髮泥。當然，我是不會去買這種東西，不過顯然生意不賴，因為店裡擠得水洩不通。

　　事實上，當天美體小舖是生意最好的三家店之一，另外兩家是CML集團擁有的天然公司，和Gap服飾。我大略估算一下，美體小舖及天然公司賣場總共大約3,000平方呎，但營業額大概和賣場十萬平方呎的西爾斯百貨公司一樣好。西爾斯老是冷冷清清的。

女兒拿著香蕉沐浴乳等保養品結帳時，我想起1990年時富達分析師卡曼姍（Monica Kalmanson）就曾提過這支股票，我又想起原在富達管理圖書部的史蒂芬森（Cathy Stephenson），後來放棄優渥薪水，離開那個累死人的工作（一個人管卅個人），獨資加盟美體小舖連鎖。

我找個店員問這家店的老闆是不是史蒂芬森小姐，答案是肯定的，不過今天不在。我留話說我很想跟她聊聊。

這家店看來經營得很好，十幾個年輕店員幹勁十足。那次我們共買了好幾袋洗髮精及香皂，看它們所用的成分，想必也能作出相當美味的沙拉。

回公司後，我翻翻麥哲倫的股票名單，這份名單在我離職時，大概已是敝鎮電話簿的兩倍厚。結果我發現，1989年我就曾經買過這支股票，但未繼續追蹤。當時買進這支股票，就是為了方便追蹤後續發展，可惜我又錯失大好良機。在柏林頓親眼目睹這家商店以前，如果你騙我說美體小舖是汽車保養連鎖店，我也會相信。同時要掌握1,400家上市公司，就是會出這種紕漏。

透過一些券商研究報告，我慢慢搞清楚美體小舖的來龍去脈。美體小舖原是英國公司，創辦人羅迪克（Anita Roddick）原來雖是平凡的家庭主婦，但非常有企圖心。她老公常出差不在家，但她既不看連續劇，也不跳什麼有氧舞蹈，只喜歡在車庫研究東研究西，胡亂調配些有的沒的。哪知道做出來的東西大受歡迎，於是試著在附近賣賣看，結果這個原來只是後院兼差的生意，很快就搞得有聲有色。1984年美體小舖正式股票上市，上市價每股才5便士（約10美分）。

美體小舖草創之後，很快轉型為國際連鎖，專門讓閣下肌膚有幸一嚐新鮮水果和沙拉。其股價雖有兩次震盪，一次是1989年大崩盤時腰斬，一次是伊拉克入侵科威特時，但六年內還是由原來的五便士漲到362便士，如果剛上市就買進緊抱不放，獲利超過70倍呢！美體小舖雖在倫敦上市，但全美各證券也承做買賣。

和至善調味公司或班傑利冰淇淋公司一樣，美體小舖也是較具社會意識的企業。其產品皆用天然成分，其中有些是南美凱雅波印第安人在雨林提煉出來的萃取液，凱雅波族如果沒有這份收入，或許只能砍樹燒林，從事游耕生活。除此之外，美體小舖從不廣告，所有員工每週自願社區服務一天，公司薪水照付。他們所提倡的是健康，而非美麗。畢竟有誰能夠永遠美麗呢？美體小舖的購物袋不但可以回收再利用，也鼓勵消費者拿舊容器去買，折價25美分。

美體小舖不是只想賺錢，但其光明「錢」途並未因此稍顯黯淡。據史蒂芬森表示，加盟連鎖店第一年即可回本開始賺錢。她在柏林頓做出心得，準備在哈佛廣場（Harvard Square）再開一家，而當時美國經濟正處衰退。

雖在經濟衰退的大環境之下，美體小舖全球的單店營收（same-store sales）仍創佳績（單店營收是分析零售業的重要指標）。美體小舖的洗髮精和保養乳液比折扣商店貴，但比精品店和百貨公司便宜，這種價格定位最是有利。

健康取向的保養觀念，似乎是全球共同趨勢。若以人口比例來看，美體小舖最多的國家是加拿大，一共92家。如果以單位平方呎營業額來看，美體小舖則是加拿大獲利最高的零售

商。

　　當時日本只有一家，德國也僅一家，但美國已有70家美體小舖。加拿大人口只有美國的十分之一，卻有92家，照我看美國至少能開920家。

　　在初期幾年飛快成長後，美體小舖仍小心謹慎地邁開擴張步伐。零售商擴張過猛會讓人害怕，尤其是高額融資的業者。但美體小舖屬加盟型態，所以資金靠加盟商提供即可。

　　據史蒂芬森指出，美體小舖評估行銷通路非常審慎。雖然史蒂芬森已在柏林頓證實其經營能力，但她申請在哈佛廣場開店時，美體小舖董事長仍親自出馬，從英格蘭飛來美國實地勘察，並仔細評估史蒂芬森的經營績效。如果美體小舖以自有資金擴張，如此謹慎是必然的，但哈佛加盟店可是史蒂芬森自己拿錢開的，而美體小舖總公司卻未因此就稍有馬虎。

　　雖然我認識美體小舖加盟店老闆，所以知道這麼多，但全球數百萬消費者到美體小舖消費時，也能親眼看到生意好得嚇人，若再進一步追蹤，從公司年報和季報也能找到營運數字。有次我跟牌友提到美體小舖，他說他老婆和女兒也都很喜歡。如果45歲中年人和13歲小孩都熱中同一家店，就該好好調查一番。

　　單店營收沒問題，擴張計畫很切實際，財務狀況極佳，公司每年成長20%-30%。那還有問題嗎？有。根據S&P公司預估的1992年盈餘數值，美體小舖本益比已高達42倍。

　　若以隔年盈餘預估值來算，任何成長類股本益比超過40倍就不安全，股價大都已屬高估。以過去經驗來看，股價本益比不應超過企業成長率，亦即每股盈餘增幅。即使飛快茁壯的

企業也很少年年成長25%，成長率40%更是鳳毛麟角。如此衝刺甚難持久，企業衝得太快無異自我毀滅。

有兩位分析師認為美體小舖未來幾年會維持30%的成長率。成長率可能有30%，但本益比40倍。理論上來看並不吸引人，但從股市現況而言也沒那麼糟。

於是我重頭細心檢視一番，發現S&P 500指數平均本益比為23倍，可口可樂為30倍。如果要從成長率15%、本益比30倍的可口可樂，和成長率30%、本益比40倍的美體小舖二選一，我偏愛後者。成長快速但本益比較高的股票，終究會勝過成長緩慢但本益比較低者。

關鍵是美體小舖能否持續成長25%-30%，讓基本面趕上目前的高價？長期高度成長可不容易，但我對美體小舖打進新市場的能力，和它在全球受歡迎程度還是非常驚訝。美體小舖幾乎一開始就具跨國企業的架勢。他們已伸向全球六大洲，而且都相當深入。若一切按部就班，不出差錯，全世界最後可能有成千上萬個加盟店，股價還會再漲個7,000%。

由於美體小舖的獨特全球潛力，我還是在《巴隆週刊》上公開推薦。但是相對盈餘預估水準，目前股價已相當高，因此若投資只買一支股票的話，就不能選美體小舖。要是你喜歡的股票，目前價位不是那麼討人喜歡的話，最好辦法就是先買一點，意思意思，等回檔時大力加碼。

像美體小舖、沃爾瑪百貨及玩具反斗城這種成長快速的零售類股，最迷人的地方就是你一點也不用著急，仔細觀察，耐心研究，再真正進場也不愁趕不上特快車。你大可耐著性子慢慢等，等他們證明自己的潛力後，才買股票投資也來得及。美

體小舖的老闆正在車庫做實驗時，先不必匆匆進場；美體小舖在英國開100開家店，或在全世界開300家、400家店時，也還不必急著買股票。等美體小舖已公開上市八年，等我女兒終於讓我見識其魅力後，美體小舖後市還有一大段要漲呢！現在上車也還來得及。

如果有人說某股票已漲十倍，甚至50倍，以後不會再漲了，就請他看看沃爾瑪百貨的股價走勢圖。23年前的1970年，沃爾瑪百貨剛上市時，只有38分店，而且大都集中在阿肯色州。上市滿五年，亦即1975年已有104家分店，此時股價漲為四倍。1980年上市滿十年，沃爾瑪百貨分店276家，股價也漲為20倍左右。

沃爾瑪百貨老闆山姆・華頓是阿肯色州班騰維（Bentonville）人，許多幸運的老鄉親一開始就搭上這班特快順風車，投資十年增值為20倍。已經增值20倍了，是否不應太貪心，趁著高價趕快賣，把錢拿去買電腦？如果想賺錢，就不該賣掉。股票是不會在乎誰是主子，至於貪心的問題，應該在教會或心理醫師那裡解決，不是為退休打拚的投資人該關心的。真正要關心的，不是沃爾瑪百貨會不會懲罰貪得無饜的股東，而是市場是否飽和。答案非常簡單：即使整個1970年代裡，盈餘和股價都已大幅成長，但沃爾瑪百貨才進駐全美15%的地方，往後還有85%的成長空間啊！

1980年沃爾瑪百貨股價已漲為20倍，創辦人華頓已是名揚全美的億萬富翁，但還是開著一輛敞篷小貨車。這個時候買股票，還來得及。如果1980年買進，緊抱到1990年，漲幅有30倍，1991年沃爾瑪百貨股價又漲了60%。最初十年就賺20

倍的股東，若再抱牢11年就增值為50倍。如果這時覺得自己
實在貪得無饜，去看心理醫師也不怕沒錢付帳。

　　以零售業或連鎖餐飲業而言，推動盈餘和股價的原動力，
就是來自擴張。只要單店營業收入持續成長（年報及季報都會
揭示），企業體不過度舉債，按照股東年報的計畫穩健擴張，
那麼抱牢這支股票就有福了。

股票代碼	公司名稱	1992.1.13股價
BOSU*	美體小舖	325便士

＊在倫敦證交所上市交易。

第9章

從利空挖寶

美國房地產市場崩盤，
助我發掘第一碼頭公司、陽光帶園藝公司和
General Host（GH）公司等潛力股始末

　　想知道哪兒環境清幽，居住宜人，就得到處走走，親自去看、去找。優秀的偵探光賴在沙發上，是成不了事的。想在股市裡成功，就得有膽子為人所不能為、不敢為。你要敢碰其他投資人，特別是基金經理人不敢碰的產業，而且看準了就把錢砸進去。1991年底，投資人最怕的就是房地產及其他相關產業。

　　過去兩年多以來，房地產一直是美國人噩夢。由於商業用房地產的崩盤，民間盛傳住宅房地產也禍在不遠。據說成屋價格直線滑落，已讓許多賣家倒盡胃口，紛紛取消委賣。

　　我住的馬柏赫，就能嗅到房地產的絕望氣氛。到處都豎起「吉屋出售」的牌子，你若初次來到敝鎮，搞不好還以為「吉屋出售」牌子，是新訂的麻州之花呢！但如前所言，買氣委靡，在等不到好價格的情況下，賣方垂頭喪氣，也只好繼續抱著跌價的房子。四處都聽到賣家抱怨，說對方出價竟比兩、三年前低了三、四成，特別是有錢有勢者住的高級住宅區尤其明

顯。房地產大多頭行情，已經結束囉！

　　住在這些高級住宅區的，都是一些報社總編輯、電視新聞主播、評論員和華爾街的基金經理人，所以報紙、電視新聞老注意房地產崩盤的新聞，也就不足為奇了。事實上這些新聞很多只是報導商用房地產的慘況，但標題上反而漏掉「商用」兩個字，結果視聽大眾誤以為房地產行情全部走疲。

　　我所以會注意到房地產行情，一開始是看到一則美國房地產業者協會（NAR）的消息。據NAR公布資料表示，美國中古屋價格還在漲。1989年漲，1990年漲，1991年還是漲，而且NAR從1968年開始發布中古屋行情以來，價格還沒跌過。

　　美國房地產市場其實沒那麼糟，中古屋優異表現只是眾多徵兆之一，足以鼓舞勇於深入房地產業的大膽投資人。其他還有美國住屋建商協會彙編的購屋能力指數（affordability index），以及房地產抵押貸款呆帳等數值，在在都有利勇敢投資人大探虎穴。

　　根據我過去經驗，常常在報紙、媒體大肆吹播某事多差勁、多糟之際，就會發現和報導完全相反的事實。如果懂得利用這種情況，你就老能佔到便宜。若媒體和投資大眾都以為某產業奇差無比，就大膽搶進該產業競爭力最強的企業股票。（必須在此聲明，這個方法可不是萬無一失。1984年投資界都以為石油和天然氣業已經跌無可跌，可是後來仍一路滑落。所以除非情勢確有改觀之兆，否則故意去跳火坑就太笨了。）

　　中古屋價格在1990年和1991年持續上漲的消息，很多人都不知道，我在巴隆座談會上提出這個證據，根本沒人信。而且，當時美國利率已經降低，購屋的財務負擔比十幾年前還

輕。因此我認為，除非經濟永遠衰退，否則美國房地產市場就
快復甦了。

　　然而，即使許多數值都屬正面，不少有力人士還在負隅頑
抗，成天嚷說房市崩盤，和房市有關的任何股票當然也跟著一
敗塗地。1991年10月，我開始注意托爾兄弟公司（Toll
Brothers）。托爾是美國知名住宅建商，我在麥哲倫基金時就常
買這支股票，也很注意托爾公司的情況。不過現在托爾股價從
原來的12美元，跌到只剩2美元，夠慘的了。那些一路殺股票
的人，想必在高級住宅區都有房子。

　　印象中，托爾公司是家財力雄厚、足以度過任何難關的殷
實企業，何以股價如此之慘？所以我把資料調出來，又詳細研
究一番。我想起一年前，有位夠水準的基金經理人希伯納
（Ken Heebner）就跟我報過這支明牌；富達公司的同事，雷佛
（Alen Leifer）也在電梯裡跟我提過托爾公司。

　　托爾公司只興建住宅，並非土地開發業者，所以不會把錢
拿去投機房地產。而且房市長期低迷，許多競爭者慘遭淘汰，
只要托爾能挺下去，捱到景氣復甦，一定能搶到更多市場。長
期來看，這次房價大跌反具清洗效果，對托爾公司正屬利多。

　　那麼托爾股價只剩五分之一，又何以至此，裡頭還有啥不
對勁嗎？我翻了翻資料，發現托爾公司負債減少2,800萬美
元，現金資產增加2,200萬美元，所以經過這段景氣低迷期，
財務狀況反而變得更好。訂單方面也是如此，檔期已排到兩年
後。由此來看，若有什麼不對勁，就是托爾生意做不完！

　　托爾公司在市況低迷之際，也悄悄地把觸腳伸向幾個新市
場，如今萬事俱備，就欠景氣吹東風，即能穩當賺錢了。到時

房市一回升，也不必衝多高，托爾就能輕而易舉地刷新獲利紀錄。

此時你可以想像我有多興奮，挖到一家負債很輕，訂單夠吃兩年的公司，而且競爭者全倒在一旁氣若游絲，而股價竟然只有1991年最高價的五分之一！

那年10月我在擬給《巴隆週刊》的推薦單上，托爾公司當然是在下的上上之選。但股價很快就漲了快四倍，每股為8美元（等到座談會開始的時候，已經漲到12美元了）。敝人長期注意股市在年底的表現，在此提供一個心得：趕快買進！股市中偏愛超跌股的投資人，最近眼睛愈來愈亮，不用多久就會看出哪支股票跌過頭。一旦這些人上完車，股價也反彈得差不多了。

又來了！托爾是因為秋季報稅賣壓才大跌的，結果我只能眼睜睜地看它飆上去，等巴隆座談紀錄兩個月後刊出，股價不知跑到哪兒了。1991年也有同樣情況，當時我準備推薦電器連鎖店好傢伙（Good Guys）的股票，結果股價從座談開始當天（1月14日）一路飆到雜誌上市那天（1月21日）。為此，我和巴隆編輯在1月19日討論後，只得把這個「好傢伙」槓掉。

顯然地，1991年秋挖到托爾這個寶的，不是只有我。我還來不及公諸於世，許多人就捷足先登，搶搭特快車。無妨，房市危機根本就是誇大其辭，一定還有業者能趁景氣回升大撈一筆。我第一個想到的，就是第一碼頭公司（Pier 1）。

第一碼頭公司

買了房子，不管是新屋還是中古屋，總得要裝潢、布置一

番，買燈飾、隔間板、踏墊、碗盤架、地毯、窗簾和其他小擺
飾，或許還有藤椅、沙發等等。這些東西第一碼頭公司都賣，
而且價格不貴，手頭不很寬裕的消費者也負擔得起。

　　當然，以前在麥哲倫時我就買過第一碼頭的股票。這家公
司是1966年從譚蒂公司獨立出來，成為公開上市公司，其家
飾品零售分店頗具遠東風味。我老婆很喜歡到北岸購物中心逛
第一碼頭的店。第一碼頭在1970年代是衝力十足的成長類
股，休息一陣子後，1980年代再接再厲，又跑了一段。投資
人如果趕上最近這一段大多頭行情，在1987年大崩盤以前，
一定能賺不少錢。大崩盤後第一碼頭股價由原來的14美元，
慘跌為4美元，後來又回升到12美元附近，不過伊拉克入侵科
威特後，股價又破底為3美元。

　　我第三次注意到第一碼頭時，股價已反彈到10美元，之
後又滑落為7美元。我認為7美元還是太低，特別是房屋市場
可能已在復甦，未來家飾品需求必然走強。我翻翻檔案溫習溫
習，想起在這次經濟衰退之前，第一碼頭盈餘連續成長12
年。以前有個叫英特馬（Intermark）的財團曾持有第一碼頭
58%的股權，英特馬對第一碼頭相當看重，據說當時有人想以
每股16美元收購第一碼頭，但英特馬出價每股20美元。後來
英特馬週轉失靈，被迫以7美元賤售第一碼頭股票，但仍難挽
回毀滅噩運。

　　甩掉英特馬高額股權的威脅，對第一碼頭反有好處。1991
年9月和1992年1月8日，我兩次拜訪第一碼頭執行長強森
（Clark Johnson），他提出幾項利多：(1)1991年外在環境非常糟
糕，但他們並未虧損；(2)新店開設每年以25到40家的速度持續

推展；(3)目前全美只有500家分店，市場空間還大得很。況且1991年雖增設25家分店，卻還能縮減整體支出，提升獲利率。

至於零售業一貫可信的指標，單店銷售額方面，強森指出在經濟衰退最嚴重的地區，單店銷售額減少9%，但全美其他分店都見成長。經濟衰退時期，某些地區的單店銷售額降低並非罪不可赦，所以這種情況不足為慮。如果是在零售業大好之際，單店銷售額反而降低，恐怕就很不妙了。幸好第一碼頭公司不是這樣。

評估零售業者，除了上述各點以外，還得注意存貨水準。如果存貨水準高於平常，管理階層有可能提列高額存貨，以掩飾銷售不佳的窘況。萬一實情正是如此，公司最後得降價求售，承認銷售不力的事實。第一碼頭存貨雖高，是因為新設25家分店的關係，所以其存貨水準仍可接受。

現在我們可以說，第一碼頭公司是成長快速的零售業者，成長空間很大，努力緊縮支出，以提高獲利率，景氣不佳仍見盈餘，而且連續五年提高配息。在家飾零售市場上，第一碼頭早已就位，就等景氣鳴槍起跑。此外，我老婆的閨中密友，也都很喜歡第一碼頭的東西。而研究第一碼頭的附獎，是陽光帶園藝公司（Sunbelt Nursery）。

第一碼頭在1990年全額收購陽光帶園藝公司，1991年公開上市時，第一碼頭釋出50.5%股權，共賣得3,100萬美元。其中2,100萬美元償債，另1,000萬美元還是花在陽光帶，幫助更新設備和擴展地盤。就第一碼頭而言，1991年負債額共減少8,000萬美元，只剩約1億美元。在財務狀況大有改善的情況下，第一碼頭短期不會有啥危機。財務能力在經濟衰退時特別

要緊，很多負債太重的零售業者都撐不過去。

陽光帶上市時，第一碼頭才釋出一半股權，取得3,100萬美元，就比前一年全額收購的成本多600萬美元，那麼剩下近半股權大約也值3,100萬美元，完全是投資利得，這可是第一碼頭極大的隱藏資產。

在我研究第一碼頭基本面時，股價為七美元，預估1992年每股盈餘為70美分，因此本益比為十倍。在公司每年平均成長15%的情況下，本益比十倍相當理想。到我飛往紐約參加座談時，股價稍漲為7.75美元，不過我認為還是非常划算，不僅是第一碼頭營運相當有看頭，況且還有陽光帶這個附獎。

在第一碼頭專注的家飾產品市場，每個月都有些業者，大都是各地的小型家飾店撐不過景氣低迷，被三振出局。而在家飾品市場萎縮的情況下，百貨公司的家飾部門也紛紛縮減，把主力轉向服裝、飾品等。因此一旦景氣觸底回升，第一碼頭已是無可匹敵，那時臥楊之側豈有他人鼾睡？

也許我當媒人很少成功，因為每當我看中某公司，就會開始想有哪些企業或許有興趣併購它。對於第一碼頭公司，我認為凱瑪百貨公司（k-mart）應該滿適合的。過去凱瑪百貨就接連收購了藥房、書店和辦公設備等連鎖店，而且一直在找機會擴張地盤。

陽光帶園藝公司

一放下第一碼頭檔案，我就把陽光帶調出來。我研究股票常常就這樣，從某股票又挖出另一支。專業選股人又要大顯身手了，就像機警的獵犬對新發現的氣味緊追不捨。

　　陽光帶主要經營園藝用品（包括草皮養護）的零售。我認為，如果景氣復甦，大夥搬了新房子後，總免不了整理花圃、草皮，窗外掛個花架賞心悅目一番。

　　再考慮得深入點，園藝用品的販售仍是小店林立的戰國型態，以加盟或連鎖的集團型態經營者還是相當少。理論上來說，如果經營得法，區域或全國性的連鎖型式就很容易竄起，正如當年唐金甜甜圈連鎖店（Dunkin's Dounts）風靡全美一般。

　　陽光帶能否擴展到全美各地呢？目前在全美11個最大的園藝市場中，陽光帶已在其中六個建立根據地，經營型態和德州及奧克拉荷馬州的渥芙園藝公司、加州的NGC園藝中心和亞歷桑那州的TT園藝公司差不多。美邦（Smith Barney）證券公司研究報告指出，陽光帶公司主打消費群，是比較注重品質的消費者，提供更多種類的優良植物，和高檔次的服務，以便和廉價導向的園藝品零售業者有所區隔。

　　最初陽光帶是跟著第一碼頭公司，從譚蒂公司獨立出來的。1991年8月，陽光帶公司準備公開上市，第一碼頭公司釋出320萬股，陽光帶公司派人到波士頓推銷自家股票，我才第一次對該公司稍有瞭解。當時我翻了翻上市計畫報告，裡面就和其他公司的上市計畫報告一樣，處處可見附加紅線，讓人害怕的警示語句。看這玩意兒，跟看機票後頭那些甲骨文差不多，大部分都無聊透頂，如果有啥用處的話，就是會讓你再也不想搭飛機，或買任何股票。

　　不過上市公司既然都能順利上市，可見投資人對那些嚇人又無聊的警示說明，一定是視而不見、聽而不聞。不過我可要

提醒你,這裡頭有些訊息其實很有用,可別輕易忽略了。

陽光帶公司首次公開上市,每股定價8.5美元。拜上市之助籌得鉅資,陽光帶公司財務狀況奇佳無比,全無負債且每股平均有兩美元現金。這筆現金準備用來整理旗下98所園藝中心,部分不堪用者將予關閉,以提升整體獲利能力。

陽光帶各分店自越戰以來,就未曾整理過,因此有很多地方需要改進更新,最重要的是增設嚴冬防護設備,並用稻草把植物根部包起來,以防凍死。

此時第一碼頭公司還是陽光帶最大股東,握有49%股權。對此我視為利多,因為第一碼頭知道如何經營零售業,這可不像保險業者經營造紙業那樣,外行領導內行。而且第一碼頭公司最近才完成分店整修,其經驗對陽光帶的整修作業極有助益。同時,雙方管理階層都持有相當多的陽光帶股票,豈有不為自己打拚之理。

在我認為陽光帶值得推薦給《巴隆週刊》之際,股市年底報稅賣壓正傾巢而出,陽光帶股價跌到5美元。由於天候不佳(亞歷桑那州出現早霜,德州降雨高達14吋),美國各地花圃園藝市場都受影響,陽光帶當季獲利不佳,導致股價下跌,股票市場總值縮減近半。

此時敢加碼的投資人,必然大有斬獲。兩個月前陽光帶上市時,每股為8.5美元,而且每股2美元現金一毛不少,分店整修還是會照常施行。該公司帳面價值每股5.7美元,竟高於股票市價,預估1992年每股盈餘為50到60美分,所以目前本益比還不到十倍,每年平均成長率也達15%。反觀其他園藝零售業者,股價已是帳面價值的兩倍,本益比為20倍。

估算上市公司價值，可以類似房屋估價技巧，用鄰近房屋最近成交價格來估算。以陽光帶發行額620萬股，乘以現價5美元，其市價總值為3,100萬美元（通常要再扣除負債額，不過陽光帶沒有負債）。

而其他園藝公司呢？例如東南部的柯樂威（Calloway's）公司，只擁有13家和陽光帶差不多的分店，發行額共400萬股，每股現價10美元，市價總值共4,000萬美元。

如果柯樂威公司只有13家分店，就價值4,000萬美元，那麼控有98家分店的陽光帶，怎麼可能只有3,100萬美元？即使柯樂威經營得比較好，單店獲利能力較高（確實如此），陽光帶的分店數還是柯樂威的七倍之多，而且營收總額也是柯樂的五倍！如此來看，可知陽光帶實在太委曲，其市價總值應該要有2億美元，每股超過30美元才對。即使不該如此等量齊觀，也許柯樂威股價超漲，而陽光帶經營只具二流水準，其股價也未免太低了。

從我在座談會中提出陽光帶，到週刊開始印刷時，陽光帶股價已上漲為6.50美元。

General Host——GH公司

雖然不是刻意的，但從第一碼頭公司到陽光帶，又從陽光帶挖到GH公司，1992年真是我的園藝年。

你絕對猜不到GH公司會和園藝事業有關，過去GH算是相當怪異的財團，旗下五花八門，什麼生意都搞，包括賣鹹餅及胡桃的零售店和小攤子、製鹽、電視晚餐、冷凍生鮮，還有這次的主角法蘭克園藝店等等。前面提到的柯樂威公司，也是

從GH公司獨立出來，成為公開上市公司的。

最近GH公司重新整備，把鹹餅、製鹽、電視晚餐、農產品及冷凍生鮮等雜七雜八的生意，全部處理掉，決心搞好橫跨全美17州，共280家的法蘭克園藝店。一開始讓我注意的，是GH公司的長期股票回購計畫。最近GH公司以每股10美元買回自家股票，表示以該公司的專業眼光，GH公司股價不只10美元，否則他們幹嘛浪費這些子彈？

如果企業一貫發放股息，而決定融資買回自家股票，可是有雙重好處的。第一是融資利息可以抵稅，再者股息發放金額也得以降低。幾年前埃森（Exxon）石油公司股價大幅下跌，但配息還是高達8%到9%。後來埃森以8%到9%的利率融資買回自家股票，因為利息可抵稅，所以實際利率只有5%左右，而買回的股票還能配到8%到9%的股息。就這樣簡單轉一手，連一滴油都不必提煉，就提高了盈餘。

而最近GH公司股價又跌破10美元，更是吸引我的注意。若與企業股票回購價格相比，還能以更低價買到，這個買賣就值得考慮了！企業的管理階層，如經理、主管等，如果願意以更高價格買回自家股票，也是個好兆頭。不是說企業內部的人就不會看走眼（像新英格蘭銀行和德州銀行的人，不就加碼攤平自家股票，結果越攤越平），但企業裡的確有些高手，知道自己在幹什麼，像那種吃力不討好，浪費子彈又白費工夫的買賣，他們是絕對不幹的。而且，他們也會格外努力，讓自己的投資有所報酬。因此，彼得定理第15條是：

　　當企業內部人士開始買進自家股票，就是個好訊

號（只要他們不是新英格蘭銀行就行）。

而根據GH公司最近發布的委託聲明，我發現該公司執行長亞胥個人就持有100萬股，而且在最近空頭行情中，一股也沒賣。這可是個好訊號。更吸引人的是，GH公司帳面價值為每股9美元，而現在股價只有7美元！換句話說，你可以用7美元買到9美元的資產，錢能這麼花不是太棒了嗎？

每次看到企業帳面價值增加，我就會問一個看電影、小說都會有的問題：這是真的，還是假的？上市公司的帳面價值，可不能全當真，所以得仔細察閱資產負債表。

讓我們詳細看看GH公司的資產負債表，順便介紹敝人的三分鐘檢視妙招。一般來說，資產負債表分為左右兩邊，右邊為公司的負債（表9-2），左邊是資產（表9-1），而資產減去負債，就是股東權益，表上指股東權益共1.48億美元，可信嗎？

在股東權益方面，現金部分6,500萬美元，這沒啥好懷疑的，至於其他8,300萬美元是否可信，得視資產性質而定。

資產負債表左欄的資產部分，可是處處玄機，馬虎不得。資產包括房地產、機器、設備和存貨等等，這些東西不見得就像公司所說的那麼值錢。一座鋼鐵廠帳上可能值4,000萬美元，但若設備老舊過時，也許拍賣時一毛不值。房地產價格可能以買進成本提列，但現在或已跌價（不過比較可能增值）。

在零售業方面，商品存貨也是資產要項，不過這要看賣的是什麼。也許是退流行的迷你裙，能賣給誰？或許是永遠有客戶的白襪子？GH公司的存貨是樹木、花卉和灌木等等，我認為這些東西都賣得掉。

表9-1	GH公司聯合資產負債表	
1991/1/27及1990/1/28	1990	1989
（單位：千美元）		
資產		
流動資產		
現金及準現金	$65,471	$110,321
其他有價證券	119	117
應收票據及帳款	4,447	2,588
應退所得稅	4,265	13,504
商品存貨	77,816	83,813
預付費用	7,517	7,107
流動資產總額	159,635	217,450
土地、廠房及設廠，扣除累計折舊	245,212	246,316
$77,819及$61,366		
無形資產，扣除累計攤還	22,978	23,989
5,209美元及4,207美元		
其他資產及遞延支出	17,901	18,138
	$445,726	$505,893

　　企業收購其他公司時，會牽涉到「商譽」（亦即無形資產）的認定，GH公司商譽項下有2,290萬美元。商譽是企業收購時，超出實際資產帳面價值所支付的金額。比方說，如果有人想收購可口可樂公司，除了裝瓶廠、貨車和原料等有形資產以外，可能還要支付幾十億美元買可口可樂的品牌、商標及其他無形資產，這些統稱為商譽。

　　GH公司資產項目中有商譽一項，顯示該公司曾收購其他企業。GH公司能否把當初支付商譽的成本賺回來，誰也不曉得，不過在會計處理上他們必須利用盈餘逐漸把商譽沖銷掉。

　　我不知道GH公司2,290萬美元的商譽是否太過膨脹。如果

表9-2	GH公司聯合資產負債表		
負債及股東權益			
流動負債			
應付帳款		**$47,944**	$63,405
應計費用		41,631	38,625
長期負債當期應付帳款		9,820	24,939
流動負債總額		99,395	126,969
長期負債			
優先債務		119,504	146,369
附屬債務，扣除原始發行折扣		48,419	50,067
長期負債總額		**167,923**	196,436
遞延所得稅		20,153	16,473
其他負債及遞稅貸款		9,632	12,337
承諾及或有事項			
股東權益			
普通股1,000萬股核准，共發行3,175萬 2,450股，面額1美元		31,752	31,752
資本溢價		89,819	89,855
保留盈餘		158,913	160,985
		280,484	282,592
非流動有價證券未實現淨損			(2,491)
庫藏1386萬6517股及1275萬4767股收購成本		(131,738)	(125,545)
執行股票選擇之應收票據		(114)	(878)
股東權益總額		**148,632**	153,678
		$445,735	$505,893

　　GH公司的資產有一半是商譽，那麼這筆帳就太扯了，我就不會相信他們算的股東權益。不過總資產1.48億美元，商譽只佔2,290萬美元，比例上還可以。

　　因此我們可以相信GH公司所宣稱的，帳面價值每股約九美元。

　　再來看看負債部分，就不是很妙了。股東權益只有1.48億美元，但負債總額卻高達1.67億美元，糟透了！我們希望看到的資產負債表，最好是股東權益為負債額的兩倍，權益愈高愈好，負債愈低愈妙。

　　一般而言，負債比率這麼高，就足以讓我退避三舍。不過GH公司情況有點不同。第一，這些債務都要好幾年後才到期；第二，都不是跟銀行借的。對於比較仰賴融資的企業，跟銀行借款非常危險，一旦公司經營有點問題，銀行馬上落井下石抽資金，小問題可能變成致命傷。

　　再回來看左邊的資產欄。零售業要特別注意商品存貨數額，存貨額太高就不妙了。如果存貨額太高，表示公司正隱瞞銷售不佳情況，如此銷貸損失必然押後，盈餘數字即有誇大之嫌。不過如表9-1所示，GH公司本年度商品存貨額比前期減少。

　　應付帳款不少，不過這不是問題。應付帳款額高，表示GH公司支付費用速度比較慢，好處是公司方面有更充分時間調度資金。

　　GH公司在年報也表示，正努力縮減支出，以提升競爭力和獲利能力。這種裁減支出，提升獲利的做法，已是美國企業的普遍趨勢。然而儘管大家都這麼嚷嚷，是否真的這麼做，還得看損益表上的銷貨費用、一般費用和管理費用三大要項才知道。如表9-3所示，GH公司的銷貨、一般和管理費用，到1991年為止確屬下降趨勢。

　　GH公司為加強管理，甚至採用電子掃描結帳，掃描資訊馬上經由衛星傳送中央管理電腦。有這套衛星系統，總公司更

表9-3	損益表		
會計年度截止日期：1991/1/27；1990/1/28；1989/1/29			
	1990	1989	1988
（除了每股平均數值外，餘以千美元為單位）			
收益：			
銷貨收入	$515,470	$495,767	$466,809
其他收入	4,103	13,719	11,661
	519,573	508,946	478,470
成本與費用			
銷貨成本	355,391	333,216	317,860
銷售、一般及管理費用	145,194	156,804	147,321
利息及債務費用	21,752	26,813	21,013
	522,337	516,833	486,194
稅前永續經營損失	(2,764)	(7,887)	(7,724)
所得稅利益	(6,609)	(8,768)	(3,140)
永續經營收益（損失）	3,845	881	(4,584)
中斷經營損失	—	(3,424)	(12,200)
非常損失前之收益（損失）	3,845	(2,543)	(16,784)
非常損失	—	—	(4,500)
淨利（損）	$3,845	$(2,543)	$(21,284)
每股盈餘			
永續經營收益（損失）	$0.21	$0.5	$(0.23)
中斷經營損失		(0.18)	(0.61)
非常損失前之收益（損失）	0.21	(0.13)	(0.84)
非常損失			(0.23)
淨利（損）	$0.21	$(0.13)	$(1.07)
在外流通股數（千股）	18,478	19,362	19,921

能掌握各分店、各類貨品的情況，例如哪些分店聖誕紅急待補貨，或者某地扶桑花存量太多，可轉移他店銷量較大者。

　　另外，各店信用卡簽帳處理速度，也由原來的每件25秒，提高至三秒，加強結帳效率，以免客戶苦候抱怨。

　　GH公司也和陽光帶公司一樣，準備在各個法蘭克園藝店增設防寒設施，以增長銷售期，並且準備在聖誕節前後，進入大型購物中心設攤，以強化節慶銷售狀況。想在購物商場設攤，我想GH公司不是鬧著玩的，當年他們作胡桃園農產品生意時，就曾在全美經營過1,000多個攤子。

　　對零售業者來說，擺攤子成本低廉，卻增加不少銷售空間。1991年GH公司已在購物中心設置百來個法蘭克園藝攤，賣聖誕樹、節慶花環和其他植物，也有禮品包裝服。GH公司預定在1992年，把園藝攤增加到150個，並準備把臨時攤改成小店面樣式。

　　同時，GH公司也和以往一樣，穩定而審慎地擴展法蘭克園藝店的地盤，預定目標是到1995年再增150家分店，屆時法蘭克園藝店共有430家。另外，法蘭克園藝店也推出自己品裨的肥料和種籽。

　　企業都希望生意更好，讓股東滿意。不過GH公司帶給股東信心，是因為他們有一整套的經營計畫。GH公司並非傻等生意變好，而是採取實際行動來刺激銷售，例如擺攤子、整修園藝店、利用衛星科技系統等，來提升獲利。像法蘭克園藝這種老店，如果懂得追求現代化，同時審慎而穩定地擴張地盤，是很容易增加獲利的。

　　最後要確認的，是關於柯樂威的股票交易。1991年GH公司出清德州園藝連鎖店柯樂威的股票，得款用以償債，其財務結構也進一步強化。

　　如今GH公司只專注在園藝業，和柯樂威公司一樣，現在我們再來比較一下這兩家公司。柯樂威只有13家店，股票市

價總值4,000萬美元，平均每家店約300萬美元。GH公司控有280家法蘭克園藝店，為柯樂威的21倍。法蘭克的店比較老舊，規模較小，獲利能力也較差，我們假設法蘭克每家店的價值只有柯樂威的一半（即150萬美元），那麼280家總共值4.2億美元。

GH公司資產4.2億美元減掉1.67億美元負債，還剩下2.53億美元。當時在外流通股數為1,790萬股，則合理股價應是每股14美元，比市價高出約一倍。非常明顯，GH公司股價太低！

股票代碼	公司名稱	1992.1.13股價
GH	GH公司	7.75美元
PIR	第一碼頭進口公司	8.00美元
SBN	陽光帶園藝公司	6.25美元

超級剪理髮記

　　1991年12月，我特別到超級剪（Supercuts）理髮院實際調查，親身體會一番。當時超級剪公司股票才剛上市，交易代碼是CUTS。若非我碰巧看到超級剪的上市說明書，我不會發現這支股票，也犯不著故意不找我固定的理髮師，韋尼‧迪汶切諾先生。韋尼就在我住的小鎮開店，理髮10美元，每次去都和他聊得很愉快。

　　我們會談談孩子的事情，爭論我那輛1977年出廠的AMC Concord，到底算是老爺車還是古董車。可惜韋尼的店還沒上市，所以這次沒找他理髮，可要請他體諒。我可是幹正務，調查上市公司啊！

　　我去的那家超級剪，位於波士頓波伊斯頓街829號，一棟褐色建築的二樓。樓下立個牌子標示價格，剪髮8.95美元，洗、剪12美元，光洗髮4美元。

　　價位和韋尼那兒差不多，不過比我老婆和女兒去的美容院，或男女皆可的理容院比起來，算是便宜不少。我家女士去的那些店要價可不低，若是染髮或燙髮，那可貴得要向銀行貸款才行。

我走進店裡，馬上有人過來招呼，當時正有三位客人在理髮，4位在接待室等候，全部是男的。後來又有幾個女士出來招呼客人。其後我拜訪超級剪總公司才知道，八成的顧客是男性，95%髮型設計師為女性（他們似乎不再用「理髮師」這個名稱）。我在等候簿上登記，一邊想一定有不少人認為「超級剪」值得排隊等候。

我坐下邊等理髮，邊翻開從公司帶來的超級剪股票上市說明書和宣傳小冊子。要打發整個下午，還有比到上市公司實地研究其經營狀況更好的嗎？

超級剪是在1991年10月以11美元上市。超級剪採加盟方式，當時已成立650多家店。後來經營權易手，新老闆更是積極，任命電腦園公司（Computerland）前總經理法伯（Ed Faber）主持擴張計畫。

法伯出身自海軍，電腦園業績最好的時候，就是法伯主其事。後來他離開，電腦園馬上一敗塗地。很奇怪，海軍退役的法伯懂什麼理髮業？不過也不打緊，法伯最擅長的是為地區型加盟店打通全國市場，至於哪一行就不重要了。

超級剪公司認為，當時全美每年150億到400億美元的理髮、護髮市場，普遍都是像韋尼那樣的自營業者佔有。美國的理髮從業人數日漸減少（例如紐約有執照的理髮師過去十年減少一半），但頭髮每月還是長半吋。理髮師愈來愈少，但頭髮還是要剪，所以如果經營得法，以全美為目標的連鎖業者很快就能佔據市場。

數年前SCI國際服務公司也是因此崛起。SCI公司的做法是，收購全美各地的小型葬儀社，成為一個全國性的連鎖事

業。人總會死，要有人專門料理後事，但葬儀業長久以來一直都由各地經營鬆散的小型葬儀社所把持，而且許多都有後繼無人的苦惱，那些業者的小孩才不想成天和死人為伍。

超級剪的宣傳小冊說，該公司目標是讓設計師快速又有效率地服務客戶，不浪費時間，不打屁閒扯。看起來頗有90年代，一切效率至上的風格。每位設計師配有一把小剪刀，和一種特別設計的梳子，平均每小時服務2.8人。由於全國所有設計師都經過相同訓練，因此各店剪出來的樣子應該是大同小異。

多涉獵總有好處，比方說你曉得理髮師還要考執照嗎？我以前從不知道，比當基金經理人還嚴格。要管理幾百億美元可沒什麼限制，但要剪你的鬢角，得先考試才行。看看過去十年來基金的平均操作績效，也許我們得反省反省。

超級剪的設計師每小時拿5美元到7美元，工資不高，不過另有醫療補貼，而且每小時平均服務2.8人，小費大概也和工資差不多。

各店設計師每人每小時平均營業收入30美元，所以開設超級剪相當好賺。加盟店除房租外，最主要的設備支出就是剪子和梳子，不像製鋁業所賺的錢大半都被廠房和設備更新吃掉。

上市說明書同時指出，加盟超級剪一開始要投資10萬美元，主要用以支付權利金，裝設洗髮檯、理容椅，裝潢和購買洗髮精等等。只要經營兩年，稅前投資報酬率預料就有50%，比其他行業好很多，難怪加盟業務推展順利。

對店主有利，當然也對股東有利（這是我最重視的）超級

剪公司可從各店的毛利抽5%，各店販售的保養品再抽4%。整
體而言，行政費用很少，最大支出是訓練設計師。每開設十家
店要增聘一位訓練師（年薪4萬美元），但每年營收增加30萬
美元。

如前所言，零售業最重要的就是財務上有能力持續擴張。
就資產負債表來看，負債佔總資本額31%，這可要好好調查才
行，我特別做個記號。

正在思考時，輪到我了（看我東張西望，又記小抄，員工
八成以為我是理髮師工會派來的）進入洗髮間，年輕貌美的設
計師先幫我洗頭，然後帶我回剪髮區，套上圍巾就大剪特剪。
一切是那麼迅速，我幾乎還反應不過來，我的鬢角就不見了。
這時候我覺得自己好像電影《愛德華剪刀手》中的籬笆樹。

通常我對自己外表沒什麼概念，即使當時從超級剪的鏡子
裡，已看到剪成這模樣，我也沒說話。我要回去讓家人看看，
聽聽他們意見才算數。總之，鬢角是沒了。

回家後，老婆和女兒劈頭就問：「你怎麼啦？」我就知道
剪得不好，起碼不適合48歲滿頭白髮的中年人。幾個朋友說
我看起來「年輕」，不過我可以感覺到他們的好意，只是他們
也不願吹得太過份，那麼「年輕」是最好的字眼了。而且別人
說我年輕時，我就會想，是不是以前看起來有點老？

一般來說，你會喜歡某家上市公司，才會去買它的股票。
不過超級剪對我是個例外，親自光顧後，我覺得比較喜歡那支
股票（起碼就其後市潛力來看）。我發誓不再背著韋尼去找別
人。

後來我特別打電話到加州，和超級剪的資深副總裁兼財務

長湯普森，請教一些問題。對於我鬢角不小心被剪掉，他深表同情，不過他安慰我說頭髮每個月長半吋。這我從他們的宣傳小冊上就看到了，所以也期待趕快恢復舊觀。

據湯普森表示，超級剪的設計師均領有執照，不過每七個月還要再受訓一次。我擔心店內員工的流動率高，或者素質參差，工作易受情緒影響等問題，湯普森回答說到目前為止，流動率很低，而且公司提供醫療補貼，客人小費也不少，所以能吸引許多好人才。

探聽結果多屬正面，先前提到的負債問題，也不是那麼嚴重。湯普森表示，超級剪每年現金流量為5,400萬美元，大半多用來還債，預料到1993年全部清償完畢，屆時像1991年的2,100萬美元利息負擔，也就不存在了。

因為超級剪採加盟型態，設立新店的資金全由加盟者負擔，對超級剪公司最大好處，即資金方面沒有太大壓力，能迅速擴張。

超級剪最大優勢是，全美國2.5億人每個月都要理髮，而在家庭理髮院式微的同時，卻沒有大型連鎖業者來填補空隙。超級剪最大競爭者，包括雷吉斯公司開設在購物中心的麥斯特剪髮（Mastercut），麥斯特各店房租比超級剪高很多，且客戶以女性為主；棒透山姆（Fantastic Sam）理容院，同樣屬加盟型態，分店數為超級剪的兩倍，但各店收入大都只有超級剪的一半不到；還有JC潘尼百貨附設的美髮沙龍，但只限於自家百貨公司內。

此外，超級剪週日及晚上照常營業，公司方面正在打廣告，希望建立同業所沒有的品牌認同。超級剪創業初期每年成

長20%，我推薦時股價本益比16倍。

最後，優異經營狀況戰勝慘遭犧牲的鬢角，我還是在巴隆座談中推薦超級剪。我對座談人士說：「我在那兒剪過頭髮，親自去試過了。」加百列問：「就是這髮型嗎？」我說沒錯，主持人馬上接著說：「我們可不會（為這髮型）打廣告！」

股票代碼	上市公司	1992.1.13股價
CUTS	超級剪	11.330美元

沙漠之花

差勁產業中的好股票

太陽電視及家電公司

我總想在差勁產業中,找出經營得很棒的上市公司。像電腦或醫療科技等成長迅速的產業,通常最引人注目,同業競爭也最激烈。就像有個朋友談到邁阿密一家餐廳時說:「因為太受歡迎了,反而沒人要去。」如果整個產業太吸引人,大家拚命擠,結果誰也賺不到什麼錢。

談到投資,我認為差勁的產業任何時候都比正熱門的好。低迷產業成長緩慢,經營不善者一一淘汰出局,倖存者市場也隨之擴大。能在市場停滯時,爭取更多地盤,總比在熱門市場中,竭力保衛,以防佔有率萎縮來得好。因此彼得定理第16條是:

> 商場上,與人競爭絕對比不上完全掌握市場。

低迷產業的佼佼者都有幾個共同點:經營成本相當低,老闆一定是錙銖必較型的,盡量保持低負債,不搞階級意識,希望公司上下打成一片。妥善照顧員工,讓他們和公司一起成

長。不放過大公司忽略的市場，所以這些企業雖在低迷大環境中，仍可快速成長，比許多從事熱門產業的公司還快。

董事會議廳裝潢華麗，高層主管坐擁高薪，內部層級森然，影響員工士氣，而且負債嚴重，這種企業必然表現平平。反之，若是董事會樸實無華，高層主管薪資合理，內部層級合情合理，能激勵員工奮發向上，且企業負債輕，大都也是表現較佳者。

我打電話向魏斯（John Weiss）求教，他是加州蒙哥馬利證券公司的分析師，研究過好幾家折扣家電連鎖商。我問他對好傢伙（Good Guys）公司的看法，這支股票我從1991年就開始注意。魏斯表示，在電路城（Circuit City）的強勢競爭下，好傢伙獲利已受影響。後來我問，在低迷的家電零售業中，他還中意哪家，他說太陽電視及家電公司（Sun Television & Appliance）。

魏斯說了些太陽家電的事，因為實在太精采了，所以和他談完，我馬上打電話到俄亥俄州太陽家電總公司，探聽一下。

雖沒見過面，還是很快就和執行長搭上線，表示該公司作風平實，一點也不虛張聲勢。電話那頭是親切的歐依斯特（Bob Oyster）先生，我們先扯一扯俄亥俄州的高爾夫球場，才談到正事。

太陽家電是俄亥俄州中部，唯一的大型折扣家電零售商，光是哥倫布市就有七家分店，而最賺錢的在俄亥俄州的奇麗戈地（Chillicothe），另外該公司在匹茲堡地區也居主導地位。

事實上，美國半數人口，就集中在哥倫布市方圓500里以內，我想太陽家電眾股東和有興趣的投資人，聽到這個一定很

高興。哥倫布市也是密密西比河以東，梅森─迪克森沿線以北唯一大城，從1950年到1990年間，人口不斷增加。

俄亥俄州中部人口持續增加的消息，還沒傳到東岸，所以對太陽家電後市相當有利。該公司正積極擴張（1991年增設七家店，1992年五家），總共要開22家店。公司每年成長25%到30%，負債不到1,000萬美元，股價18美元，本益比為15倍。反觀許多同業正撐得苦哈哈的！

在1990到1991年，美國經濟正處衰退，房屋市場低迷，家電需求萎縮之際，太陽家電照常賺錢。那麼1992年太陽家電必能更上層樓。

太陽家電能否成為低迷產業中的佼佼者，還有待觀察。我選出七家差勁產業中的明星公司，詳見表11-1。這幾家公司最近股價大都漲了，所以1992年我未推薦，不過很值得追蹤注意。

表11-1 低迷產業中的佼佼者	
公司名	投資報酬（%）
西南航空公司 (Southwest Airlines)	115
班迪格公司 (Bandag)	46
古柏輪胎公司 (Cooper Tire)	222
綠樹財務公司 (Green Tree Financial)	188
迪拉德公司 (Dillard)	75
CCS公司 (Crown Cork & Seal)	69
紐可鋼鐵公司 (Nucor)	50
蕭氏工業公司 (Shaw Industries)	17
平均報酬率	87
S&P 500 指數漲幅	26

西南航空公司

1980年代裡，還有比航空業更慘的嗎？東方、泛美、布蘭尼芙（Braniff）、大陸和密德威（Midway）等航空公司相繼倒閉，倖存者也盡在破產邊緣掙扎求生。但在這慘澹十年中，西南航空股價反而由2.40美元，漲到24美元，又是怎麼回事？不是西南航空做了什麼，反要歸功於他們沒做的！

他們不飛巴黎，不以精緻餐點作訴求，不借太多錢買太多飛機，高層主管薪資不致太離譜，在員工福利方面也不落人口實，讓員工沒得抱怨。

西南航空（股票代碼LUV）在整個航空業中，營運成本最低。怎麼知道呢？看「每哩平均座位成本」就曉得，業界平均值為7到9美分，而西南航空只有5到7美分。

要判斷企業懂不懂省錢，親自看看總公司就行。投資顧問唐納休（William Donoghue）說：「總公司大樓氣派華麗，不代表裡頭的人比較能幹，而是閣下投資也負擔了建築費用。」據敝人所知，實情確是如此。加州的金西金融公司，是儲貸業中營運成本最低，最懂得省錢，但獲利率最高的公司，該公司總部連接待小妹都省了，門口只放著老式的黑色電話機，上頭寫「請用」兩字。西南航空在達拉斯的總管理部，18年來都是在一間像軍營的老舊辦公室。1990年他們總算想「奢侈」一下，蓋了間三層高的大樓，還聘請一位設計師負責裝潢。不過這位老兄犯了個錯，他把公司原來掛在牆上的優秀員工獎牌和公司旅遊照片拿下來，準備換上昂貴的藝術品。執行長柯勒荷（Herb Kelleher）發現後，勃然大怒，馬上叫他捲舖蓋，還

花了整個週末把獎牌和照片擺回去。

柯勒荷以身作則，讓西南航空在成功經營中，散出一種古怪氣質。執行長辦公室用火雞毛裝潢，員工年度聚會是露天辣味餐，高層主管調薪幅度和一般員工相同，而且柯勒荷以下所有主管人員，每個月都要在機場擔任一天的票務員或行李搬運工。

空服員制服是藍色牛仔褲、T恤運動衫和運動鞋，機上餐飲只供應花生和雞尾酒，乘客中誰的襪子破洞最大就有獎品，起飛前的安全須知，則編成饒舌歌唱出來。

在其他航空公司為洛杉磯、紐約或歐洲等長途航線爭破頭時，西南航空卻緊盯短程服務，自稱是「唯一多班次的短程廉價航空公司」。因此在其他航空公司打得血肉模糊之際，西南航空反由1978年只有四架飛機的龍套角色，一躍成為美國第八大航空公司，也是唯一從1973年到現在，年年賺錢的航空業者。至今也仍努力不懈，要把投資的錢全賺回來。

趁對手朝不保夕之際，西南航空已準備好好利用其優勢，這就是低迷產業中的佼佼者。最近他們已經接收美國航空和美西航空公司放棄的市場。由於財務問題，美國和美西兩家航空公司不得不緊縮戰圈。

西南航空的股東，在1980年到1985年享受了十倍的漲幅。不過1985年到1990年股價牛皮五年之久，投資信心備受考驗。可是股價橫盤已是不幸中的大幸，如果當初投資泛美或東方航空，就只能當壁紙了。1990年以後，耐心的人有福了，西南航空股價又漲了一倍。

班迪格公司

班迪格公司（Bandag）專做再生輪胎生意，把堪用舊胎重新刻上花紋，以低於新胎的價格賣給駕駛人。沒有比這更無聊的吧？班迪格在愛荷華州的馬斯康汀（Muscatine），我從沒去過那裡。查查地圖，馬斯康汀緊臨密西西比河，在達分波特（Davenport）的西南方。

在這種窮鄉僻壤，資訊流通相當緩慢，即使一州之隔的堪薩斯市流行的東西，可能還傳不到馬斯康汀。所以華爾街的股票分析師也還沒注意到這支股票，這是班迪格妙處所在。過去15年來，只有三位分析師追蹤過班迪格，股價卻從原來的2美元一路攀升到60美元。

班迪格公司執行長卡佛（Martin Carver）很少到紐約來，他是全世界柴油卡車駕駛最快紀錄保持人。儘管他有能力好好的奢侈一番，但你不會在川普大飯店那種高級場所，看到他在那兒喝香檳。

班迪格可說是再生胎業中的西南航空，管理風格平實（1988年年報中，卡佛還在裡邊寫說要感謝家人），對於成本、支出錙銖必較，在其他人認為無利可圖的行業中，打出自家天地。美國目前再生輪胎需求每年約1,200萬個，其中班迪格獨佔500萬個。

班迪格公司自1975年以來，配息持續增加，從1977年到現在盈餘每年成長17%。因為目前正從事海外擴張（已佔有10%的海外再生輪胎市場），所以資產負債表看似不太理想。在股票回購方面，現在已買回自家股票250萬股。

　　儘管盈餘一路發，股價在1987年大崩盤和伊拉克入侵科威特時，曾兩次大跌。華爾街這種過度反應，正是各位加碼的好機會，因為重跌後的反彈，不但回升，而且股價都比原來還高。

古伯輪胎公司

　　古伯輪胎（Cooper Tire）可視為班迪格的另一種版本。當其他輪胎公司為新車的輪胎市場爭得你死我活時，古伯把重心放在一般的輪胎更換市場。古伯輪胎生產成本很低，所以許多小型輪胎交易商都喜歡和它作生意。

　　1980年代末，輪胎業三大巨頭（米其林、固特異和普利司通）打得頭破血流之際，古伯輪胎仍有盈餘。1985年以來盈餘持續成長，到1991年更刷新最高紀錄。股價則由1987年谷底起漲，到波灣戰爭前翻三倍到10美元，後來受局勢影響回跌為6美元。當時投資人根本無視於基本面，一心以為輪胎業完蛋了，全世界都完蛋了！結果一切照常，古伯股價馬上翻五倍，一股達30美元。

綠樹財務公司

　　綠樹財務（Green Tree Financial），我把它歸類在「魔幻森林」投資組合，與賽達育樂（Cedar Fair）、橡木工業（Oak Industries）、EQK綠畝田（EQK Green Acres）、楓葉食品（Maple leaf Foods）和松園公司（Pine lands）等同一類。綠樹財務負債不少，執行長薪水也不低（有些球隊二壘手可能還沒他高），所以並不符合低迷產業明星企業的條件。不過我特別

提到綠樹財務，是要告訴各位，在低迷產業中即使只是一家還可以的公司，也能幹得有聲有色。

綠樹財務從事的低迷產業，是拖車房屋的抵押貸款，這個市場正逐漸萎縮。 1985 年以來，拖車房屋銷售一年不如一年，到1990年全美只賣出20萬輛。

更糟的是，拖車房屋抵押貸款的呆帳數目，也持續創新高。屋主還不起貸款，有些只寫張字條：「我的拖車現在是你的」，就棄車逃逸，一走了之。而一輛十年的拖車房屋，是賣不到多少錢的。

然而產業情況愈慘，主要對手一一出局，對綠樹財務愈有利。加州一家叫山谷聯邦的儲貸業者，承做10億美元的拖車房屋抵押貸款，結果虧了一屁股，落荒而逃；密西根州某保險業者所有的FSC財務服務公司，也是在帳款難以回收的情況下，黯然離場。連過去是拖車貸款業龍頭的花旗銀行，同樣鎩羽而歸。但綠樹財務撐下來了，一旦市況回升，就等著接收別人的市場。

當時很多人都懷疑拖車房屋貸款業有復甦之日，因此綠樹財務股價在1990年底跌到8美元的低價。那一年5月，《富比世》雜誌還落井下石刊了一篇報導，標題是：「樹根萎縮了嗎？」光看標題就會讓人想賣股票。撰文者徹底清算綠樹財務，說拖車房屋銷售持續低迷，放款業者呆帳累累，綠樹財務某資產涉及棘手的官司等等，最後結論是：「即使（股價）只有盈餘的七倍（指本益比七倍），綠樹財務也不值得投資。」

不過投資人不理會這個負面報導，股價在九個月內回升為36美元。何以如此？因為根本沒有競爭者，綠樹財務一家獨

大，放款額暴增，並整理部分債權先轉售給次級市場，以求避險，和芬尼梅應付房屋抵押貸款呆帳的做法一樣。另外，也開始承做獲利性頗高的房屋整建貸款、二手拖車房屋貸款，以及機車融資貸款等。

如果當時看到《富比世》報導，就買進綠樹財務股票，不到九個月，就漲為三倍了。這不是蓄意貶損一家好刊物，我自己也看走眼了。值得注意的是，低迷產業的倖存者，一旦沒有對手來競爭搶食，很快就能時來運轉（綠樹財務最近改名為綠樹承兌，Green Tree Acceptance）。

迪拉德公司

迪拉德公司（Dillard）也有幾位很會省錢的高級主管。該公司由迪拉德家族（主要是77歲的老威廉，和他兒子威廉二世）主控，雖只握有8％股權，但幾乎控制所有具投票權的股份。迪拉德公司是由阿肯色州小岩城發跡的。

稟持守財奴的天性，迪拉德父子翻遍群書，希望可以找到既不犧牲員工福利，還能撙節支出的妙方。員工薪資不差，公司負債減少，在資產負債表上所剩不多。

迪拉德經營很早就電腦化，不但利於財務規畫，而且也能有效管理商品流程。如果某家迪拉德分店襯衫賣得好，店裡的電腦會自動對庫房電腦下訂單，庫房再轉給供應商。行政管理人員從電腦就能知道各地銷售狀況，不必再花錢請專家來分析。

美國的高級消費市場，早有幾家大型連鎖業者殺得血流成河，因此迪拉德公司根本不來蹚這混水。迪拉德只是在小鄉

鎮、小城市默默耕耘,當那些大恐龍(如梅西、聯邦和聯盟百貨等)忙著重整、破產之際,迪拉德悄悄地收購它們放棄的分店,例如聯盟百貨在約斯克分店和BAT工業公司的JB艾維分店,再接上自己的電腦系統。

如果在1980年投資迪拉德股票1萬美元,現在已增值為60萬了,嚇人吧!

CCS公司

CCS公司(Crom Cork & Seal)讓我聯想到丹尼‧迪維多在電影《非分之財》(*Other People's Money*)中,一心想併購的新英格蘭電線電纜公司。新英格蘭的總經理室就在工廠樓上,裡頭一團亂,牆上只掛著廠商送的日曆,別無其他裝飾。CCS公司的主管辦公室也在裝配線的樓上,一個沒有門的閣樓;新英格蘭公司生產電線電纜,CCS公司生產汽水罐、啤酒罐、油漆桶、裝寵物食品的罐頭、抗凍劑罐子、瓶蓋、洗瓶器和瓶罐專用的加熱器。

這兩家公司的總經理都是有傳統觀念的生意人,不過電影中新英格蘭公司瀕臨破產,但現實中的CCS公司卻是全球最成功的製罐業者。

製罐業利潤微薄,不用多說也知道是個低迷產業,但CCS公司卻有本事壓低生產成本,來擴大利潤。CCS公司費用只佔銷貨額的2.5%,比同業平均的15%低好幾倍!

支出費用壓得這麼低,幾乎是一種禁欲式的管理,這就是不久前去逝的CCS公司執行長,康納利(John Connelly)一貫作風。康納利仇視奢靡浪費,讓我想到彼得定理第17條:

如果其他條件都一樣，就買年報中彩色照片最少
的那家。

康納利的公司年報根本不用照片，但捨得花錢開發新技
術，讓CCS公司能把生產成本壓到業界最低。

公司盈餘不是用來改良生產技術，卻用來進行股票回購。
公司買回自家股票，不但得以提升盈餘，而且也支撐股價。你
幾乎可以確定康納利的確是在為股東拚命，這在其他公司可不
常見！

康納利先生去逝後，CCS公司經營策略也稍有改變。現在
剩餘資金用來收購競爭對手，再轉而壯大自己。資本支出增加
了，負債也比以前多，不過新作法到目前為止還是很賺錢，
1991年CCS股價也由54美元漲到92美元。

紐可鋼鐵公司

最近誰也不想投資鋼鐵業，不但要面對日本業者的激烈競
爭，而且幾十億美元的設備投資，很可能一下子就報廢過時。
過去美國鋼鐵公司（US Steel；即USX）和伯利恆鋼鐵公司
（Bethlehem Steel），都是美國的光榮象徵，但過去12年來只會
一而再、再而三地試探投資人耐心底限何在。伯利恆鋼鐵股價
在1986年跌到每股5美元，好久才爬回來，現在每股13美元，
但離1981年最高的32美元還遠得很。USX股價也一樣還不曾
回探過1981年的最高價。

然而如果你在1981年投資紐可鋼鐵公司（Nucor），當時
一股6美元的股票，現在已經漲到75美元，或許你會以為鋼鐵

業畢竟是相當不錯的產業。倘若你早在1971年，就以每股1美元投資紐可鋼鐵，也許更認為鋼鐵業是最棒的。不過1971年你買的若不是紐可1美元的股票，而是24美元的伯利恆，對現在13美元的股價，只有無語問蒼天了。就是這種情況讓大家誤以為投資國庫券安全又可靠吧？

在紐可鋼鐵，我們還是會碰上一位有眼光的小氣經營者，依凡森（F. Kenneth Iverson），他可不會帶公司客戶去豪華俱樂部用餐。紐可鋼鐵總公司在北卡羅萊那州的夏洛特市，裡頭沒有主管餐廳，停車場沒有豪華禮車，機場也沒有紐可公司的專用客機。西裝畢挺的高級主管不享有特權，萬一盈餘縮水，大家一起減薪，如果盈餘增加（通常會增加），大家一起拿紅利領獎金。

紐可鋼鐵的5,500位員工，並不屬於某個工會，但福利比其他同業好。若公司獲利，所有員工一起分享，而且絕不會被遣散，孩子念大學還有獎學金。萬一經濟不景氣，公司決定降低生產，所有員工均減少每週工時，共度難關，讓公司不用遣散任何人。

紐可鋼鐵有兩項很成功的技術，1970年代紐可專門把廢鐵再生產為建材級鋼鐵，靠這個賺了不少錢。最近其他同業也趕上來了，但紐可又搶先一步，開發出高級平捲鋼的技術。高級平捲鋼可用來製造汽車車體和電器用品，擁有這項技術，紐可鋼鐵就能直接與伯利恆、USX競爭。

蕭氏工業公司

我在研究蕭氏工業（Shaw Industries）發現相關報導很

少，例如《紡織世界》某篇報導中，只提到一段，另一本不太有名的「自動化資料處理」雜誌裡，跟蕭氏工業有關的只有一句話。此外，《華爾街日報》和《PR新聞線》各有一篇報導，如此而已。當時資本額已逾10億美元的蕭氏工業正持續成長，繼續邁向20億美元，而且掌控全美兩成的地毯市場。

蕭氏工業也是低迷產業中的優等生，公司總部設於喬治亞州，藍脊山南峰附近的達爾頓，距離主要機場至少兩小時車程。過去達爾頓以私酒和木屐舞聞名全美。1895年當地一名少女發明了製造羽毛床罩的方法，間接鼓動地毯工業蓬勃發展，不過那時候蕭氏工業還沒開始。

蕭氏工業要到1961年才登上舞台，創辦人羅伯蕭現年58歲，現在還是蕭氏工業的總裁兼執行長，哥哥JC蕭則擔任董事長。從僅有的幾篇報導來看，羅伯蕭話不多，但言必有物。總裁辦公室牆上則掛著一幅座右銘：「維持足夠市場佔有，充分利用生產設備。」

他曾宣布蕭氏工業會成為10億美元的大企業，大家笑稱癡人說夢，也許連西點—潘伯瑞爾公司（West Point-Pepperell's）也傳來訕笑聲。當年該公司為地毯業要角，銷售額是蕭氏工業的兩倍。但有一天蕭氏工業真的吞下西點—潘伯瑞爾公司的地毯廠，大夥就曉得這不是笑話。

1960年代蕭氏工業成立時，美國沒有比地毯業更糟的產業。只要投資1萬美元就能開工廠做地毯，達爾頓附近小廠林立，350幾家新設的地毯工廠全力趕工，供應全美家庭。需求量是很大，可惜供應量更大，只好降價求售，搞得大夥無利可圖。

　　到1982年，地毯不流行了，大家都認為原木地板比較好。撐到1980年代中期，原先25家最大的地毯公司，已經有一半淘汰出局，地毯市場從那時起也呈停滯。但蕭氏工業拚命壓低成本，苦心經營，一旦有人出局，蕭氏工業就能多些買賣。

　　蕭氏工業一有閒錢，馬上投入改善生產流程，讓成本壓得更低。棉紗太貴？買機器自己做，省得讓人賺一手。蕭氏工業自設經銷網，用自己的卡車送貨。在低成本的無止境追求中，蕭氏不願花錢在亞特蘭大設置展示場，竟安排專車把客人載來達爾頓。

　　即使在地毯市場最黯淡之際，蕭氏工業每年還是維持20%成長，股價也節節攀升，從1980年以來已漲為50倍，1990到1991年稍見停滯，但1992年又漲一倍。誰會相信做地毯的，股價能漲50倍呢？

　　1992年5月，蕭氏工業再度出擊，買下賽倫地毯廠（Salem Carpet Mills），在地毯業更是舉足輕重。蕭氏工業認為，到本世紀末，全球地毯市場將由三或四家大公司寡佔。不過競爭對手都擔心，到時可能全球市場只由一家公司獨佔，現在大夥都曉得明日域中，竟是誰家天下！

股票代碼	上市公司	1992.1.13股價
SNTV	太陽電器	18.50美元

第 **12** 章

初探儲貸類股

　　近年最碰不得的股票，就是儲貸機構。一聽到這個字眼，大家無不招緊荷包，想到的是全民一同負擔的5,000億美元儲貸機構紓困法案；1989年以來破產倒閉的675家儲貸機構；各機構高層主管當年的奢靡浮華、不可一世；美國聯邦調查局正在處理的一萬多件金融詐欺案。過去儲貸機構讓人想到電影《美好人生》（*It's a Wonderful Life*）的吉米・史都華（Jimmy Stewart），如今卻是身陷囹圄的查爾斯・基亭（Charles Keating）。

　　自1988年以來，跟儲貸機構有關的消息俯拾皆是，儲貸機構破產、被告、遭起訴，或者國會正努力審理紓困法案等等。關於這些壞消息，現在至少有五本專書討論，但教人操作儲貸機構股票的書，卻一本也找不到。

　　儘管許多儲貸機構問題重重，仍有許多正派經營的股實業者，值得注意和投資。就以最基本的財務能力指標，股東權益佔資產的比率來看，銀行業中最高的，不過是JP摩根銀行的5.17%，而超過這個水準的儲貸機構，全美國就有百來家，例如康乃狄克州新不列顛的國民儲蓄金融公司，股東權益佔資產

比率就高達12.5%。

　　當然，JP摩根銀行能有今日地位，有許多因素，拿它來跟國民儲蓄金融公司做比較，是有點異想天開。不過問題是，一般人都以為儲貸機構經營得很糟，實則不然。

　　的確有不少儲貸機構財務結構不良，所以分辨其優劣非常重要。我將之分為大老千、貪心鬼和乖乖牌三種，分別介紹如下：

大老千

　　用小錢滾大錢的老千的確有一套，所以後來許多涉及詐欺的儲貸機構，都是用這方法詐騙投資人及存款戶。作法是這樣的，比方說有一票人，簡單起見就算十個好了，每人出10萬美元收購神信儲貸公司。他們準備用100萬美元的資本，吸收1,900萬美元的存款，再據以承做2,000萬美元的放款。為了吸收1,900萬美元的存款，他們以高利誘之，並利用知名證券商幫忙吸金。或許就在報上登個廣告：「神信儲貸公司超級定期存單，利率高達13%，由聯邦儲貸保險公司（FSLIC）擔保。」有政府作靠山，神信的定存單迅速售罄，證券商也賺到豐厚佣金，真是皆大歡喜。

　　存款額1,900萬美元，資本額100萬美元，於是神信的老闆、董事們開始大肆放款給朋友、親戚和一些莫名其妙的建商，這些建商專門在沒人住的地方蓋房子。因為放款前先扣佣金，所以帳面上來看，神信儲貸公司獲利驚人。

　　這些佣金收入再滾進股東權益裡面，股東權益每增加1美元，公司就可以再承做20美元的貸款。如此循環不斷，週而

復始，這就是為什麼一些鳥不生蛋的地方，像德州維農鎮的儲貸公司可以滾到幾十億美元的原因。就這樣，放款愈多，股東權益也愈多，整家公司愈滾愈大，大到有能力賄賂會計師、查帳員，收買銀行委員會中有權有勢的參、眾議員，贈送昂貴禮物、請客招待兼拉皮條，無所不用其極來搞錢！

除少數幾個例外，如查爾斯・基亭等，大多數詐欺型的儲貸機構都不是股票公開發行的企業，股票公開發行企業有一定的監察制度，那些老千伎倆是無所遁形的。

貪心鬼

不是只有騙子會害人，貪心鬼也會讓人受累。說個故事好了，某個窮鄉僻壤的FB存款公司，看神信和其他儲貸機構搞得有聲有色，實在歆羨不已。其他同業大膽對親友進行商業放款，就能吃香喝辣，而FB公司還是苦哈哈地守著傳統的房屋抵押貸款，老闆和眾董事怎麼甘心？

於是FB公司也聘請一位華爾街專家吊帶褲先生，來教他們如何撈錢。吊帶褲先生只有這一套：叫FB公司直接向聯邦購屋貸款銀行借錢，能借多少借多少，然後師法其他同業，進行商業放款。

FB公司遵照所囑，向聯邦購屋貸款銀行借錢，同時也賣定存單吸收存款，也就和神信公司一樣在報上登廣告。現金一到手，FB公司就把錢借給辦公大樓、住宅公寓和購物中心的建商。為了賺更多錢，FB公司也投資這些土地開發案。非常不幸，在經濟不景氣的打擊下，那些辦公大樓、公寓或購物中心的承購人逃得一乾二淨，開發建商也還不出錢來。結果創設

50年，一向殷實的FB公司好像憑空蒸發一樣，資產淨值連五塊錢都不到！

其實這根本是神信公司的翻版，只不過FB公司董事沒有向親友放款，也沒有暗中拿回扣。

乖乖牌

我個人當然最喜歡默默努力，不裝腔作勢，小心控制經營成本的乖乖牌儲貸機構。這些樸實業者向鄰近地區吸收存款，對於經營老式的購屋抵押貸款心滿意足。全美各地許多小鎮和某些大城郊區，都可以找到這類乖乖牌的儲貸機構，有些還由商業銀行負責監督其放款。有些區域的儲貸機構分行規模很大，存款額很高，這種集中經營方式，比分散為許多小分行更具成本效益。

樸實的儲貸機構只須維持簡單營運方式，不用花太錢聘請專家來分析放款市場，總裁辦公室不必像希臘神殿，大廳不必用古董家具來虛張聲勢，牆上不必掛高價名畫，也不用找名人影星來搖旗吶喊。有訊息要告知客戶，用海報、宣傳單就綽綽有餘了。

大型金融機構，如花旗銀行之流，其經常性支出及其他相關費用，大約是總放款的2.5%到3%。因此為確保營運經費無短缺之虞，存、放款利率差距也要拉大到2.5個百分點才行。

但乖乖牌的儲貸機構經營成本低，存放利差就可以縮小到1.5個百分點左右。理論上，即使完全未承做放款，光利用存款來財務運作，照樣有利可圖。例如存款利率為4%，則將之投資6%的債券，就有兩個百分點的利差，如果拿去做8%或

9%的抵押放貸，股東就能賺更多。

多年來，加州奧克蘭的金西公司（Golden West）一直是乖乖牌儲貸機構的表率。金西擁有三家儲貸機構，全部由金西老闆山德勒夫婦負責經營。山德勒夫婦生性冷靜沉著，商業頭腦跟巴菲特一樣靈光，正是經營成功事業的完美組合。對於不必要的投資，山德勒夫婦根本不碰，例如高風險垃圾債券，或房地產商業投機，都不在其考慮之內，因此沒有經營不善、受累倒閉，或被收購、接管的噩運。

山德斯夫婦不喜無謂浪費，對新科技常抱懷疑，因此到現在也沒裝設自動櫃員機。他們孜孜矻矻，嚴守本分，不會用烤箱、冰桶等獎品來引誘客戶。在虛浮不實的建商貸款熱潮中，他們不為所動，只緊盯著購屋抵押貸款，這項傳統業務佔其總放款的96％。

如果談到公司怎麼省錢，山德勒夫婦更是個人翹楚。那些希望自己看來氣派豪華的儲貸機構，都在舊金山高級地段開業，但金西偏偏中意奧克蘭的低廉租金。別家公司可能以接待櫃台來宣揚門面，但金西的門口只放黑色電話，來賓請自行通報！

不過各分行該花的，還是不能省，山德勒夫婦希望盡可能讓客戶感到愉快、方便，而且他們也常祕密派人喬裝客戶，刺探各分行的服務狀況。

1980年代中期，山德勒太太受邀在西維吉尼亞州的儲貸機構會議發表演說，講題是她個人最喜歡的「生產力與支出管理」。

演說十分精采，但與會的儲貸業主管卻有三分之一中途離席。他們想聽的是先進的電腦系統或計算機，而不是如何壓低

成本。如果當時那些人肯用心聽講兼做筆記，或許有些現在還能留在這一行。

在1980年代之前，金西公司是少數幾家股票上市的儲貸機構之一。1980年代中期股票大熱，因此有幾百家儲貸機構轉型為「共同儲蓄銀行」，申請股票公開上市。當時在麥哲倫任內，我買過不少這種股票，幾乎名稱中有「第一」或「信託」者，都在收購之列。有一次我在巴隆座談中說曾收到145家儲貸機構的上市說明書，結果買了其中135支股票。座談主持人以其慣有反應說：「喔，那其他怎麼啦？」

為何我如此熱衷儲貸機構股票，在此要稍加解釋。第一，麥哲倫規模龐大，但儲貸機構股本甚小，因此必須進相當多的股票，投資部位才夠份量，這跟以浮游生物維生的鯨魚一樣。第二，儲貸機構股票上市方式特殊，因此股價偏低（參見第13章詳論）。

維吉尼亞州夏洛茲維爾的SNL證券公司一直很注意儲貸機構股票上市後的發展，最近在其研究報告中指出，自1982年以來陸續上市的464儲貸機構，其中有99家被大型銀行或其他儲貸同業收購，通常股東都因此獲得極大利益（最明顯的例子是紐澤西州摩利斯郡儲蓄銀行，1983年以10.75美元上市，三年後以每股65美元被收購）。有65家股票上市的儲貸機構破產倒閉，股東當然是血本無歸（這絕非捕風捉影，因為這種地雷股我也買過）。而目前還有300家儲貸機構為股票上市公司。

如何評估儲貸機構

每當我想投資儲貸機構時，就會想到金西公司，不過1991

年金西股價翻倍後，我只好另尋目標。我在擬定1992年巴隆座談推薦名單時，找到幾支合適的儲貸機構股票。當時美國的經濟、金融情況，很容易就能找到超跌股票。

剛剛提過儲貸機構如何耍老千，現在來講房地產市場崩盤。當時大概有兩年時間，整個美國都籠罩在房地產崩盤的陰影下，對銀行體系也是憂心忡忡。1980年代早期，德州房市崩盤，幾家銀行和儲貸機構也跟著陪葬，狀況之慘令投資人心有餘悸。於是東北部及加州高級住宅區價格下跌，很快就讓人聯想到儲貸機構是否也要跟著遭殃？

當時美國住屋建商協會才公布中古屋價格，在1990及1991年連續上漲的消息，於是我認為對美房屋市場的恐懼，其實只是高級住宅下跌引發的假象。一些乖乖牌儲貸機構都嚴守本分，對高價建物、商業不動產或建商放款的涉入很有限。其放款大都只是為數十萬美元的住宅抵押貸款，公司盈餘持續成長，擁有相當數目的忠實存款戶，而且股東權益也高於JP摩根銀行。

但是在恐慌之中，乖乖牌的優點誰也不注意。華爾街的專家不敢碰，一般投資人也逃之夭夭。富達公司的儲貸精選基金，總資產額從1987年2月的6,600萬美元，到1990年10月竟只剩300萬。

證券商在儲貸業股票方面，紛紛緊縮戰線，有些根本完全退出這個戰場。

當時富達公司聘有兩位分析師，艾利森（Dave Ellison）和穆瑞（Alex Murray）分別負責研究大、小型儲貸機構。後來穆瑞到達特茅斯念研究所，就沒有人接他的工作。艾利森後來追

蹤一些大企業，如芬尼梅、奇異公司、西屋電器等，儲貸機構
反成次要。

全美國只研究沃爾瑪百貨一家公司的分析師大概有50
位，追蹤菲利普摩里斯的分析師有46位，但整個儲貸業股
票，把所有研究這方面的分析師加起來，也不到幾個，所以林
區定理第18條是：

> 如果分析師都覺得厭煩，就可以開始敲進。

因為許多儲貸類股股價甚低，我開始埋首研讀《儲貸業投
資指南》，竊以為此乃最佳床頭書也。該書由SNL證券公司出
版，內容紮實。厚度嘛，跟大波士頓地區電話簿差不多，而且
每年要繳700美元，才能按月收到新資料。這個價格可以買兩
張夏威夷來回機票。

如果準備在超跌儲貸類股中挖寶，我建議你到圖書館，或
向證券商借閱最新一期的《儲貸業投資指南》。我這一本是跟
富達公司借的。

因為我一直盯著這本書，我老婆笑稱它為《舊約聖經》。
有舊約在手，再用自創的儲貸業計分卡，馬上整理出145家實
力最強的儲貸機構。概略來說，必須搞清楚的是：

1. **股價市價**：這是當然的！
2. **上市價格**：如果股價已跌破上市價，可能就是超跌。當
   然，其他因素也要考慮在內。
3. **股東權益對資產比值（E/A Ratio）**：這是最重要的數
   字，代表其財務能力和生存能力。E/A值愈高愈好。各家

股票的E/A值可能相差很大，低者只有1、2（這股票跟廢紙差不多了），高者可能有20（JP摩根銀行的四倍）。一般平均在5.5至6之間，低於5者表示有問題。

不過我自己訂的標準是至少7.5，如此倒閉風險低，而且E/A值高，較可能成為其他金融機構的收購對象。因為股東權益高，放款空間也大，這是大型銀行或其他儲貸同業最喜歡的。

4. **股息**：很多儲貸類股配息高於平均水準。如果這支股票符合所有標準，而且配息很高，就太美了！

5. **帳面價值**：銀行或儲貸機構的資產，大部分就是放款額，所以如果儲貸機構沒有高風險放款（稍後詳論），則財務報表之帳面價值，即可確實反映該行價值。目前許多最賺錢的乖乖牌儲貸機構股價均低於帳面價值。

6. **本益比**：不管什麼股票，本益比愈低愈好。目前有些儲貸機構每年成長15％，但根據過去一年盈餘計算，本益比只有七或八倍，這種股票當然很具潛力。而當時我正研究儲貸機構時，S&P 500指數平均本益比高達23倍，兩相比較下，就知道這些儲貸類股有多棒了。

7. **高風險不動產**：這是儲貸業常見的問題，尤其是商業放款和營建放款，更拖垮許多儲貸機構。如果儲貸機構中，高風險資產佔總放款的5％到10％，我就會緊張。如果其他條件都一樣，我會選高風險資產比率較低的儲貸機構。而儲貸機構的商業放款風險到底有多高，一般投資人不太容易分析，所以最安全的方法就是不要投資有商業放款和營建放款的儲貸機構。

即使沒有《儲貸業投資指南》在手，也可以自己算出高風險資產比率。先在年報的「資產」項下找出營建及商業不動產放款額，除以總放款額，所得數值即是高風險資產比率。

8. **逾期90天之呆帳**：就是被倒帳啦！這數字當然愈低愈好，最好不要超過總資產額的2%，而且最好是持續下降。有時呆帳率即使只是增加幾個百分點，就可能拖垮整個儲貸機構。

9. **抵押處分**：這是債權人因無法履行債務，遭儲貸機構處分之抵押品。即已處分完畢，表示該筆放款已由資產項下，轉列呆帳損失。因為已列為損失，所以抵押處分額即使很高，也不會像高風險資產比率那麼恐怖。不過處分額持續升高時，就要小心了。儲貸機構不是房地產業者，如果從債務人那裡收到一堆公寓住宅或辦公大樓，光是維修費用就是一大筆龐大支出，況且也不容易脫手。所以儲貸機構若要處分許多不動產抵押品，即可預期到脫手會有困難。

最後我在《巴隆週刊》推薦七家儲貸機構，從這個你就知道我有多喜歡儲貸類股。其中五家屬乖乖牌業者，另外兩家則要細火慢燉，我稱之為浴火鳳凰型，因為都在鬼門關繞一圈，差點破產。那五家乖乖牌裡面，德鎮儲蓄公司（Germantown Savings）和冰河銀行（Glacier Bancorp）我在前年就曾推薦。

從各方面來看，這五家都是十足潛力股：其中四家股價低於帳面價值；股東權益佔資產比值都在6.0以上；高風險放款比率不超過10%；逾90天期呆帳率均在2%以下；抵押處分率

227 第12章 初探儲貸類股 | 227

不到1%；本益比11倍以下。其中兩家最近回購自家股票，更屬利多。冰河銀行和德鎮公司商業放款比率略高，不過經對方解釋後，問題不大。

至於那兩家浴火鳳凰，財務狀況甚糟，稍微保守一點的投資人，恐怕是避之惟恐不及。不過我認為即使這兩家各有些問題，其股東權益佔資產比值仍相當高。有此防護罩，對解決目前問題極有幫助。這兩家儲貸機構的營業地點，都在麻州與新罕布夏州交界附近，該地金融情況漸趨穩定。

他們能不能撐下去，我可不敢打包票，不過其股價實在很低（如勞倫斯儲蓄公司由13美元，跌到只剩75美分），如果有人敢接，想必能暴削一筆。

和我推薦那五家乖乖牌一樣好，甚至更好的儲貸機構，全美各地還有幾十家，也許你家附近就有。懂得在此挖金礦的投資人必有後福，這些穩健經營的儲貸業者未來必能持續壯大，或者被大型金融機構看上，不管怎麼樣，其投資潛力大得很。

儲貸機構若股東權益高，放款力強，且存款客源穩定，保證讓商業銀行垂涎三尺。商業銀行按規定只能在所屬州內吸收存款（該規定目前稍有修正），但放款則不在此限，因此商業銀行業者對收購儲貸機構極有興趣。

比方說，如果我是波士頓銀行（Bank of Boston），我一定對麻省那塔吉特的洪波特銀行（Home Port Bancorp of Nantucket）頻送秋波。洪波特銀行股東權益佔資產比值高達20%，大概是當今金融界的狀元，而且新英格蘭地區存款戶都很死忠，很少會把錢轉到那些嘴上無毛的貨幣基金帳戶。

或許波士頓銀行對那塔吉特的放款市場不感興趣，但若把

洪波特銀行納入，那麼就能利用洪波特的高額股東權益和放款能力，擴大波士頓或其他放款市場。

從1987到1990年，儲貸機構走過一段艱苦歲月，在那期間約有百來家儲貸機構被大型金融機構收購，理由就和波士頓銀行早該向洪波特銀行下手一樣。而且我們有很好的理由認為，銀行和儲貸機構合併的速度會愈來愈快。目前全美國的銀行、儲貸機構及其他各種存款機構，總共超過7,000家，依我看有6,500家是多餘的。

光是我住的小鎮，就有六家不同型式的存款機構，而全英國平均不過三家而已。

表12-1

公司名稱	上市價	市值	E/A值	股息	帳面價值	逾90天之呆帳	抵押處分	商業放款
穩健型								
德鎮儲蓄	$14+	$ 9+	7.5	40¢	$26 1/8-0.5%	0.0%	7.0%	
冰河銀行	$12	$ 8+	11.0	40¢	$11 1/2	0.9%	0.2%	9.2%
人民儲蓄	$11	$10+	+13.0	68¢	$18 5/8-2.0%	0.9%	2.7%	
鷹徽金融	$12	$11+	9.7	60¢	$19 1/8	1.8%	0.7%	2.9%
至尊銀行	$ 9+	$ 4+	6.0	16¢	$10 1/4	0.9%	0.4%	3.9%
浴火鳳凰型								
艾塞克第一銀行	$ 2	$ 8	9.0	—	$7 7/8	10.0%	3.5%	13.0%
勞倫斯儲蓄	75¢	$13+	7.8	—	$6 1/2	9.6%	7.5%	21.0%

資料來源：《SNL儲貸季刊》。

第 13 章

再論儲貸類股

選定五家體質穩健的儲貸機構，分別投資相同金額，然後坐等豐收，一般投資人的研究工作大概就到此為止。在選中的五支股票中有一支會特別好，三支表現普通，另一支很差，但總結算後，投資報酬還是比股價偏高的可口可樂或默克藥廠好。

不過我喜歡打破沙鍋問到底，光是那些二手資訊，我是不滿意的。為了提高勝算，通常在真正投資前，我要先打電話到公司打探一番。雖然電話費不少，長期一定能把本錢撈回來。

通常我會和公司的總裁、執行長或其他高層主管接觸，希望透過他們瞭解某些特定訊息，或打聽一些華爾街分析師忽略的消息。以冰河銀行為例，該行商業放款額高，顯非穩健經營之常態，因此若未親自向公司查問清楚，我不會貿然介入，也不敢向人推薦。

不是專家也盡可放心地和儲貸機構接觸，不過對其業務範圍要有基本瞭解。儲貸機構必須要有忠實的儲蓄及支票存戶，其盈餘全靠放款，不過可不能貸給會倒帳的人，同時還須盡量壓低經營成本，以擴大獲利。銀行業的最高指導原則，就是「三

六原則」：存款給3%利息，放款收6%利息，就能高枕無憂。

後來我分別打電話給六家儲貸機構蒐集情報（四家乖乖牌和那兩家浴火鳳凰）。鷹徽金融公司（Eagle Financial）我就沒打了，因為該公司會計年度在9月底結束，因此最近一期的會計年報已寄來，我仔細看過以後，認為鷹徽的經營狀況奇佳無比，簡直是銀行稽核員的夢想！以下分述敝007打探結果：

冰河銀行公司

我是在聖誕節隔天打電話給冰河銀行公司，那天我穿著休閒的花格子長褲及運動衫到波士頓的辦公室。整個大樓似乎除了我和安全人員外，別無他人。

假日最適合加這種班。如果發現上市公司主管連12月26日也來上班，能不感動嗎？

在堆積如山的辦公桌翻尋一陣後，我找出冰河銀行的檔案。當時冰河銀行股價12美元，比一年前上漲60%。盈餘每年成長12%到15%，股價本益比十倍，不特別吸引人，但風險也不大。冰河銀行公司以前叫凱利斯裴第一聯邦儲貸公司（First Federal Savings and Loan of Kalispell），其實舊稱比較好。舊稱聽來質樸而正派，讓人有信賴感。純樸的舊名絕對比時髦、故弄玄虛好。名字太過新潮，會讓人覺得公司很需要改善形象的樣子。

我認為公司只要正派地穩健經營，自然會有好形象。最近金融界有個怪現象，就是一窩蜂把原來的「銀行」，疊床架屋成「銀行公司」（bancorp）。我知道「銀行」是什麼，但「銀行公司」就讓人有點嘀咕了。

　　總之，我打電話到冰河銀行時，對方說正舉行退休員工歡送會，不過他們會通知董事長馬可德（Charles Mercord）說我打過電話。我猜馬可德是被他們架出場外的，因為才幾分鐘他就回電了。

　　要向總裁或執行長套出公司盈餘狀況，可不容易。開門見山的問：「明年要賺多少？」恐怕什麼也得不到。首先要製造和諧氣氛。我們從登山聊起，我說我家人已經跑遍西部各州的國家公園，他們都很喜歡蒙大拿州。後來又談到林木業、斑點貓頭鷹、大山滑雪場和阿納康達（Anaconda）公司的大煉銅廠，我還在富達當分析師時，常拜訪這家公司。

　　接著我順勢帶進嚴肅的投資話題，例如：「那裡人口多少？」「該城海拔多高？」然後提出更實際問題：「貴行會增設分行，還是維持現狀？」我旁敲側擊，希望多打聽些情報。

　　我繼續問：「第三季有什麼不一樣嗎？我知道你們（每股）賺38美分。」發問時最好加點數字資料，讓對方曉得你是有備而來。

　　打聽結果，冰河銀行後市樂觀。該行幾乎沒有呆帳，1991年呆帳損失只有1.6萬美元。配息連續增加15年，最近又買下兩家儲貸機構，名字極好：懷費希第一國民銀行（First National Banks of Whitefish）和優利卡（Eureka，意即：我找到了）。

　　這就是許多穩健的儲貸機構，確保未來幾年加速成長的方法。收購週轉失靈或倒閉的同業，把寶貴的存款資金納於己下。冰河銀行可以把懷費希第一國民銀行納入體系之中，利用新資金放更多款。而且，兩家儲貸機構聯合起來，其經營成本會比各自為政低。

　　提到懷費希分行時，我說：「你們買到好東西了，從會計觀點而言，這步棋下得好。」不過我擔心冰河付的價碼太高，所以故意迂迴地說：「我想你們付的價錢，一定比帳面價值高。」我以為對方會坦承不諱，但實情並非如此，冰河銀行沒當冤大頭。

　　還有一個我從《儲貸業投資指南》看到的刺眼數字，就是高達9.2%的商業放款。如果他們是在新英格蘭地區，這麼高的商業放款鐵定把我嚇跑，但蒙大拿畢竟不是麻州。而且冰河銀行總裁也一再保證，他們絕不會放款給乏人承租的辦公大樓，或無人問津的度假別墅的建商。冰河銀行的商業放款，大都是給多戶式住宅公寓的建商，當時這方面需求極大。蒙大拿州人口正逐漸增加，每年都有幾千、幾萬人，因為嚴重的煙塵污染及高額稅負，逃離加州遷居蒙大拿。

　　和上市公司訪談，最後我一定問：你最佩服、欣賞哪家公司？如果伯利恆鋼鐵執行長說他最佩服微軟公司，可能沒有多大意義，可是某儲貸業者說欣賞另一同業時，表示那家公司確有過人之處。靠這方法，我挖到許多黑馬股。所以馬可德說是聯合儲蓄公司（United Savings）和聯邦擔保公司（Security Federal）時，我趕快用肩膀夾著電話，翻開《史坦普股票手冊》，迅速找出代碼：UBMT和SFBM。在他描述這兩家公司時，我已經迫不及待地用即時報價系統搜尋目標了。這兩家儲貸機構都在蒙大拿，股東權益佔資產比值都很高（聯邦擔保公司高達20%），所以我把他們列入觀察名單。

德鎮儲蓄公司

　　給德鎮的電話，我一直到1月我準備飛往紐約參加座談會的前一天才打。德鎮儲蓄公司的股票，我去年就推薦過，當時是10美元，現在則漲到14美元。德鎮每股盈餘2美元，因此本益比只有七倍不到。此外，德鎮每股淨值高達26美元，股東權益佔資產比值為7.5％，而且呆帳比率不到1％。

　　德鎮公司在費城郊外，資產額共14億美元，財務報表紀錄輝煌，但竟然沒有一家證券商發現這支黑馬股。打電話前，我先詳細看過最新一期的年報，發現該公司存款額增加，表示存戶資金仍源源湧入。不過放款額降低，因此資產負債表上資產項下數額減少，表示行方漸趨保守，開始在緊縮放款。

　　在「證券投資」項下，我找到更多放款趨於保守的跡象。該年德鎮公司的證券投資額，比前一年增加5,000萬美元。儲貸機構的「證券投資」項下，主要有國庫券、公債、股票和現金部位。如果儲貸機構對經濟後市，或債務人的信用狀況有所疑慮，就會提高債券資產部位。這種作法，其實跟一般投資人差不多。一旦景氣好轉，放款比較安全的情況下，德鎮自然會降低證券投資額，以承做更多放款，擴張盈餘。

　　我再次仔細檢視年報，特別當心其中是否有足以誤導投資人之異常點。比方說，某企業盈餘大增，閣下才買進該股，哪曉得這是處理證券投資的業外收入，這就很糟糕了。我查了德鎮公司的情況，結果發現正好相反，他們處理部分證券投資反而賠了點錢，不過對盈餘影響不大。

　　我打電話到德鎮公司，執行長克列普（Martin Kleppe）

說：「我們公司沒什麼狀況，沒啥好說的。」沒狀況是再好也沒有的了。後來他又說：「我們的資產負債表固若金湯，如果我們還有麻煩，其他同業早全跳海了！」

德鎮公司的呆帳額一向不高，且逐月減，不過他們還是提高備抵呆帳，以防萬一。備抵呆帳增加，對盈餘稍有影響，但若備而不用，年底回沖，盈餘反而會增加。

德鎮公司的地盤，景氣狀況並非多好，但居民普遍節儉，而且都是德鎮的忠實客戶，德鎮公司不會白白浪費這些存款。我認為以德鎮的謹慎作為，必然活得比嗜冒風險的競爭對手久，而且只要穩健而按部就班的經營，必能擴大利潤。

至尊銀行公司

我是在1991年11月25日那一期的《巴隆週刊》上，注意到至尊公司（Sovereign Bancorp）。那篇報導標題是：「家鄉放款成鉅富」，描述至尊公司如何從家鄉黎汀發跡，一步步打下賓夕法尼亞州東南部的天下。文中有段我很喜歡，說至尊公司任何分行只要核准一宗房貸，就會敲鐘誌喜。

這已經不是第一次在週刊上挖到寶。我仔細檢查至尊的年報和季報，發現重要項目的表現都相當好，呆帳只佔總資產1%，商業及營建放款比率4%，且備抵呆帳充裕，足額沖銷一定沒問題。

至尊公司還從某信託公司手中，收購兩家紐澤西州的儲貸機構，在存款額提升的情況下，盈餘也大為增加。為查明相關細節，我打電話給至尊公司的印度裔總裁西胡（Jay Sidhu），我們談到孟買及馬德拉斯，前年我參加公益活動去過那裡。

　　接著我們言歸正傳，西胡表示公司方面已決定每年業務至少成長12%。如果根據分析師最近對該公司1992年的盈餘預估，目前股價本益比為八倍。

　　唯一讓人犯嘀咕的，是至尊公司1991年又出脫250萬股自家股票。前面已說過，只要公司行有餘力，回購自家股票是最好的。如果反而出脫自家股票，增加在外流通股數，就好像政府在印鈔票一樣，會貶低幣值的。

　　不過至尊也沒浪費這筆利得，他們準備用來收購更多經營不善的儲貸機構。

　　後來我高興地發現，西胡正是以金西公司為典範，準備學習小氣又吝嗇的山德勒夫婦，提高貸款手續費，並壓低支出，以擴大利潤。因為至尊公司最近才收購兩家同業，因此員工薪資比例上升為2.25%，比金西公司的1%高很多，不過西胡正努力改善。以其擁有該公司4%股權來看，精簡人事應無太大阻力。

　　一般儲貸機構放款後，通常自己握有債權，但至尊公司放款之後，馬上把債權轉賣給芬尼梅等債權收購業者。此一經營方式讓至尊能很快收回資金，再放貸出去。一方面放款風險已經轉給別人，一方面多作放款不但可以賺到利率差額，而且承辦手續費收入也不少。

　　至尊公司主要仍承做住宅抵押貸款，雖然不承擔債權風險，但核定貸款時仍相當謹慎，而且從1989年到現在從沒做過商業放款。抵押貸款額平均也從不超過抵押品價值的69%。即使該公司呆帳很少，一旦發生立即撤查，找出失誤原因，以免再犯。

　　跟平常一樣，我從西胡那裡學到不少。他說有些金融業者

以卑劣手法來掩飾問題放款。例如某建商要求100萬美元的商業貸款，放款機構反而提高估價，核貸120萬美元，但多出來的20萬美元預先扣在放款機構手中，一旦這筆放款出問題，放款機構自行挪用預扣款項，當作是建商仍按期償還。這麼一來，原該列入呆帳的款項，還是一樣載入正常放款，短期內外人難以察覺。

我不曉得這種情況多不多，不過西胡若沒說錯，有高額商業不動產放款的銀行和儲貸機構，就更不能碰了。

人民儲蓄金融公司

我打電話到人民儲蓄公司（Peoples's Savings Financial）在康乃狄克州新不列顛市（靠近哈特福市）的總部，找執行長米維克（John G. Medvec）。米維克表示，當地有不少家銀行業者陸續倒閉，襯托出人民儲蓄金融公司的安全性，該公司並把握局勢，大做廣告。主要訴求就是，對股東權益佔資產比值高達13%的人民儲蓄，當前金融界震盪並不具威脅。廣告做得好，所以人民儲蓄的存款額由1990年的2.2億美元，急增為1991年的2.42億美元。

人民儲蓄若非進行股票回購，其股東權益佔資產比值還會更多。該公司到目前兩次回購股票，共以440萬美元，收回16%股票。往後若仍積極回購，人民儲蓄的股票自然以稀為貴。一旦在外流通股數減少，即使營運平平，每股盈餘也會跟著增加。要是生意大好，股價就飆上天囉！

許多公司派只會耍嘴皮敷衍股東，卻把錢浪費在不必要的併購上，不知道最簡單，也最直接討好股東的方法，就是回購

自家股票。有些公司所處產業不過平平，如國際乳品皇后公司（International Dairy Queen）和CCS公司（Crown Cork & Seal），都是因為公司決定回購股票，股價馬上讓人刮目相看。而泰利戴恩公司（Teledyne）股價所以上漲100倍，也是靠股票回購所賜。

人民儲蓄金融公司於1986年公開上市，上市價每股10.25美元。如今已過五年，公司規模更大，更賺錢，在外流通股數也更少，但每股不過是11美元。我猜人民儲蓄股價表現不佳，是因為該公司必須在艱困環境下孤軍奮戰的關係。我說的艱困環境，不是指人民儲蓄經營上有什麼問題，而是指康乃狄克州整體景氣低迷。

在所有條件相同情況下，我選能在不景氣中撐下去的儲貸機構，而不是那些搭景氣順風車，未經橫逆試驗的溫室花朵。

《儲貸業投資指南》顯示，人民儲蓄呆帳率為2%，雖不特別高，我還是特別問了一下。米維克回答說，該2%的呆帳率，主要是一宗營建放款出問題，現在人民儲蓄已不再承做該類放款。

如今人民儲蓄已把這些呆帳提列為損失，下一步就是要處分抵押品。米維克說處分抵押品很麻煩，這我老早就知道了。這個善後工作耗時費錢，要把倒帳人趕出抵押房產，可能要花兩年。而人民儲蓄處分的抵押品，都是些商業建物或高級住宅，原主人或承租戶可能在裡頭賴幾個月，你連半毛租金也收不到。

完成處分手續後，這些抵押品即列入「房地產處分」帳下，放款機構可自行販售求償，稍慰倒帳之苦。不過有時候，

處分抵押品竟能賣到高價，因此其中也具有增值潛力。

米維克也跟我談到康乃狄克州的景氣問題，當時那兒真是慘兮兮。米維克指出，電腦硬體製造商一直是新不列顛市最大雇主，但當時只剩史坦利製造公司（Stanley Works）孤木獨撐。雖然州立大學和市立綜合醫院增加聘雇人員來解決問題，但失業仍然嚴重。

掛電話前，我照例問他印象最深的競爭對手。米維克指新不列顛美國儲蓄銀行（American Savings Bank of New Britain），股東權益佔資產比值12％，可是還沒公開上市。我聽得口水直流，幾乎想馬上殺到新不列顛，趕快到美國儲蓄銀行開個戶，以免上市時我不曉得。若想知道在下為何如此激動，請待稍後分解。

艾塞克第一公司

艾塞克第一公司（First Essex），就是「浴火鳳凰」型，準備起死回生的儲蓄機構。這種公司就是把自家股票全部買回來，投資人也不會哼一聲。艾塞克第一公司於1987年，以每股8美元上市，共發行800萬股。兩年後股價幾乎沒動，該公司又同樣以每股8美元回購200萬股。嘿，要是他們等到1991年，就能打25折了，因為股價只剩2美元。

翻翻艾塞克第一的資料，情況有點不妙：呆帳率達10％，抵押品處分3.5％，總放款中13％為商業及營建類。這家位於麻省勞倫斯的小型儲貸業者，1989年虧損1,100萬美元，1990年再虧2,800萬美元，最主要是放款給一些公寓大樓建商和不動產大亨，在景氣低迷期受到拖累。勞倫斯市就在麻州靠近新罕

布夏州界附近，這兒是新英格蘭地區經濟衰退最嚴重的地方。

　　艾塞克第一公司情況的確相當困難，執行長威爾遜（Leonard Wilson）在電話中說：「簡直像拿600呎長釣魚線，要釣水底的魚那麼困難。」經過艱苦的三年，艾塞克第一公司光是處分那些呆帳抵押品，就快忙死了，而且每一件都嚴重影響整體獲利。結果艾塞克第一現在是最窮的房地產大亨，手頭上現金快耗光了，空有一堆賣不掉的房地產。現在他們是當地最可憐的房東，出租狀況門可羅雀。

　　雖然如此，艾塞克第一公司帳面價值每股還有7美元，股東權益佔資產比值尚達9%，但股價只有2美元。

　　像艾塞克第一公司這種受景氣所累的股票，就得碰碰運氣了。如果商業不動產市場回穩，放款者不再因呆帳被強迫接收抵押品，那麼艾塞克第一公司就能撐下去，捱到掙回過去的虧損。如果情況是這樣，股價很快就會回升為每股10美元。但問題是，誰曉得商業不動產市場何時才會回穩，或者這波經濟衰退到底有多深？

　　據艾塞克第一公司年報，商業放款至1991年底共4,600萬美元，而股東權益剛好也是4,600萬美元。這樣就讓人安心點了，即使一半的商業放款成為呆帳，至少還有一半資產額可以撐下去。

勞倫斯儲蓄公司

　　勞倫斯公司（Lawrence Savings）和艾塞克第一公司同樣位於美里默況山谷區域，而且面對同樣困境，就是當地的低迷景氣。勞倫斯的問題也跟艾塞克大同小異：原先都是賺錢的儲貸

機構，卻被商業放款困得動彈不得，已經損失幾千萬美元，且股價大跌。

根據1990年度年報，勞倫斯公司股東權益佔資產比值尚有7.8%，不過我認為勞倫斯比艾塞克更危險。勞倫斯公司商業放款額佔21%，而艾塞克只有13%。勞倫斯在商業放款額更多（5,500萬美元），而股本更少（僅2,700萬美元）的情況下，能夠承受的犯錯空間已是微乎其微。只要有一半的商業放款成為呆帳，就把資本額吃光了。

要判斷儲貸類股值不值得熬，就是用這種方法：把股東權益總值，和商業放款現額相互比較，假設最壞的情況下，推測其何去何從。

股票代碼	公司名稱	1992.1.13股價
EAG	鷹徽金融公司	12.06美元
FESX	艾塞克第一銀行公司	2.13美元
GSBK	德鎮儲蓄金融公司	14.50美元
GBCI	冰河銀行公司	11.14美元
LSBX	勞倫斯儲蓄銀行	1.00美元
PBNB	人民儲蓄金融公司	11.00美元
SVRN	至尊銀行公司	6.95美元

絕對不要錯過儲貸業新股上市

碰過這種好事嗎？你買了一棟房子，賣主把你的頭期款支票兌現後，又把錢悄悄地放在廚房櫃子裡，附上紙條說：「把錢留著，這本來就是你的！」你不用花半毛錢，就賺到這棟房子。

沒這種好運？沒關係，只要懂得投資儲貸業新股上市，就

能碰上財神爺。雖然美國到現在已有1,178家儲貸公司上市，未來還有很多讓投資人意外驚喜的機會。

我接管麥哲倫沒多久，就發現這種好事，所以當時只要出現在即時報價系統上的儲貸類股（別名又稱「共同儲蓄銀行」），我幾乎是一網打盡！

地區性儲貸機構或共同儲蓄銀行，傳統上並無股東可言，整個機構其實是類似合作社型態，為所有存款戶共有，與某些鄉間電力公司一樣，由消費合作社主辦，為所有客戶共有。某些創設可能超過百年以上的共同儲蓄銀行，其淨值就是屬於所有各分行裡，擁有儲蓄或支票帳戶的人。

如果這種共同型態一直維持下去，雖說儲貸機構是由幾千、幾萬名存款戶共有，其實「股東」根本什麼都撈不到。其股權如果再加付1.5美元，或許可以換一瓶礦泉水吧！

然而一旦這些共同儲蓄銀行準備在公開市場出售股票，好事就來了。首先推動上市的董事，和準備買股票的人，立場是一致的，董事本身也會大量買進。

既然董事本身也會買，那上市價格會怎麼定呢？當然是低一點。

存款戶當然和董事一樣，可以用上市價格買進股票。但有趣的就在這裡，在股票釋出籌得資金後，扣掉承銷費，幾乎都會回流儲貸機構的金庫。

別種行業公司新股上市，情況可不是這樣。大部分新上市公司，可能就是創辦人或原始股東暴賺一筆，個個翻身成為億萬富翁，然後把錢匯到義大利或西班牙買華廈巨宅。但儲貸機構上市就不是這樣，上市利得不會分配給幾千、幾萬個可能同

時扮演買賣雙方的存款戶，所以這一大筆錢會直接轉為儲貸機構的資本。

比方說，貴寶地的儲貸機構面值1,000萬美元，因此上市時就釋出總額1,000萬美元的股票，如果每股10美元，就是100萬股。而股票釋出所得的1,000萬美元，又回到儲貸機構的金庫，帳面價值馬上暴增一倍成2,000萬美元。因此上市價為10美元的儲貸機構，每股淨值其實是20美元！

不過也不能保證一定撿到便宜貨，你可能碰上乖乖牌儲貸機構的財神爺，也可能遇上大老千，讓你血本無歸，比方說經營得一場糊塗，結果把資本額全虧光了。因此即使儲貸業新股上市通常萬無一失，還是要事先研究、研究，瞭解其經營狀況。

所以啦，下次經過還是共有型態的儲貸機構時，可以考慮進去開個戶，這樣保證可以用上市價買到股票。當然，你也可以等掛牌交易後從公開市場買，還是能撿到便宜貨。

不過別等太久，誤了好時機。現在華爾街已漸嗅出儲貸業新股上市有機可趁，而且1991年以來上市的儲貸類股漲勢再明顯不過了，不管到那兒都會聽到儲貸業新股上市的消息。

1991年裡共16家儲貸機構股票上市。其中兩家以上市價的四倍價格，被其他金融機構併購。另14家裡頭，表現最差的也上漲87%，其他至少都翻了一倍，有四家漲為三倍，一家漲為七倍，還有一家竟漲為十倍！冠軍就是密西西比州海地茲堡的梅納銀行公司（Magna Bancorp），只花32個月，就讓閣下投資翻為十倍。

1992年又有42家儲貸機構上市，其中只有聖貝拿迪諾的

FS&LA第一公司股價下跌7.5%，其他均上揚，其中漲幅50%以上共38家，超過一倍者23家。想想看，這不過是短短的20個月而已。

當中有兩家漲為四倍：密西根州港市的共同儲蓄銀行（Mutual Savings Bank）和聖路易的聯合郵政銀行公司（United Postal Bancorp）。平均投資漲勢最強的五家，報酬率一共285%。即使很倒楣選到最爛的五家，到1993年9月也能賺31%，不但超過S&P 500指數的漲幅，和大多數股票共同基金相比也毫不遜色。

到1993年9月底止，又有34家儲貸機構上市，到敝人正埋頭筆耕之際的這麼短時間內，最差勁的也漲了5%，漲幅三成以上的有26家，四成者20家，五成以上的有9家（以上數據均由SNL證券公司提供）。

在美國東岸，從北卡羅萊納州的亞希波羅，到麻州的易普威治；在太平洋沿岸，從加州的帕沙蒂納，到華盛頓州的艾威雷特；中部地區，從奧克拉荷馬州的靜水市，到伊利諾州的坎喀基，再回到德州的羅森堡，各地有多少儲貸機構，都是投資大眾這輩子最好的賺錢機會。這是散戶在股市成功的絕佳良機，你不必管那些早被法人機構把持的大企業股票，只要耐心地研究住家附近的儲貸機構就行。你開立儲蓄或支票帳戶的當地儲貸機構，有哪家上市公司還會比這更靠近貴府呢？

如果你設有戶頭的儲貸機構要上市，你當然就能以上市價買到股票。不過也不是只有這個笨方法，閣下可以參加上市說明會，注意內線人士是否也忙著登記買股票，再從上市說明書檢視帳面價值、上市價本益比、盈餘水準、呆帳比率和放款品

質等等，就能得到必要資訊以供判斷。這是檢視區域性企業的
好機會，而且你一毛錢都不用花。要是研究之後，你不喜歡這
支股票，不喜歡這家公司或它的經營方式，不要投資就好，你
也沒損失什麼。

表13-1	1991年上市的儲貸公司						
代號	名稱	城市	州	上市日期	上市價	1993/9/30 市價	上漲幅度
MGNL	Magna Bancorp,Inc.	Hattiesburg	MS	3/8/91	3.542	37.750	965.78
CRGN	Cragin Financial Corp.	Chicago	IL	6/6/91	6.667	36.375	445.60
FFSB	FF Bancorp,Inc.	New Smyrna Beach	FL	7/2/91	3.333	13.625	308.79
COOP	Cooperative Bank for Savings	Wilmington	NC	8/16/91	5.333	20.00	275.02
KOKO	Central Indiana Bancorp	Kokomo	IN	7/1/91	7.500	27.000	260.00
AMBS	Amity Bancshares	Tinley Park	IL	12/16/91	10.000	34.000	240.00
AFFC	AmeriFed Financial Corp.	Joliet	IL	10/10/91	10.000	33.750	237.50
FCVG	FirstFed Northern Kentucky Bancorp,Inc.	Covington	KY	12/3/91	10.000	30.000	200.00
UFBI	UF Bancorp,Inc.	Evansville	IN	10/18/91	10.000	27.750	177.50
LBCI	Liberty Bancorp	Chicago	IL	12/24/91	10.000	26.250	162.50
CRCL	Circle Financial Corp.	Sharonville	OH	8/6/91	11.000	27.250	147.73
CENF	CENFED Financial Corp.	Pasadena	CA	10/25/91	6.667	16.250	143.74
KFSB	Kirksville Bancshares	Kirksville	MO	10/1/91	10.000	21.000	110.00
BELL	Bell Bancorp	Chicago	IL	12/23/91	25.000	46.750	87.00
FFBS	FedFirst Bancshares	Lumberton	NC	3/27/91	10.000	**	
DKBC	Dakota Bancorp,Inc.	Watertown	SD	4/16/91	8.000	***	

1. 16家儲貸機構於1991年上市，其中兩家被併購，其餘14家都上漲，其中13
   家漲幅超過100%。
2. *上市價經分割調整。
3. 上表中有兩家已被併購：聯邦第一儲貸（Fed First Bancshares）於1993年2
   月29日以每股48美元被南方公司（Southern National）收購，達柯達銀行公
   司（Dokota Bancorp. Inc）於1993年6月30日以36美元被南方達柯達金融公
   司收購。
4. SNL證券公司表示，因Kirksville Bancshares,Inc交易非常清淡，因此不再蒐
   集其資訊。
資料來源：SNL證券公司。

　　目前全美尚有1,372家儲貸機構還沒上市。注意一下，財神爺是否就在你身邊。找一家還沒上市的儲貸機構開戶，一旦上市就可以用上市價買到股票，然後坐著等它上漲就行了！

表13-2	1992年上市的儲貸機構中最好和最差的10家						
代號	名稱	所在地	州	上市日期	上市價	市價	漲跌幅
UPBI	United Postal Bancorp	St.Louis	MO	3/11/92	5.000	28.750	475.00
MSBK	Mutual Savings Bank	Bay City	MI	7/17/92	4.375	23.750	442.86
LGFB	LGF Bancorp, Inc.	La Grange	IL	6/18/92	10.000	27.250	172.50
RESB	Reliable Financial Corp.	Bridgeville	PA	3/30/92	10.000	27.000	170.00
CTZN	CitFed Bancorp, Inc.	Dayton	OH	1/10/92	9.000	24.000	166.67
HFBS	Heritage Federal Bancshares†	Kingsport	TN	4/8/92	7.667	20.000	160.86
HFFC	HF Financial Corp.	Sioux Falls	SD	4/8/92	10.000	24.750	147.50
ABCW	Anchor Bancorp Wisconsin	Madison	WI	7/16/92	10.000	24.750	147.50
AADV	Advantage Bancorp, Inc.	Kenosha	WI	3/23/92	11.500	28.000	143.48
AMFF	AMFED Financial, Inc.	Reno	NV	11/20/92	10.455	25.125	140.32
CNIT	CENIT Bancorp, Inc.	Norfolk	VA	8/5/92	11.500	20.500	78.26
ABCI	Allied Bank Capital, Inc.	Sanford	NC	7/9/92	11.500	19.500	69.57
PVSB	Park View Federal SB	Bedford Heights	OH	12/30/92	10.000	16.750	67.50
KNKB	Kankakee Bancorp, Inc.	Kankakee	IL	12/30/92	9.875	16.500	67.09
BASF	Brentwood Financial Corp.	Cincinnati	OH	12/29/92	10.000	16.250	62.50
MIFC	Mid-Iowa Financial Corp.	Newton	IA	10/13/92	10.000	16.000	60.00
FDNSC	Financial Security Corp.	Chicago	IL	12/29/92	10.000	14.750	47.50
COLB	Columbia Banking System	Bellevue	WA	6/23/92	8.875	12.000	35.21
FFML	First Family Federal S&LA	Eustis	FL	10/9/92	6.500	7.500	15.38
FSSB	First FS&LA of San Bernardino	San Bernardino	CA	12/30/92	10.000	9.250	-7.50

1. *上市價經分割調整。

2. Columbia Banking 為新列入公司。

資料來源：SNL 證券公司。

表13-3	1993年上市的儲貸機構中最好和最差的10家						
代號	名稱	所在地	州	上市日期	上市價	1993/9/30市價	漲跌幅
WAYN	Wayne Savings & Loan Co.MHC	Wooster	OH	6/23/93	10.000	19.875	98.75
FSOU	First Southern Bancorp	Asheboro	NC	2/24/93	10.000	18.500	85.00
JSBA	Jefferson Savings Bancorp	Baldwin	MD	7/8/93	10.000	17.000	70.00
MARN	Marion Capital Holdings	Marion	IN	3/18/93	10.000	17.000	70.00
CGFC	Coral Gables Fedoorp, Inc.	Coral Gables	FL	3/31/93	10.000	16.750	67.50
HFSB	Hamilton Bancorp. Inc	Brooklyn	NY	4/1/93	10.800	17.500	62.04
CASH	First Midwest Financial	Storm Lake	IA	9/10/93	10.000	15.750	57.50
FDEF	First Federal Savings & Loan of Defiance	Defiance	OH	7/21/93	10.000	15.250	52.50
MORG	Morgan Financial Corp.	Fort morgan	CO	1/8/93	10.000	15.000	50.00
LFCT	Leader Financial Gorp.	Memphis	TN	9/30/93	10.000	14.875	48.75
FFWD	Wood Bancorp, Inc.	Bowling Green	OH	8/31/93	10.000	13.250	32.50
FFEF	FFE Financial Corp.	Englewood	FL	8/26/93	10.000	13.250	32.50
ROSE	TR Financial Corp.	Garden City	NY	6/29/93	9.000	11.500	27.78
KSBK	KSB Bancorp, Inc.	Kingfield	ME	6/23/93	10.000	12.750	27.50
FBHC	Fort Bend Holding Corp.	Rosenberg	TX	6/30/93	10.000	12.500	25.00
SCBN	Suburban Bancorporation	Cincinnati	OH	9/30/93	10.000	12.500	25.00
TRIC	Tri-County Bancorp	Torrington	WY	9/28/93	10.000	12.250	22.50
COSB	CSB Financial Corp.	Lynchburg	VA	9/24/93	10.000	13.125	21.25
ALBC	Albion Banc Corp.	Albion	NY	7/23/93	10.000	11.250	12.50
HAVN	Haven Bancorp	Woodhaven	NY	9/23/93	10.000	10.500	5.00

1.*上市價經分割調整。

資料來源：SNL證券公司。

第 **14** 章

兩合公司的責任有限股權

有利可圖的好買賣

　　兩合公司的責任有限股權，也是華爾街忽略的賺錢玩意兒。聽到「有限股權」（limited partnership），不少人會想起慘痛教訓。過去美國有太多的有限股權陷阱，讓成千上萬名投資人受騙上當。這些兩合公司以避稅優惠為餌，吸引許多人投資石油和天然氣、房地產、電影、農場、墳場開發等等，結果當然是血本無歸，或許一開始就老實繳稅比較划算。

　　因為長期來一直有這些地雷，連帶使得公開掛牌交易的合夥股權（master limited partnership, MLP）受到誤解。其實股票上市的兩合企業，兢兢業業，將本求利，不是光想和國稅局鬥智，讓自己賠掉老本。目前美國各證券交易所中，共有100多支MLP股票，每年我都能找到一、兩支黑馬股。

　　買MLP股票，手續上比較麻煩，多一些單據作業，報稅表格也和一般不同。不過跟以前相比，現在可省事多了，因為公司方面會派人代為處理部分瑣事。每年公司會寄函確認股東持有股份，及異動狀況。

　　不過光是這樣也夠麻煩了，讓不少投資人敬而遠之，尤其是基金管理人更不願投資有限股權。嘿！如果能讓這些MLP

股票更沒人買，就算買賣時要填寫梵文表格，我也願意。如果沒人感興趣，MLP股價自然漲不起來，這樣一來，可就處處有獎！

兩合公司分散各個行業，有打籃球的（波士頓 Celtics 隊就是 MLP），也有正經八百挖石油的。例如，「服務大亨」（Service Master）經營大樓管理及清潔服務工作，太陽經銷公司（Sun Distributors）賣汽車零件，賽達園育樂公司（Cedar Fair）開遊樂場，而 EQK 綠畝田公司在長島經營購物中心。

儘管這些 MLP 公司名字聽來平平無奇，從事產業和現在的高科技文明相比，似乎也不夠高檔。然而「賽達園」（Cedar Fair）聽來就像英國文豪薩克雷（W.M. Thackeray；譯注：《名利場》，*Vanity Fair* 作者）的小說，而綠畝田（Green Acres）也頗具珍・奧斯汀（Jane Austen）的味道。縱使哈代（Thomas Hardy）描寫達特莫（Dartmoor）地區的小說中有人名為坦尼拉（Tenera）的，我想我也不意外。

這些公司的名字怪異而浪漫，經營事業則是一步一腳印，一點也不好高騖遠，企業組織上也相當紮實，所以要多些單據作業，也挺合理的。要投資 MLP 股票，必須具備相當的想像力，可是有想像力的投資人，往往難以忍受拉拉雜雜的單據作業。但是少部分有耐心的投資人，會緊盯目標不放，最後必然大有收穫。

MLP 公司和一般企業最大不同，在於 MLP 公司所有盈餘，都會以股息發放或股本攤還的方式，全部分給股東。一般而言，MLP 公司的股息特別高，若以股本攤還名義發放，部分金額免課聯邦稅。

　　MLP股票公開上市，早在1981年即有數家，不過大部分要到1986年稅法修正後。不過根據稅務規定，到1997至1998年附近，MLP公司將喪失免稅優惠，到時只有房地產和天然資源開發的MLP公司還能吸引投資人，其他怕是乏人問津了。相同狀況下，每股盈餘1.8美元的MLP股票，到1998年適用新稅法，每股盈餘會縮水為1.2美元。不過現在還沒關係。

　　我最喜歡的MLP股票，大都在紐約證券交易所上市。1991年我向《巴隆週刊》推薦EQK綠畝田和賽達園育樂公司，隔年我又推薦太陽經銷公司。以下分別說明緣由。

EQK綠畝田公司

　　EQK綠畝田公司，是伊拉克入侵科威特，美國股市大跌後，才引起我的注意（EQ代表示合夥人公正壽險，K則是克拉夫可公司）。當時綠畝田上市四年，上市價為10美元，最高曾漲到13.75美元。不過1990年夏，中東局勢吃緊，綠畝田也跌到9.75美元，那時大夥都以為購物中心，甚至整個零售業都完了。股價為9.75美元時，綠畝田殖利率高達13.5%，與某些垃圾債券不相上下。不過跟垃圾債券比起來，綠畝田可安全多了，最大資產就是長島的大型室內購物中心。

　　綠畝田不但股價有上漲的機會，而且經營者也握有許多股票。同時獲利能力極佳，上市以來每季都有股息配發。

　　這些點點滴滴我都記得，當然是因為以前操作麥哲倫時，我就曾經買過綠畝田的股票。最初是富達公司的基金經理人威廉斯（Stuart Williams）跟我報的明牌。不過綠畝田絕非鮮為人知，長島那個地方人口眾多，綠畝田那家購物中心方圓五

里，起碼有75萬人住在那兒，誰都知道綠畝田大有可為。

我最喜歡逛購物中心研究股票。我親自到綠畝田的購物中心，還買了一雙鞋，這裡生意真的不錯。全美目前大概只有450家像這樣的室內購物中心，而且大家都以為購物中心愈來愈多，其實並未增加多少。若要設立像這家相同規模的購物中心，首先市場地盤就很難找，而且能有92英畝大片空地作停車場，可不容易喔！

設備簡陋的購物場到處都有，但正規的室內購物中心自有其吸引力。如果你認為室內型購物中心還是會賺錢，而且也想投資購物中心，那麼唯一上市的就是綠畝田，而且該公司別無旁鶩，全力經營長島的購物中心。

購物中心老闆最傷腦筋的，就是店面租不出去。所以我看年報時，最先留心的就是店面閒置率。當時美國購物中心業者的店面閒置率平均為4％，但綠畝田更低。若是內線人士（我是說當地居民），每週都能親自去調查一番。對綠畝田這麼低的閒置率，我已經很滿意了。

此外，華德本超市（Waldbaum's）和皮嘉盟家用品（Pergament Home Center），都準備到那裡開店，對綠畝田的租金收入必有助益。而1992至1993年間，中心內有三分之一店面的租金都提高了，表示未來盈餘一定會增加。

至於會讓人困擾的，是負債比率相當大（所有負債都要在1997年償還完畢），股價本益比高，以及購物中心最怕的經濟衰退等。不過這些問題都不大，至少短期內不用擔心，綠畝田股息很高，股價也已回跌，而本益比高是MLP股票的特性。

我正在挑選1992年推薦股時，綠畝田股價又回升為11美

元，若把殖利率和資本利得合併計算，1991年綠畝田投資總
報酬率超過20％。這樣還有啥問題？可是我又檢查一次，覺得
情況似不太妙。由於年底銷售旺季表現不佳，店面租金稍有回
軟（租金是由銷售額抽取一定比率）。如果各店銷售不佳，購
物中心的租金收入必受影響。

　　也許這不是綠畝田個別的問題，而是所有購物中心，所有
零售業者都面臨相同困境。如果同業都陷於不景氣，則景氣總
有回升之日，但若是大夥幹得有聲有色，只有某家公司苦苦掙
扎，就得留神了。可是非常不幸的，綠畝田第三季季報中有段
聲明，讓我十分介意，該公司表示可能廢止每年提高股息的慣
例。

　　雖然只是小小動作，可千萬別忽視，我在第2章就提過
了。像綠畝田這種連續13季提高股利的公司，當初如此堅
持，必有其理由。但現在不管是為了省一毛錢，或省10萬美
元而打破慣例，可能後頭還有更糟的消息！

　　還有一個讓我有所保留的，卻是聽到個「好」消息。綠畝
田自稱，正和西爾斯百貨（Sears）和JC潘尼百貨（J.C. Penney）
接觸，準備擴大二樓營業面積，租給這家公司。但是，接觸、
談判或交涉，並不等於簽約敲定。如果綠畝田的聲明是說已經
和這兩家百貨公司簽訂合約，那我絕對大力敲進股票，能買多
少就買多少。但一切都在未定之數，就靠不住了。

　　想利用利空消息作股票，非常不簡單。俗話說：「砲聲一
響就敲進（即股價下跌時買進），勝利號角一吹就賣出（股價
上漲時出脫）。」可是這話也會害死人，因為情勢可能更趨惡
化。就拿當年新英格蘭銀行為例，有多少人沿路套牢呢？股價

從40美元跌到20美元時，匆忙搶進。後來跌到10美元，再進。再跌為5美元，再進。但又跌到1美元，最後全成廢紙，投資人眼睜睜看著血汗錢化為烏有！

反觀有利多才買進股票，長期則屬穩健作法。當利多逐漸實現時，閣下股票也逐步上翻。以綠畝田和西爾斯、JC潘尼為例，若在傳聞階段不進場，等宣布簽約才買進，或許每股要多花1美元。但該消息若真是利多，長期必能帶動股價上揚；反之若情況有變，觀望反具保護作用。最後我決定暫緩推薦綠畝田，靜待後續發展。

賽達園育樂公司

賽達園公司是我在1991年推薦的第二支MLP股票，該公司擁有兩家遊樂場，一家是俄亥俄州伊利湖畔的賽達點（Cedar Point），另一為明尼蘇達州的山谷園。開放時間從5月到9月的勞動節，秋季則只有週末營業。

賽達點遊樂場有十種雲霄飛車，其中之一叫「大酒瓶」，讓你經驗全世界最高的自由落體刺激，還有一個全世界最大的木結構雲霄飛車。我書房牆上就掛幅雲霄「木」車的海報。這張海報及芬尼梅華盛頓總公司的照片，是唯一可以和小女美勞作品，以及家庭照一起掛在牆上的東西。

賽達點已成立120年，100年前即設置雲霄飛車。曾有7位美國總統蒞臨，美式橄欖球大宗師洛克李（Knute Rockne）曾在此暑期打工，據說他就是在此訂下限制向前傳球（forward pass）的規定。賽達點特別設個牌子，說明確有其事。

經營遊樂場，一般而言相當穩定。如果是製造抗愛滋藥劑

的企業，可能因為別人推出新藥，市場總值就暴跌一半。可是，有人會偷偷摸摸，花5億美元在伊利湖畔蓋雲霄飛車，和賽達點競爭嗎？

持有遊樂場股票，還有一個附帶好處，就是每年來「調查」幾次也不厭倦，起碼比石油公司有趣多了。你大可心安理得地試試摩天輪，為雲霄飛車作作「基本分析」，這都是「研究」股票啊！找不到藉口來遊樂場的大人，還有什麼比這更棒的理由？

而且我還想到，距離賽達點三小時車程的居民，約達600萬之數。如果經濟不景氣，這600萬人可能決定不去法國渡假，改到賽達點住幾天，玩玩世界之最的雲霄飛車。那麼即使經濟不景氣，賽達園還是可以賺錢。

1991年賽達園股價由11.50美元漲到18美元，若再加上配股，投資報酬率超過60%。 1992年初，我正考慮賽達園股票是否還值得買？殖利率8.5%還算不錯，但不管目前股利有多高，除非公司能持續提高盈餘，否則並無未來可言。

投資人在年底要對手中股票重新思考一番，對已持有的股票再次檢視，看看這家公司明年表現是否會比今年好。要是一點利多都找不到，你幹嘛抱著這支股票呢？

正因有疑慮，所以直接去電和總裁金澤（Dick Kinzel）確定。散戶要和總裁搭上話可能不容易，不過還是能從股東公關部要到資料。其實能直接跟經營者接觸，並不代表自己多有能耐。在賽馬場上，認識馬主或許讓你覺得高人一等，不過還是一樣賭輸。那些心存偏見的馬主，總相信他的馬最好，但失誤率九成哪！

以我一貫迂迴作風，我不會開門見山地問：「準備怎麼提升盈餘？」我問他關於俄亥俄洲的天氣、當地高爾夫球場狀況、克利夫蘭和底特律景氣如何，以及夏天打工的人好不好找等等。等暖夠了身，我才會轉入重要問題。

過去幾年每次我打電話到賽達園，總會聽到些新鮮事，對提升盈餘大有幫助。1991年世界最高的雲霄「木」車開張，當然對盈餘極具助益。但是1992年除了旅館區擴大外，並無其他新的遊樂設施。據過去經驗研判，1991年新設雲霄飛車，提高當年度盈餘，但往往隔年遊園人數反而會降低。

結果在和金澤的對話中，我找不到賽達園在1992年更上一層的潛力，兩相比較之下，我認為太陽經銷公司更有搞頭。

太陽經銷公司

太陽經銷公司是在1986年，從太陽石油公司（Sun Oil）獨立出來的。不過太陽經銷跟太陽能無關，主要賣汽車玻璃、玻璃板、隔熱玻璃、電纜、鏡子、擋風玻璃、夾扣（fastener）、球承軸，以及營建商和汽車修理場使用的油壓設備等。這些玩意挺無聊的，也許連商學院畢業生也會睡著。金融分析師寧可數屋頂有幾片瓦，也比追蹤汽車零件股有趣多了。

據我所知，多年來持續追蹤太陽經銷的，只有惠特證券公司（Wheat First Securities）一位名為派恩（Karen Payne）的女分析師，不過不曉得怎麼回事，其分析報告到1990年4月突然中斷。1991年12月23日我打電話給太陽經銷總裁馬歇爾（Don Marshall）時，他也說不知道派恩為何不見了。

諸位看倌，這也是太陽經銷的利多：現在華爾街沒人注意

這家公司。執掌麥哲倫兵符時，我當然買過太陽經銷的股票，1991年底太陽經銷股價再次回落，所以我又盯上它。太陽經銷的股票分為A、B股，A股可領高額股利，B股則沒有，兩種都在紐約股票交易所掛牌交易。比起一般MLP股票，太陽經銷顯然更麻煩，股票分兩種，還有一堆文件作業。不過派恩小姐在最後報告中鼓勵我們：「太陽經銷財務結構雖顯複雜，其實只是一家單純而經營良好之企業。」

而A股除了可以領到高額股息外，股價幾乎不會上漲。現在A股每股10美元，等MLP協定到期，太陽經銷回購所有A股，還是以10美元買回。因此股價波動，就全看B股表演了。而1991年B股表現奇差無比，股價跌了一半，由原來的4美元跌到2美元。

根據派恩小姐的最後研究，席爾森雷曼證券公司（Shearson Lehman）持有52%的B股，而太陽經銷和席爾森之間訂有協定，未來某日太陽經銷有權以特定價格，向席爾森買回一半股權（即26%）。這個協定必然足以刺激公司派再接再厲，努力把公司搞好，把股價哄上去。12月23日我打電話到太陽經銷，再兩天就聖誕節，總裁馬歇爾照樣坐鎮公司裡面，我認為這家公司有搞頭了，他們玩真的！

馬歇爾不是那奢靡浮華、虛張聲勢之輩，其生平事蹟當然不會讓《浮華世界》之類的媒體注意過，倒是有本書叫《服務優勢》（The Service Edge）曾提過他。馬歇爾在經營上非常重視支出，因此除非在特別困難的一年，公司表現還是很好，否則主管是沒啥紅利可分的。總之幹得好才有獎，身分地位不算數。

對於太陽經銷的調查重點，跟所有股價大跌的公司一樣：太陽經銷能不能撐下去？股價大跌真的有其因，或者是受投資人故意製造虧損賣出以節稅所累？

太陽經銷仍具獲利能力，因為還有盈餘。從1986年脫離母公司自立門戶之後，每年都見盈餘，即使是1991年玻璃業普遍低迷，太陽經銷還是賺了錢，同年電子零件業不景氣，其液壓系統部門生意如常，該公司也沒有大肆宣揚。不過我知道，這是因為太陽經銷把成本壓得很低，才能撐過艱困期，等競爭對手紛紛不支倒地，他就等著坐享市場復甦了。

怎麼知道太陽經銷經營成本很低？損益表就寫得一清二楚的（參見表14-1）。以銷貨成本除以銷貨淨額求出銷貨毛利（即銷貨營利），兩年都約60%，而且銷貨淨額持續成長，整體利潤也隨之提升。銷貨毛利60%表示100美元營收，可獲利40美元，這在所有玻璃、夾扣等經銷商中，算是頂尖的了。

太陽經銷資本支出也相當少，優點項再加一分！對大型製造業而言，資本支出可不容小覷，例如鋼鐵廠一年營收或有10億美元，但資本支出就花了9.5億美元。不過地方上賣擋風玻璃及備用零件的經銷商，就沒有這種問題。太陽經銷每年資本支出大約300萬到400萬美元，相較其營收只是小意思！

在停滯性產業中，能努力壓低成本，等其他奢靡成性的對手倒下去，順利佔領其市場，太陽經銷幾乎可算「沙漠之花」型的企業。若非其本質上為MLP股票，我真想在「沙漠之花」那章專題討論。

而更重要的，甚至比盈餘更須注意的，是現金流量。任何併購活動頻繁的企業，我一定特別注意其現金流量。從1986

表14-1	太陽經銷損益表		（單位：千美元）
	1990	1989	1988
銷貨淨額	$594,649	$561,948	$484,376
銷貨成本	357,561	340,785	294,640
毛利	237,088	221,163	189,736
營業費用：			
銷貨、一般及行政費用	187,762	175,989	151,784
一般股東管理費	3,300	3,300	3,300
固定資產折舊	5,899	6,410	7,024
分期攤銷	4,022	3,920	3,282
總營業費用	201,013	189,649	165,420
營業收入	36,075	31,514	24,316
利息收入	352	283	66
利息費用	(12,430)	(12,878)	(11,647)
其他收入	173	678	(384)
稅前盈利	24,170	19,597	12,951
稅金	1,024	840	637
淨利	$ 23,146	18,757	$ 12,314
股東淨利分配			
一般股	$231	$188	$123
A股	$ 13,820	$ 18,569	$ 12,191
B股	$ 9,095	—	—
股利			
A股	11,099,573股	11,099,573	11,099,573
B股	22,127,615股	22,199,146	22,199,146
每股收益			
A股	$1.25	$1.67	$1.10
B股	$0.41	—	—
股利			
A股	$1.10	$1.10	$1.10
B股	$0.48	$0.29	—

年以來，太陽經銷已併購36家相關企業，並接掌實際經營，以壓低成本擴大利潤。這就是太陽經銷不斷壯大自己的策略。

馬歇爾表示，他們的目標是成為販售金屬線、夾扣、玻璃及其他相關產品的超級雜貨店！

當一家公司出售時，成本價通常比帳面價值高，其溢價部分即稱為「商譽」，資產負債表就有這個科目。

根據1970年以前的會計法規，收購主支付的商譽金額，不必逐年由盈餘扣抵攤提。依舊法規，某X公司收購Y企業，X公司能把Y企業總價直接列為資產，大大方方載明於資產負債表上。然而這種做法不夠透明，如X公司出價太高，股東完全蒙在鼓裡，永遠不曉得買下Y企業，到底能否撈回本。

為了解決這個問題，執掌會計法規的大人先生決定修改舊章，要求收購主在列明有形資產後，其溢價部分須單獨列入「商譽」科目，為盈餘減項，分數年攤提。

這個盈餘減項，其實只是紙上作業，使財務報表上的盈餘數字，比實際金額小。因此進行併購的企業，通常會影響帳面上的獲利能力，連帶使投資人低估其股價。

以太陽經銷公司而言，等著沖銷的商譽共5,700萬美元，因此讓盈餘大為縮水，A、B股每股盈餘只剩1.25美元，但實際上卻是這個數字的兩倍！那麼不能列為盈餘的那些錢哪兒去？就稱為自由現金流量。

自由現金流量高，讓公司在營運上更具彈性。太陽經銷公司負債比率相當高，約總資本的60%，因此現金流量對之特別重要。不過總算讓我鬆口氣，因為其現金流量高達應付利息的四倍。

在經濟正趨成長之際，太陽經銷可以利用現金流量那些錢去擴張，夠它買下4,100萬美元的企業。不過馬歇爾表示，

1991年經濟不景氣，他們緊縮併購活動，準備把現金流量用以償債，減輕利息負擔。如果把現金流量全部用來還債，太陽經銷目前1.1億美元，利率9.5％的負債，就能在兩年內清償完畢。而他們顯然是準備這麼做！

萬一情勢更糟，太陽經銷也可以賣掉部分併購企業，如汽車零件廠等，以進一步減輕債務壓力。

併購活動暫時停止，可能影響其盈餘不再像以前一樣快速成長，但對其財務結構卻大有好處，資產負債表變得更漂亮。公司方面決定減輕債務壓力，即代表經營者勇於面對現實，我相信太陽經銷能夠活下去，以後還進行更多併購活動。

太陽經銷在不景氣時撐得下去，一旦景氣好轉，其前途就不可限量了。最後MLP協定到期，整個企業清算，1,100萬股的A股就依協定，以每股10美元取回原投資金額。而回購A股之後所剩的任何資產，就由2,200萬股的B股均分，到時每股可能分到5美元或8美元。如果有8美元，就是原始投資金額的兩倍。

坦尼拉公司

坦尼拉公司（Tenera Limited Partners）狀況不少。特別是1991年夏最慘，股價從9美元暴跌為1.25美元。坦尼拉經營電腦軟體和相關顧問服務，就是那種我既不瞭解，也不太信任的高科技產業，而所謂的「顧問服務」到底是啥，也讓人難以安心。坦尼拉的大客戶，都是核能發電業者，以及一些聯邦政府的建設包商。

打了幾通電話後，股價為何慘跌就搞清楚了。原來坦尼拉

跟它的衣食父母，即聯邦政府有點小口角。聯邦政府指坦尼拉某些服務索價太高，因此取消部分合約。更慘的是，坦尼拉耗資數百萬美元開發一套電廠專用軟體，原來希望能賣到全世界，但銷售情況遠不如預期。

在一連串打擊下，坦尼拉被迫大量裁員，部分重要幹部，包括總裁戴維斯（Don Davis）都辭職不幹了。至於堅守崗位留下去的人，情況也是一團糟，顧問業界的競爭同業則對坦尼拉的客戶施以統戰陰謀，大肆宣揚坦尼拉的醜事。

1991年6月，坦尼拉宣布不配發股息，表示要「花很長時間」，才能回復過去每季20美分的股息。

我不是故意要把坦尼拉捧得多高，但它竟沒有半毛負債，的確讓我刮目相看。坦尼拉不但沒有負債，而且也沒有高額費用要支付。既然如此，就不可能馬上倒閉。坦尼拉的優勢是，零負債，也沒有資本支出（當顧問要啥資本支出？不就一張桌子，一台算顧問費的計算機和一支電話），此外還有普受業界稱揚的核能服務部門，萬一清算當值不少錢。

在1991年之前的四年，坦尼拉每股盈餘維持在77美分到81美分間。即使現在遇到困難，坦尼拉獲利能力還在，未來或許難以回復每股80美分的獲利，但如果能賺40美分，股價應該就值4美元才對。

再者，以坦尼拉目前慘況，我並不指望其盈餘表現，真正該算計的是各項資產的潛在價值。如果坦尼拉走上拍賣之途，我想每股價值會超過1.5美元，而且坦尼拉沒有負債和費用支出，所以扣除法律費用後，全部都歸股東均分。

如果坦尼拉能稍稍解決一點問題，股價必然大幅反彈；要

是什麼問題也解決不了，看在重挫份上，也會小反彈，意思意思。至少，我是這麼想的。

坦尼拉現在聘請戴爾（Bod Dahl）來主持中興重任，戴爾以前在電信業服務時，我曾見過他。我參加巴隆座談前一晚，戴爾在紐約和我搭上線。戴爾表示，在六個月到一年內，坦尼拉營運應有轉機，而且公司內部人員也緊抱持股不放。我想這支股票還是有前途的。

股票代碼	上市公司	1992.1.13股價
SDP.B	太陽經銷L.P（B股）	2.75美元
TLP	坦尼拉L.P	2.38美元

第15章

景氣循環類股

千金散去還復來

　　經濟一旦陷於不景氣，基金經理人就會想逢低承接景氣循環類股，例如煉鋁、鋼鐵、造紙、汽車、化工及航空業等，這些產業隨景氣興衰高低起伏，跟四季變化一樣有跡可循。

　　可是基金經理人老是想搶先一步，在旁人還不注意時，先搭上景氣循環的特快車。似乎華爾街的投資專家，介入時間愈來愈早，股價隨之波動，結果讓景氣循環類股愈來愈難捉摸。

　　對大多數股票而言，低本益比屬利多，但景氣循環類股卻非如此。本益比太低，表示公司已走到景氣頂峰，粗心大意的投資人可能覺得景氣狀況還是很好，公司也繼續在賺錢，當然該緊抱持股。然而榮景不常，精明的投資人早在股價暴跌之際，翻多為空，提早下車了。

　　股票若逢沉重賣壓，股價只會往下掉，本益比也跟著降低。對一些投資菜鳥而言，此時低價的景氣循環類股非常有魅力，可是這種錯覺，代價十分昂貴。

　　經濟成長到達頂峰後，很快會反向變縮，相關產業盈餘萎縮的速度，更讓你喘不過氣來。於是投資人開始驚慌殺出，股價直線重挫。如果閣下錢太多，想很快賠掉一半，在盈餘創新

高、本益比創新低時買進景氣循環類股，準能如你所願。

相反地，本益比太高，對多數股票均屬利空，但對景氣循環類股或許算好消息。本益比高，有時代表公司已撐過衰退期，景氣復甦在即，未來盈餘水準會超過分析師的預期，另一方面也可能是基金經理人開始逢低吸納，才刺激股價上揚。

投資景氣循環股，要有先見之明才能捷足先登，所以很不簡單。最常見的情況就是，買得太早，熬不住，只好又認賠，白做苦工。想操作景氣循環類股，必須對相關產業有些瞭解（銅、鋁、鋼鐵、汽車、造紙等都一樣），能抓住景氣脈動。假使你是水管工人，對銅管價格很熟，操作菲爾道公司（Phelps Dodge）的股票，自然比那些企管碩士來得順手。那些蛋頭頂多只知道菲爾奇股價「看來偏低」，就匆忙搶進，其實什麼也不懂。

我操作景氣循環股，獲利還算不錯，每次經濟陷於不景氣，我就特別注意這些股票。在下生性樂觀，不管外界多悲觀，報上頭條標題多可怕，我總認為風水輪流轉，景氣必有好轉之日，非常樂意在股價跌到谷底時進場。當所有情況都糟到無以復加的程度，景氣就會開始反轉。如果是一家財務結構健全的循環業者，一旦景氣復甦，公司獲利必能逐漸上升，股價也會跟著絕地大反攻。所以彼得定理第19條是：

　　除非你在拋空，或故作憂鬱想釣個富家女，否則悲觀是賺不到錢的。

菲爾道奇公司

前面已經提過,我本想趁房地產反彈,搶進住宅建商的股票,可惜慢了一步,很多人已經坐在上頭等我抬轎。不過大家並不曉得,煉銅業也開始復甦了。其實在1992年1月,要我不注意菲爾道奇這支股票也不容易,因為它的股價真的很低。為此我特別向水管工請教一番,肯定過銅管價格確在上漲。

其實1991年,我就曾推薦菲爾道奇,不過一年來股價幾乎都沒動。股價長期橫盤,並非就不值一顧,有時反而該加碼才對。比方說1992年1月2日,我再次檢視菲爾道奇一年來的經營,就發現整個情況比去年還好!

以前菲爾道奇公司設在紐約時,我常去拜訪。後來他們遷到亞歷桑納州,我只得透過電話,和該公司董事長兼執行長伊爾利(Douglas Yearly)保持聯絡。

過去和菲爾道奇的接觸,我多少學了點煉銅常識,知道銅是價值比較高的大宗商品。例如銅就比鋁稀有,地底下含鋁量相當高(精確地說,有8%),而且容易開採。銅礦不但少得多,而且愈挖愈少!礦區因採不到銅,或被洪水淹了,一家家關門大吉。挖銅礦可不是生產洋娃娃,找幾個人,加條生產線就成了。

環保法規日趨嚴格,也是美國煉銅廠愈來愈少的主因,許多業者永遠離開銅市。目前不但美國煉銅廠不足,其實全球都開始面臨同樣問題。過去住在煉銅廠下風處的居民,現在想必重拾清新空氣,而菲爾道奇眾股東們,對此趨勢也一定很滿意,因為該公司仍控有很多煉銅廠,而競爭對手正逐漸消失。

雖然銅貨需求短期內有點低迷，但我認為後市看好。全球開發中國家，包括前蘇聯各共和國等，莫不致力改善電信品質，在這個資本化的世界中，沒有電話簡直是寸步難行。

傳統電信系統就需要大量的銅線，除非這些剛起步的小老弟人手一支大哥大（豈有此理？），否則一定是銅市常客。跟已開發國家相比，開發中國家的銅貨需求相當迫切，這就代表銅價「錢」途亮晶晶！

菲爾道奇股價走勢，就是典型的景氣循環股模式。1990年景氣回檔前，菲爾道奇每股盈餘6.5美元，當時股價在23美元到36美元間遊走，因此本益比很低，只有3.5至5.5倍。1991年經濟陷於不景氣，每股盈餘縮水為3.9美元，股價也由原先的36美元高檔，下跌為26美元。股價並未繼續探底，代表有許多投資人看好菲爾道奇的長期後市，或者他們認為景氣可能提早復甦。

景氣循環股最重要的關鍵，是財務結構夠不夠健全，能讓公司撐到景氣回升。我翻開手中最近一期的1990年年報，當時菲爾道奇的股東權益與公司資產為16.8億美元，而當年度總負債（再扣除現金部位）只有3.18億美元，所以不管銅價多少（當然啦，一文不值就麻煩了），菲爾道奇絕不可能破產。可能很多體質不夠強健的同業關門大吉，捲舖蓋走路時，菲爾道奇連增資都不用。

由於菲爾道奇從事多角化經營，因此我特別請教伊爾利。據他表示該公司在黑煙末（可製印刷油料）、電磁線和卡車輪胎等都經營得很不錯，而該公司控有72%股權的蒙大拿州採金業者峽谷資源公司（Canyon Resources），很可能就是搖錢樹。

這些轉投資事業，在不景氣時（1991年）每股盈餘可能不及1美元，但景氣好轉時就可能高達2美元。以本益比五到八倍來估算，這些轉投資事業對股價的貢獻，應該有10美元到16美元。單單是採金事業預料每股就值5美元。

大企業的轉投資事業常有許多隱藏資產，我常用這種方法估算其價值。此法非常實用，任何閣下想投資的股票，都可以拿來試驗一下，即使發現副業比本業有價值，也沒啥大驚小怪的。

仔細閱讀年報，就能掌握該公司有多少轉投資事業，同時也能瞭解各自盈虧情況。把每個轉投資事業的年度盈餘，乘以一般本益比水準（景氣循環股一般為八倍，若盈餘水準很高時為三至四倍），即能大略推算其市值。

以菲爾道奇而論，如果採銅事業每股值5美元，其他轉投資值10美元到16美元，而菲爾道奇股價目前為32美元，那麼投資其煉銅事業，不是只要11到17美元而已嗎？

許多工業業者有資本支出浮濫的致命傷，所以我特別注意菲爾道奇的資本支出，幸好沒啥大問題。1991年菲爾道奇花了2.9億美元，改善廠房和設備，這筆錢還不到現金流量的一半。

年報顯示現金流量共6.33億美元，比資本支出和股息發放加起來還多，即使1991年不景氣，現金流量還是超過資本支出。總之，進多出少總是好的。

菲爾道奇公司的礦區及相關設備也都相當完善，不像某些電腦公司每年要花很多錢，開發新產品或淘汰舊貨。菲爾道奇的礦場維護並不用花很多錢，也不像鋼鐵業者為與國外低價鋼品競爭，須投下鉅資提升產能。

表15-1	菲爾道奇公司聯合資產負債表	
		（除股票面值外，單位為千美元）
	1990/12/31	1989/12/31
資產		
流動資產		
現金及短期投資（照成本）	$161,649	12,763
應收帳款，扣除呆帳備抵	307,656	346,892
(1990－$16,579; 1989－$11,484)		
Inventories 存貨	256,843	238,691
Supplies 庫存	95,181	84,283
預付費用	17,625	8,613
流動資產	838,954	691,242
投資及長期應收帳款	93,148	79,917
土地及廠房設備（淨值）	1,691,176	1,537,359
其他資產及遞延費用	204,100	196,109
	$2,827,378	2,504,627
負債		
流動負債	$43,455	92,623
短期債務	32,736	33,142
應付債款及應計費用	362,347	307,085
所得稅	51,193	46,197
流動負債	489,731	479,047
長期債務	403,497	431,523
遞延所得稅	110,006	67,152
其他負債及遞延貸項	116,235	156,743
	1,119,469	1,134,465
子公司之小股權益	24,971	20,066
普通股股東權益		
普通股每股－面值6.25美元，		
核准發行1億股。扣除在庫股數		
3,152,955股（1989年－2,975,578股）	215,258	215,367
34,441,346股（1989－34,618,723股）		
資本溢價	268,729	281,381
保留盈餘	1,269,094	917,848
累計匯率折算及其他	(70,143)	(65,500)
股東權益	1,682,938	1,350,096
	$2,827,378	$2,504,627

$479百萬負債
－161百萬現金
318總負債

很明顯不會倒嘛！

*在最近一股配一股之前。

表15-2 菲爾道奇公司聯合現金流量表

	1990	1989	1988
營業活動	$454,900	267,000	420,200
淨收益			
淨收益自營業項中調整為現金流量：			
折舊、折耗及攤銷	132,961	133,417	116,862
遞延所得稅	$50,918	(53,670)	70,323
證券投資之未分配獲利	(5,280)	(8,278)	(18,807)
非生產資產及其他之備抵	—	374,600	50,000
營業現金流量	633,499	712,979	641,578
營業現金流量調整為營業活動淨現金：			
流動資產／負債之異動			
應收帳款減少（剩弧內為增加）	42,115	76,850	(69,278)
存貨減少（增加）	(24,700)	11,394	(26,706)
庫存減少（增加）	(9,713)	(2,801)	(6,344)
預付費用減少（增加）	(10,565)	1,778	6,986
	(983)	(2,958)	(918)
應付利息增加（弧內為減少）	35,016	(38,816)	(6,770)
所得稅增加（減少）	2,702	(11,292)	14,687
其他應計費用增加（減少）	23,500	24,898	(2,031)
其他調整	(48,995)	(27,833)	(8,413)
營業活動淨現金	641,876	744,199	542,791
投資活動			
資本支出	(290,406)	(217,407)	(179,357)
利息資本化	(1,324)	(1,529)	(6,321)
子公司投資	(4,405)	(68,797)	(253,351)
資產處理利得	3,155	5,131	35,413
投資動淨現金	(292,980)	(282,602)	(403,616)
財務活動			
負債增加	19,124	79,830	184,727
債務支出	(98,184)	(114,244)	(235,048)
回購普通股	(21,839)	(141,235)	(30,371)
特別股股利	—	(4,284)	(15,000)
普通股股利	(103,654)	(454,307)	(29,202)
其他	4,543	13,102	1,959
財務活動淨現金	(200,010)	(621,138)	(122,935)
現金及短期投資增加（減少）	148,886	(159,541)	16,240
年初現金及短期投資	12,763	172,304	156,064
年終現金短期投資	161,649	12,763	172,304

不過，除資本支出和轉投資事業外，對菲爾道奇最重要的，還是銅價行情。據年報指稱，該公司年產銅貨11億磅，因此銅價每磅只要上漲1美分，稅前盈餘就會增加1,100萬美元，以目前在外流通7,000萬股計算，每股稅後盈餘可增加10美分。所以銅價若每磅漲50美分，每股盈餘即增加5美元。

因此若能掌握未來銅價變化，必能成為菲爾道奇的專家。雖然我不知道銅價未來怎麼走，但我認為因為1990至1991年的不景氣，銅價已跌到谷底；未來一旦翻升，菲爾道奇股東就是大贏家，等著數鈔票囉！

通用汽車公司

大夥常以為汽車類股是績優股，其實這是典型的景氣循環產業。買支汽車股，然後抱個25年，就像坐飛機越過阿爾卑斯山一樣，雖然還是會賺錢，但絕不如親自爬上爬下，掌握每一波段的行情來得有賺頭。

1980年代裡，克萊斯勒、福特及其他汽車股屢屢成為麥哲倫的最大投資部位。但1987年時，我覺得1980年代初期開始的購車熱潮已近尾聲，因此我開始出脫汽車股。果然，1991年開始不景氣，汽車股也從天價回檔五成之多，汽車業一片低迷，車商的展示場門可羅雀，卡車經銷商生意簡直淡出個鳥來。就是在這種情況下，我決定回頭搞搞汽車股。

除非有人發明家用汽墊船，不然美國人的最愛還是汽車。而汽車嘛，大家遲早都得換，不管是看膩了，還是已經爛到從鏽蝕底盤直接看到路面。即使像我一直死守那輛1977年出廠的AMC Concord，現在也蠢蠢欲動了。

1980年代初期我買了很多汽車股，但當時美國汽車銷售盛況已不復當年，年銷量由1977年的1,540萬輛，衰減為1982年的1,050萬輛。銷售量當然可能再降，但總不致降到零。而且現在大多數州政府規定汽車必須每年檢驗，舊車總有禁止上路之日，駕駛人不可能死守叮噹作響的老爺車。

不過車商現在推的五年期貸款新花招，對汽車業景氣回升確有妨礙。過去購車貸款為三年期，三年內車主若換新車，舊車還能抵掉貸款餘額。但五年期貸款可不成，開了四、五年後，舊車已值不了多少，根本不夠抵繳餘款。不過，這種不良的貸款方式，總會改變的。

中古車行情，可視為汽車股的投資訊號。中古車若降價，表示賣得不好。如果中古車都賣不出去，新車一定更慘。但中古車漲價時，即預示汽車業後勁十足。

不過我認為「潛在需求」（units of pent-up demand）是更可靠的指標。潛在需求指標（參見表15-3），在克萊斯勒汽車公司出版的《企業經濟人》（*Coporate Economist*）找得到。這本刊物頗有內容，值得一看。

表中第二欄為實際年銷售量（單位千輛），第三欄為預估銷售量，這是根據人口統計數字、前一年銷售量、汰換車齡等因素估算而得。而實銷量和預估值的差數，就是「潛在需求」。

1980至83年美國經濟不景氣，大家當然盡量省錢，結果四年間汽車實銷量累計落後估計值700萬輛，表示這段時間消費者共延後購車700萬輛，預報汽車市場即將復甦，果然在1984至1989年實銷量就超前估計值780萬輛。

表15-3	美國汽車及卡車銷售量－實銷量及預估值 (單位：百萬輛)			
年度	實銷量	預估值	差額	潛在需求
1960	7,588	7,700	(112)	(112)
1970	10,279	11,900	(1,621)	(2,035)
1980	11,468	12,800	(1,332)	(1,336)
1981	10,794	13,000	(2,206)	(3,542)
1982	10,537	13,200	(2,663)	(6,205)
1983	12,310	13,400	(1,090)	(7,295)
1984	14,483	13,600	883	(6,412)
1985	15,725	13,800	1,925	(4,487)
1986	16,321	14,000	2,321	(2,166)
1987	15,189	14,200	989	(1,177)
1988	15,788	14,400	1,388	211
1989	14,845	14,600	245	456
1990	14,147	14,800	(653)	(197)
1991	12,541	15,000	(2,459)	(2,656)
估算值*				
1992	13,312	15,200	(1,888)	(4,544)
1993	14,300	15,400	(1,100)	(5,644)

資料來源：克萊斯勒公司。

*彼得‧林區估算。

雖然1992年實銷輛數高於1991年水準，潛在需求還是相當大，預料市場要四
至五年才會消化完畢。

連續四、五年實銷量低於預估值後，也要花四、五年才能
把潛在需求消化完畢。如果不瞭解個中奧妙，可能就會太早下
轎。比方說1983年汽車景氣開始好轉，年銷售量剛由1,050萬
輛，翻升為1,230萬輛，股價初步攀升後，你若以為景氣利多
已反映完畢，而把福特或克萊斯勒股票賣掉，必定讓你捶胸頓
足、懊喪不已。若注意到實銷量和預估值多年乖離，就曉得潛
在需求已累積700萬輛以上，一直要消化到1988年，需求才會

由盛轉疲。

1988年是出清汽車股的好時機，當時80年代初期累積的潛在需求已經消化完畢，五年內共賣出了7,400萬輛，未來銷售最可能轉疲，而非持續上揚。果然在1988年景氣普遍看好之際，汽車銷售量還是降低100萬輛左右，硬把汽車股往下拉。

1990年開始，潛在需求又開始累積，到現在已有兩年實銷量不及預估值，如果這種情況持續不變，預料到1993年底，潛在需求會累積到560萬輛，成為1994到1996年間汽車業景氣回升的動力。

能掌握汽車業景氣週期還不夠，還得選對公司才行，知道哪家公司在景氣回升時獲利最多。即使跟對產業，但挑錯股票，照樣會賠錢。

1982年景氣回升之際，我的研究心得是：一，此時正宜敲進汽車股；二，克萊斯勒、福特和富豪汽車公司，獲利能力均優於通用汽車。通用汽車為美國最大汽車製造，但不見得獲利最高。雖然通用汽車在生產、銷售及財務方面都無可挑剔，但這家龍頭企業傲慢自大、目光短淺、安於現狀、不思突破。

就以我個人經驗來說，有次通用公司股東關係室某職員要帶我去研發中心，那個研發中心跟大學校園一樣大，他卻找不到！結果我們浪費了好幾個小時才到那兒。就是這麼糟，如果股東關係室的人連公司設施配置圖都不看，其他部門還會好到哪兒去？

通用股票在1980年代更讓投資人失望透頂。這十年內通用股價才漲兩倍，而以1982年谷底起算，克萊斯勒股價五年

漲50倍，福特股價也漲為17倍。到1980年代末，大家都曉得通用已是紙老虎，這個曾經是美國汽車業的金字招牌，早被日本人踩在腳下！

不過作股票，就別太在意過去的歷史，也不該死守某種刻板想法，要懂得隨時調整自己。當年通用股價開始回軟時，華爾街都認為這家公司體質強健，未來獲利可期。但股價跌到1991年時，華爾街已漸死心，認為通用公司各方面都很差，後市淒涼！雖然我對通用股票並不特別熱衷，我還是認為華爾街矯枉過正，和先前高估通用一樣，都是錯誤的。

我們就拿克萊斯勒的慘淡少年時來參考。1982年克萊斯勒公司像個舉步惟艱，搖搖欲墜的巨人，而現在的通用和當年的克萊斯勒差不多，唯一差別是1992年通用公司資產負債表，猶勝於1982年的克萊斯勒，其他則完全一樣：同樣是不知如何製造好車的大企業，消售者和投資大眾對之信心全失，都大量裁員，都曾紅遍半邊天，又瀕臨瓦解。

就是這些接二連三的利空逆襲，讓我注意到通用公司。在看過通用1990年第三季營運報告後，就曉得挖到寶了。當時投資大眾都把注意力放在通用疲軟的國內汽車市場，卻不曉得通用即使在美國不能賣出更多車子，照樣有賺錢管道。通用最賺錢的，是它的歐洲營業部、融資事業（GMAC），再加上休斯航太、戴爾可（Delco）和電子資訊系統公司（Electronic Data Systems，這得感謝EDS創始人羅斯‧裴洛）。

通用公司只要能在美國市場打平不賠錢，光靠各項優異的轉投資事業，1993年每股盈餘就有6到8美元，本益比若為八倍，股價即達48到64美元間，遠超過目前水準。若再有景氣

復甦做靠山，在美國市場也能有所斬獲，每股盈餘可望增為10美元。

通用關掉好幾家工廠，裁掉許多員工，對撙節支出也很有好處，關掉的當然就是獲利最差的。通用實在不用跟日本車商斤斤計較，雖然市場佔有率從40％降為30％，讓通用極感憂慮，其實若能壓低成本、降低開銷（正進行中），即使只有25％的市場佔有率，汽車部門照樣賺得嘎嘎叫！

就在我認為通用後市大有可為那週，報上剛好報導通用幾款新車贏得數項大獎，其中包括飽受輕視的凱迪拉克車系，這次又讓專家刮目相看。此外，卡車看來不錯，中型車也很好，而且通用公司現金充裕，足可一展身手。既然通用已是山窮水盡疑無路，任何驚喜當然是柳暗花明又一村！

股票代碼	上市公司	1992.1.13股價
GM	通用汽車公司	31.00美元
PD	菲爾道奇公司	32.50美元

第 16 章

虎落平陽的核電廠

CMS能源公司

　　1950年代公用事業股一度獨領風騷，但此後最大吸引力只剩下優渥股息。對需要固定收入的投資人而言，公用事業股長期上比銀行定存單更具投資效益。定存單只是本金和利息，但公用事業股每年配息不但可能持續增加，而且還有資本利得（即股價價差）。

　　即使近年來美國各地電力需求多不如以往，但在電力股方面，還是有幾支股票表現優異，例如南方公司（Southern Company；五年中由11美元漲到33美元）、奧克拉荷馬天然氣暨電力公司（Oklahoma Gas and Electric；13美元漲到40美元）及費城電力公司（Philadelphia Electric；9美元漲到26美元）等。

　　我在麥哲倫時，公用事業股投資部位偶爾會高達10%，此時通常是利率持續走低，而經濟成長開始翻湧之際。我把公用事業股看成「利率」循環類股，乘利率起落之勢，進出公用事業股。

　　不過我操作最順的公用事業股，通常是那些突然陷入困境，或有大麻煩的公司。在富達公司任職的時候，美國三哩島核能事件爆發，我就從GPU大眾公用公司（General Public

Utilities）大賺一筆，新罕布夏大眾服務公司（Public Service）的公司債，我賺得更多。其他還有長島照明公司（Long Island Lighting）、墨西哥灣電力公司（Gulf States Utilities），以及已改名為能源公司（Energy）的中南公用事業公司（Middle South Utilities）等，都是我「趁火打劫」的對象。而中南公司改名字，讓我想到彼得定理第20條是：

> 企業跟人一樣，若非結婚才改名字，不然就是惹過啥大麻煩，希望大夥全忘了。

剛剛提到那幾家公司，都是因核電廠出問題，或因蓋核電廠致週轉不靈，而名噪一時。投資人若感染幅射恐懼症，相關業者股價當然就垮了。

我在艱困類股中，操作公用事業股會比一般公司順手，是因為公用事業再不濟，都還有政府在後頭撐腰。發電廠股息當然也會縮水，甚至宣布破產倒閉，然而電力為生活必需，電廠不論如何都會撐下去。

從電力、瓦斯的費率、公用事業的盈餘比例，到重大虧損是否得以轉嫁消費者，全都由政府來決定。既然公用事業幾乎各方面都要仰政府鼻息，一旦發生困難，政府總不能坐視不管。

最近我注意到奈維斯特投資銀行集團（Natwest Investment Banking Group），有三位分析家（拉莉、凱勒尼及史密斯），對公用事業股研究相當深入。其中，我和凱勒尼相識多年，他是十分優秀的分析師。

這三位深入探索後，得出一套「公用事業危機週期」的獨

家心得，並舉了四個實例來說明、引證其理論：1973年美國
對伊朗施以貿易禁運，刺激油價暴漲，愛迪生聯合公司
（Consolidated Edison）週轉失靈；投資核電廠，致財務出問題
的能源公司（Energy Corporation）；蓋好核電廠，卻拿不到使
用執照的長島照明公司，以及三哩島核電二廠的老闆，GPU
大眾公用公司，他們出的紕漏可是遠近馳名。

　　這四支出問題的股票均呈重挫，跌勢之猛令人聞之色變。
有些投資人驚慌殺低，等股價反彈，甚至最後回升四、五倍，
當然更「鬱卒」，而那些膽大包天逢低承接的幸運傢伙正在開
香檳慶祝呢！再次證明別人的成功常是閣下的失敗，而他人失
敗正是你的快樂。據奈維斯特三劍客研究，公用事業股起死回
升過程可分四階段，在這期間逢低介入的機會多得很。

　　第一階段是危機爆發期，公司因成本突然增高，來不及轉
嫁給消費者（如愛迪生聯合公司因油價暴漲），或某大額資產
遭凍結，無法正常營運獲利（通常是核電廠），使公用事業業
者盈餘銳減，股價一、兩年內可能就下跌四成到八成，愛迪生
聯合公司股價1974年裡，就從6美元跌為1.5美元，能源公司
在1983至1984年，從16.75美元跌為9.25美元，GPU股價1979
至1981年由9美元跌到3.88美元，長島照明在1983至1984年
由17.5美元跌到3.75美元。大夥都以為公用事業股最是穩當安
全，詎料也會重挫大跌，真把大家嚇壞了。

　　很快地，剛打入敗部的公用事業股，股票市價總值大約只
有帳面價值的二到三成。股價所以重挫，是因為華爾街擔心這
家公用事業業者可能遭受重擊後就此不起，特別像價值數十億
美元的核電廠若出問題，絕非一般企業承受得了。至於要多久

才能敗部復活,則各家不一,有些可能會熬相當久,例如長島
照明一度瀕臨破產,股價連續四年僅及淨值三成。

第二階段是危機處理期,業者開始裁減支出,緊縮預算以
應橫逆,其中一個方法就是降低股利或停發,這時業者情況看
來還有救,但投資人早都嚇軟了,股價不會反映此一利多。

第三階段為財務穩定期,業者已嚴格控制成本,整個體系
足以仰賴用戶收入正常運作。資金市場或許仍不願提供貸款,
業者也無法替股東多掙一毛錢,但公司毫無疑問可以存活下
去。此時股價稍見回升,約為淨值的六至七成,前兩階段大膽
搶進者,此時已獲利一倍。

第四階段就是重現江湖,公用業者恢復獲利,華爾街認為
盈餘將獲改善,股利也會恢復發放。至於重現江湖後,公用業
者能否回復舊觀,甚至進一步大展身手,主要看兩個關鍵:第
一,資金市場的接受度。若缺乏資金,業者難以擴充營運,增
加用戶;第二,主管機關的支持度,亦即能否調高費率,反映
更多成本。

如圖16-1到16-4所示,為上述四支公用事業股股價走勢,
閣下顯然不必急著殺進殺出,就能賺很多錢。大可等到情況緩
和,悲觀預期不攻自破再進場,股價還是能漲兩、三倍。

在公司宣布不發股利時逢低敲進,然後等利多獲利了結,
不然就是在第二階段的處理期,第一次有好消息出現時進場。
投資這種股票最常見的情況,就是股價才剛反彈一段,大家就
以為行情已經過了,例如股價跌到4美元又反彈為8美元時,
許多投資人就大打退堂鼓,以為早已錯失良機。其實核電廠出
紕漏是天大的問題,要恢復過來會花很長一段時間,所以錯過

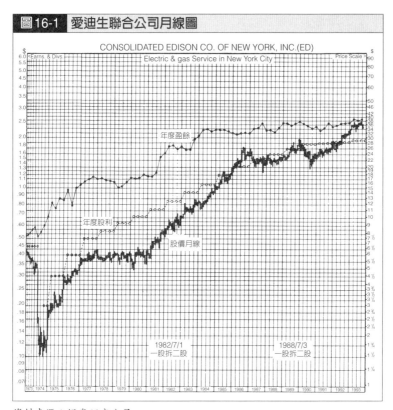

圖16-1 愛迪生聯合公司月線圖

CONSOLIDATED EDISON CO. OF NEW YORK, INC.(ED)
Electric & gas Service in New York City

年度盈餘

年度股利

股價月線

1982/7/1
一股拆二股

1988/7/3
一股拆二股

資料來源：證券研究公司。

最低價沒啥好扭扭捏捏的。

　　跟歌劇不同的是，核電廠出問題比較可能喜劇收場。所以操作艱困公用事業股很簡單，宣布不發股利，股價大跌後逢低承接，等恢復發放時，閣下就等著數鈔票就是了。這種方法成功率絕佳。

　　1991年春天，奈維斯特三劍客又報了五支艱困公用事業股明牌（GS灣州公司、伊利諾電力、尼加拉摩霍克、西峰和新

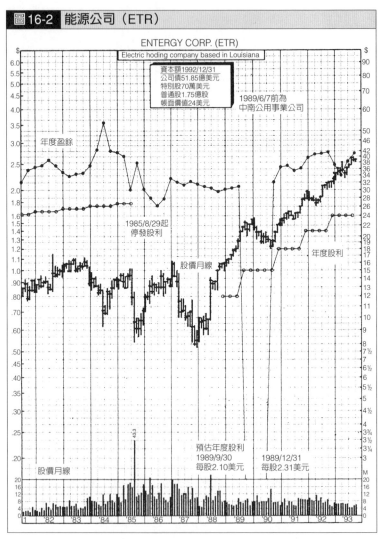

図16-2　能源公司（ETR）

ENTERGY CORP. (ETR)
Electric hoding company based in Louisiana

資本額1992/12/31
公司價51.85億美元
特別股70萬美元
普通股1.75億股
帳面價值24美元

1989/6/7前為
中南公用事業公司

年度盈餘

1985/8/29起
停發股利

股價月線

年度股利

股價月線

預估年度股利
1989/9/30
每股2.10美元

1989/12/31
每股2.31美元

資料來源：證券研究公司。

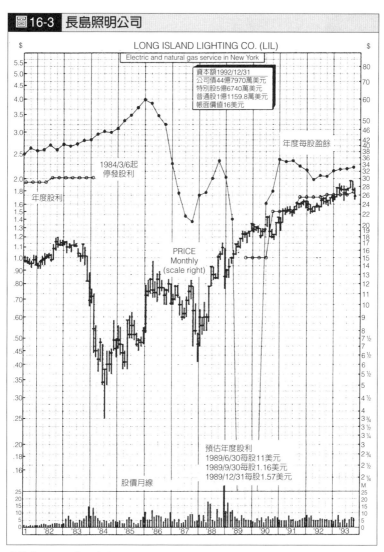

図16-3 長島照明公司

資料來源：證券研究公司。

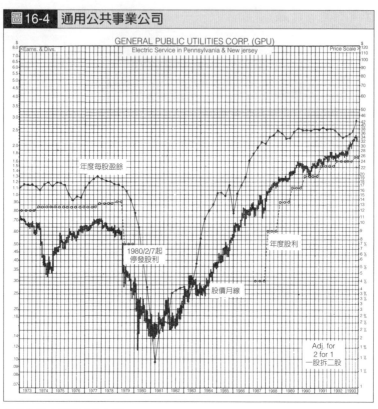

圖16-4 通用公共事業公司

GENERAL PUBLIC UTILITIES CORP. (GPU)
Electric Service in Pennsylvania & New jersey

年度每股盈餘

1980/2/7起
停發股利

年度股利

股價月線

Adj. for
2 for 1
一股拆二股

資料來源：證券研究公司。

墨西哥大眾服務公司），這五家公司分別在敗部求生的不同階段，每支股價都低於淨值。不過敝人另有所見，在《巴隆週刊》推薦的是CMS能源公司（CMS Energy）。

CMS能源原名為密西根消費電力公司（Consumers Power of Michigan），蓋了米德蘭核電廠後，就決定易名行走江湖，當然是希望股東把核電廠這碼事給忘了。這支股票過去都在20多美元，1984年10月宣布停發股利，不到一年股價就跌到谷

底，每股只剩4.5美元。

　　當年的消費電力公司（即CMS能源）申請設立核電廠，興建計畫也經州電力委員會核准。於是該公司投下大筆資金，以為完成後政府一定批准啟用，而當地電力委員會也一向支持興建核電廠。結果政府在最後一刻撒手，消費電力遭此重創，真是一敗塗地。

　　蓋了核電廠又不准啟用，消費電力就得提列投資損失40億美元。而華爾街袞袞諸公，紛紛預言消費電力公司快倒囉！

　　但終究還是撐下來了，1980年代末CMS公司把英雄無用武之地的核電廠，改為天然氣發電廠（由CMS最大客戶，道氏化學公司協助）。雖然這個天然氣電廠造價未免太高，總比提列40億美元損失划算多多。氣電廠於1990年3月正式運轉，等於每千瓦耗資1600美元，總比一瓦都沒來得好，發電狀況也相當不錯。於是股價開始回升，一路漲回36美元，五年翻九倍。不過最近密西根大眾服務委員會幾項費率決策，都對CMS公司不利，股價再跌為17美元，這時候我注意到這支股票。

　　CMS情形最初是由富達特殊狀況基金經理人法蘭克（Danny Frank）跟我說的，他曾研究過好幾家出問題的核電廠。經法蘭克深入調查後發現，CMS問題是因為管理機關搞鬼，這種情況股價不該下跌五成。

　　1992年1月6日，我跟CMS新總裁福萊林（Victor Fryling）搭上線，幾年前他在海岸能源油管公司時，我就認識他。福萊林向我透露幾項有利發展，首先是米德蘭電廠改以天然氣發電後，每千瓦發電成本僅6美分，不但低於核電廠的13.3美分，也低於新式火力發電廠的9.2美分。米德蘭電廠正是低成本事

業單位,好極了。

其次,密西根州電力需求已連續成長12年,即使1991年經濟不景氣,全州用電量仍增加1%。而為了維持尖峰用電時段,CMS公司發電預備產能僅19.6%,以電力業而言相當低。儘管電力需求持續增加,美國中西部最近新電廠卻興建不多,而一家新電廠從興建到真正運轉,再快也得六年,拖得久可能要12年。此外該區有些老電廠,已屆退休年限。念過一點點經濟學的都曉得,當供不應求時,價格就會上升,而漲價就代表獲利增加。

興建核電廠失利,不但讓CMS公司陣腳大亂,而且留下大筆負債。為了把核電廠改為氣電廠,CMS公司發行10億美元公司債以為融資(市場對這批公司債頗具信心,公開發行後價格即見上揚),另外CMS也曾發行5億美元的長期公司債,幸好到期日都在十年以後。如果企業高額負債,你絕不希望有人馬上來要債。

當時CMS公司的利息支出可不少,不過我從資產負債表得知,現金流量足以支應這筆錢。我把盈餘加上設備折舊金額,除以總股數,發現每股現金流量還有6美元。由於CMS公司發電設備都相當新,維修費不會太高,所以列於折舊項下的資金,就能善加利用,如股票回購、併購其他公司或增發股利,這些作法都對股東大有好處。我個人比較中意股票回購和增發股息兩種做法。

我問福萊林準備如何支配這筆資金,他指CMS公司打算擴建氣電廠,並改善輸電管線,提高效率。這兩項都能提升發電產能,根據訂定費率主管單位提供的計算公式,如果發電產

能提高一成，獲利也會增加一成。所以公用業者增建電廠（當然得拿到營運許可才行），或以其他方式提高產能，股東當然都樂觀其成。

我們也談到CMS公司在厄瓜多爾和柯諾可公司（Conoco）共有土地發現石油一事。CMS公司預計1993年開始開採，如果一切都按照計畫順利進行，CMS公司1995年石油利潤可達2,500萬美元，平均每股20美分。福萊林也指出，CMS子公司電力集團（Power Group）所有的幾家電廠最近雖在賠錢，但1993年可望轉虧為盈。

CMS公司原本準備提供經驗，協助長島照明公司把因政策問題停擺的索漢核電廠，改為天然氣發電。但因主管當局作梗，協助計畫已在1991年告吹。

出問題的公用事業能否起死回生，最後全看主管機關是否願意鬆手，讓業者能把損失轉嫁給用戶。不過就CMS公司來看，主管的密西根州委員會，顯然不願讓CMS太好過。該委員會曾連續訂出三項偏低的費率，來修理CMS公司，而且拒絕該公司把氣電廠發電成本全額轉嫁給消費者。

最近密西根州委員會改組，CMS公司認為新委員會比較「友善」一點。雖然只是不那麼敵視CMS公司，已是謝天謝地了。而且新委員會最近公布的研究報告，也不再窮追猛打，建議對CMS公司做些讓步，不久委員會就會投票決定。

如果CMS公司這次能獲得委員會的支持，預料明年度每股盈餘可達2美元，高於華爾街預估的1.3美元，而且未來也會穩定成長。這就是我推薦這支股票的原因。

事實上，投資CMS公司也絕非只是在賭密西根州委員會

的態度而已。長期而言，不管CMS公司未來和主管機關相處
融洽與否，都難以阻擋該公司邁向成長之路。挾龐大現金流量
之利，CMS必然再度躋身優秀企業之列，到時融資成本自可
降低。

　　這次投票若所有議案都對CMS公司有利，則每股盈餘可
望有2.2美元，否則也尚有1.5美元，但不管怎麼樣，長期是一
定會成長的。如果委員會故意限制盈餘比率，那麼CMS公司
也可運用手上資金，設法提高發電產能，從內部來壯大自己。
推薦之時股價為18美元，仍低於淨值，因此獲利潛力大而風
險低。

　　要是閣下不喜歡CMS能源公司，最近正在走楣運的新墨
西哥大眾服務公司（Public Service Company），也值得研究一
番。不然亞歷桑納州更倒楣的土孫電力公司（Tucson Electric）
也很適合，其股東關係室最近一定有空接待諸位。

股票代碼	公司名稱	1993.1.13股價
CMS	CMS能源公司	18.50美元

山姆叔叔大特賣

第二代聯盟資本公司

　　如果遇上國營企業民營化，官股釋出，不管是美國還是英國政府大特賣活動，我都盡量參加。以民營化活動而言，現在不那麼大的大英帝國，可是超越美國不少，幾乎各個產業都有，從自來水廠到航空公司，應有盡有。倘若放任美國財政赤字持續膨脹，總有一天我們要把國家公園、甘迺迪太空中心，甚至連白宮的玫瑰園民營化，才能籌到錢來付國債利息。

　　民營化的概念其實頗為奇特，原本屬公眾共有之物再賣給公眾，就成私有財產。但從實際立場來看，美、英政府官股釋出，就是投資大好良機。

　　原因很簡單。民主國家的執政黨為了保有政權，無不卯足勁，全力拉攏選民，而投資人不正是選民嗎？內閣官員為求連任早已疲於奔命，萬一遇上一堆被電話公司或天然氣公司套牢的選民大爺，哪吃得消哩？

　　英國政府1983年剛推動民營化時，馬上學到教訓。當時兩家民營化先鋒，英國石油公司（Britoil）和愛默宣國際公司（Amersham International）上市價過高，之後股價未升反降，激起廣大民怨。此後當局小心翼翼，慎訂上市價，投資人就不

太容易吃暗虧了，至少不會上市就套牢。英國電信公司上市時，300萬人搶著敲進，才第一天就漲一倍，難怪保守黨一直不下台。所以彼得定理第21條是：

> 不管英國女王賣什麼，都接！

幾年前，有英國代表團到富達公司找我，提出一份很棒的投資案。他們自稱是某某勛爵、某某公爵，帶來一大綑國營自來水集團的民營化說明書，說明書設有編號，好像限量發行的珍貴善本。封面上還分別印上民營後新公司的標誌和名字，像約克夏自來水公司、威爾斯自來水公司等等。

當時麥哲倫已經參加過英國電信（當時最大規模的民營上市案；40億美元）和英國航空公司的上市狂歡節，可是從沒想過投資自來水公司也這麼有賺頭。自來水公司當然是獨佔事業，全世界都一樣，而投資獨佔事業是再好不過的了。英國各地自來水公司民營化前，政府也吸收大部分債務，以求順利上市。

這些英國的自來水公司上市時，大都沒有什麼負債，再加上政府給的豐厚嫁妝，當然都能踏出成功的第一步。自來水公司也計畫以十年為期，逐步改善供水系統，資金來源一部分還是靠政府，其他則提高費率讓用戶負擔。

英國代表表示，英國水費很便宜（每年100英鎊），就算調高一倍，用戶也不會抱怨。就算抱怨又怎樣？不高興別用嘛！這當然不可能，英國用水需求每年增加1%。

這些自來水公司也訂出分期購股方式，跟買汽車、音響一樣，先付四成頭款，餘款可分12個月或20個月繳清。英國電

信公司上市時，就以這種方式來吸引投資人，上市價為30美元，但投資人只要先付6美元，一旦股價漲到36美元，投資人若獲利了結，投資報酬率百分之百。

　　當英國電信公司上市時，我並沒想通這種繳付部分股款方式有啥好處。當時英國電信股價一路急飆，我還覺得奇怪，後來知道部分繳款的妙處後，英國佬搶成一團確有其理！現在自來水公司也準備如法炮製了。

　　除只須繳付部分股款外，自來水公司也預定發放8%股息，亦即以四成股款買了股票，一年後還能領到投資總價8%股息，如果依照實際繳付的股款計算，光這12個月投資報酬就高達20%。

　　既然當局已經使出渾身解數，英國自來水公司股票上市必然十分搶手。上市前英國保留部分股票，向美國的基金和其他法人機構兜售，我的麥哲倫基金當然不放過任何機會，分配到的每一股都要，上市後還在倫敦交易所大肆收購，三年後這五支自來水公司股票都漲了一倍。

　　事實上其他民營化的英國企業股票，表現也都跟自來水業者一樣好，甚至上市才半年、一年股價就漲一倍。參見表17-1，任何投資人都能利用民營化股票猛撈一票。

　　而不管是哪裡，菲律賓、墨西哥或西班牙，只要有電信公司民營化，絕對不要放過！各國政府都努力改善電信品質，開發中國家電話需求量尤其大，所以電信公司每年都能成長兩成到三成。這些電信公司成長率跟小型成長類股一樣，企業規模和穩定性跟績優股不相上下，而且還有獨佔利益的保障。要是閣下沒趕上1910年的AT&T，1980年代末的西班牙、墨西哥

表17-1	英國女王的大拍賣投資		
公司名稱	發行日期	一年後漲幅（%）	
英國航空公司	2/81	103.0	
英國瓦斯公司	12/86	194.0	
英國鋼鐵公司	12/88	116.0	
英國電信公司	11/84	200.0	
諾森自來水公司	12/89	75.9	
賽文特倫公司	12/89	54.6	
威爾斯自來水公司	12/89	76.9	
約克夏自來水公司	12/89	74.4	

電信公司，還是能讓你有所彌補。

麥哲倫基金就在墨西哥電信公司上賺很多錢。你不用到墨西哥，也知道投資其電信公司一定大賺。要發展經濟，一定要有良好的電信品質，這跟交通運輸系統一樣重要。當局也很清楚，電信業者資金充裕，管理完善，才能維持良好通話品質，而公司、股東一起賺錢，才能吸引更多資金進入墨西哥。（表17-2，是新興國家電信公司上市後的情況）

至1990年為止，全球的國營企業民營化總值2,000億美元，以後只會更多。法國已把電力公司、火車公司賣了，蘇格蘭賣了水力發電廠，西班牙和阿根廷都把石油公司賣了，而墨西哥也賣了航空公司。有一天，英國還會再賣鐵路和港口，日本賣子彈列車，泰國賣航空公司，希臘賣水泥公司，葡萄牙賣電話公司。

美國國營企業很少，因此民營化上市案比國外少得多，美國的石油、電話和電力公司一開始就是民營的。最近金額最大的民營上市案，就是聯合鐵路公司。聯合鐵路原由破產的賓州

表17-2	開發中國家電信公司	
公司名稱	漲幅（%）	時間
智利電信公司	210.0	7/90-9/92
墨西哥電信公司	774.8	7/90-9/92
香港電信公司	72.3	12/88-9/92
西班牙電信公司	100.0	6/87-9/92
菲律賓長途電信公司	565.0	1/90-9/92

根據美國市場行情，以美元計價。

中央鐵路公司和其他五家同病相憐的鐵路業者合併而成。美國政府接手聯合鐵路公司多年，一共虧掉70幾億美元。後來雷根政府裁定，民營化才是解決之道。

當時部分政治團體傾向於由鐵路同業來接手，其中諾福克南方公司最有可能。但國會數次討論後，主張開放給公眾參與的民主派佔上風。1987年3月聯合鐵路公司正式股票上市，以總額16億美元創下美國史上最大民營化紀錄。為求順利上市，官方花大錢整修鐵路及諸多設備，並挹注資金，簡直為它鍍了一層金粉。結果當時以10美元上市的股票，現在已漲到46美元。

在聯鐵上市慶祝會上，雷根總統打趣說：「好，那咱們何時候賣田納西流域管理局（TVA）？」這當然是在說笑，如果是真的，我早去排隊申購了。據說以前美國鐵路公司（Amtrak）曾經討論要民營化，另外加州和懷俄明州的海軍石油儲庫等也提過，這些我也都願意排隊搶購。我想，搞不好哪天國家美術館、海軍軍樂隊或尼加拉大瀑布，都可能賣掉。

不過在我準備《巴隆週刊》推薦股時，並沒有什麼令人興奮的民營上市案，已經民營化的企業，如墨西哥和西班牙電信

公司,去年早已漲了一大段,後市應該還是看漲。但是,1992
年難道就沒有民營化的錢好賺嗎?不會的,只要有RTC信託公
司(Resolution Trust Corportion),就有希望。

　　第12及13章裡,我們曾討論怎麼利用經營不善的儲貸機
構煉金,辦法就是有些穩健的儲貸機構會收購倒閉者,閣下再
去買那些穩健經營的,就能賺到錢。另外還有一個方法,就是
投資聯盟資本公司(Allied capital)。

　　美國創業投資業者很少有股票上市的,聯盟資本即是其中
之一。該基金主要對小企業放款,除有高額利息收入外,也得
以取得貸款企業的股票選擇權或認股權證,一旦貸款人生意作
起來,聯盟資本就跟著沾光。由於創投業利潤極高,因此1960
年第一代聯盟資本公司上市時,若投資1萬美元,現在已增值
為150萬美元了。

　　現在我家有台空氣清淨機,就是聯盟資本的成功投資。這
台清淨機效果驚人,幾乎把所有灰塵都過濾掉了,我家現在的
空氣品質大概可以媲美基因工程實驗室。因為我自己用了很滿
意,還特別買了兩台送給我岳母和祕書。這種清淨機是由環護
公司(Envirocare)製造生產,聯盟資本除有放款利息外,還
握有許多環護公司的股票。

　　最近一些成功經營第一代的人,又設立第二代聯盟資本公
司(Allied Capital II),集資9,200萬美元,在櫃台市場上市。
二代聯盟作法跟第一代一樣,由創始人以原始籌集的9,200萬
美元發行股票,在櫃台市場再籌到9,200萬美元,以1.84億美
元的總資金收購高利率(比方10%)債權。

　　如果二代聯盟的融資成本為8%,而債權利率為10%,光

是利率差額就足以讓投資人滿意，何況貸款企業一旦功成名就，基金本身握有的股票也能大賺一筆，而且二代聯盟人事精簡，經營費用不高。

聯盟資本能否成功，關鍵在於能否切實執行債權，把錢要回來。跟銀行業不同的是，聯盟資本中的放款單位，對貸款人非常挑剔，擔保品的要求也很嚴格。而據我所悉，第二代聯盟基金最近正準備向RTC信託公司買進債權。

RTC信託主要是接收倒閉的儲貸機構的資產，所以大夥都以為RTC公司只會出售公寓住宅、高爾夫球場、鍍金餐具或是一些中古噴射機。不過RTC手中一些莫名其妙的債權，同樣待價而沽。其實這些債權不見得都是地雷，有些債務人信用還是很不錯，而且擔保品也確實可靠。

這些債權中，額數達幾百萬美元的，華爾街的投資公司和大銀行買下不少。但一些只有100萬美元或更低額的債權，則不易脫手，而這就是二代聯盟的目標。

我打電話給第二代聯盟資本公司，確認當初那票人馬是否還是做決策的人，答案是：沒錯。二代聯盟目前股價19美元，股利率為6%。直接投資二代聯盟的股票，似乎正是利用倒閉儲貸業賺錢的簡單方法。況且，儲貸業紓困基金不正是民脂民膏嗎？怎能不趁機撈點回來。

股票代碼	上市公司	1992.1.13股價
AL II	第二代聯盟資本公司	19.00美元

芬尼梅大事紀

第 18 章

　　從1986年開始,我每年都在《巴隆週刊》上推薦芬尼梅
(Fannie Mae),不過日久疲頑,一喊久恐怕投資人都麻痺了。
1986年我說芬尼梅「是美國最棒的企業,一點也不誇張」。芬尼
梅的員工只有富達公司的八分之一,但獲利卻是富達的十倍。
1987年我說它是「終極儲貸機構」,1988年我又說「這家公司比
去年更好、更棒,但股價反而低8%」。1989年巴隆座談主持人問
我最看好哪支股票,我說:「以前你早就聽我說過了,聯邦國民
抵押貸款聯合公司(Federal National Mortgage Association)。」

　　芬尼梅總公司的照片,得以在辦公室和我的全家福照片掛
在一起,不是沒有原因的。睹照思物,光想到那個地方,就讓
我覺得別溫暖。這支股票實在太好了,股票代碼FNM應該特
別保留起來,永遠不准別家公司使用。

　　在我掌控麥哲倫基金的最後三年裡面,芬尼梅一直都是最
大投資部位,總值高達50億美元。富達公司其他基金也很捧
芬尼梅的場,不管是股票還是認股權證,富達公司上上下下,
在1980年代中光靠芬尼梅一家公司,就賺了十多億美元。

　　最近我正準備把紀錄寄到金氏紀錄,希望把芬尼梅股票列

入，因為這是全世界唯一讓單一基金公司賺最多錢的股票。

芬尼梅漲勢很明顯嗎？現在來看，誰也不會懷疑。不過股票不會自己向你招手，而且幾年來總有擔心、憂慮之時，然而總之是看好芬尼梅，對芬尼梅有信心的投資人佔大多數。所以，你必須比別人更瞭解這支黑馬股，比別人更有信心，才能持股緊抱，坐享其成！

一家公司若潛力老被低估，股價漲勢相對更猛。相反的，若一開始被高估，股價就會從高檔慢慢走低。如果你看好的股票，市場卻普遍不看好，你就得一而再、再而三地檢視基本面，確定自己不是盲目樂觀才行。

股價情勢永遠在變，可能更好，也可能更糟，投資人必須順勢調整，才不會被股市狂潮給吞沒。可是對芬尼梅公司，華爾街一直不太注意。芬尼梅過去獲利起伏不定，讓許多投資人如墜五里霧中。不過我倒看對了這支股票，雖然沒有一開始就抓準。儘管半路才上車，也讓當初兩億美元的投資狠狠賺了六倍。以下就是敝人的芬尼梅大事紀。

1977年

我第一次買進芬尼梅，當時股價五美元。那時候我對芬尼梅知道什麼？芬尼梅成立於1938年，原屬國營企業，1960年代民營化。其業務為抵押放款，實際作法則是向銀行及儲貸機構收購長期債權。所謂「借短放長」，就是芬尼梅的賺錢法寶，先在短期資金市場以低利率籌得資金，再收購高水準固定利率長期債權，利差自然落入荷包。

這種借短放長的作法，在利率持續下跌時很有效。一旦利

率走軟，芬尼梅就能賺很多錢，因為一方面短期利率持續下跌，資金成本降低，而收購進來的長期債權，利率則固定不變，利差自然持擴大。不過在利率攀升時，芬尼梅可能就會虧得很多錢。

第一次買進芬尼梅後，才幾個月就脫手，小賺一點，因為我認為利率要開始上揚了。

1981年

這時的芬尼梅可是倒楣透頂，在1970年代中期所買的長期債權，大概只能收到8%到10%的利息，短期利率卻飆到18%至20%。想想看，如果賺9毛，花18毛，你能撐多久？投資人對這種情況也都很清楚，所以1974年還在9美元的芬尼梅，這一年慘跌到每股2美元的歷史最低點。

這時候的貸款市場可是天地倒轉，債務人高興得要命，債權人愁眉苦臉。那些借錢買房子的人可能會說：「我這房子嘛，不怎麼樣，可是我那筆抵押貸款簡直帥呆了！」為了保住這個低利率時借到的抵押貸款，即使大門面對垃圾山都捨不得搬家。這對放款的銀行當然很糟，對芬尼梅簡直就是大災難。這時市場常有謠言，說芬尼梅撐不下去了。

1982年

我注意到芬尼梅正在脫胎換骨，醜小鴨快要變天鵝了！以研究芬尼梅聞名的格魯脫證券公司（Gruntal & Co.）分析師史奈德（Elliot Schneider），有次對客戶說：「如果是人的話，芬尼梅是那種誰都想娶回家當老婆的好女人！」

　　過去芬尼梅獲利起起落落，極不穩定。今年賺個幾百萬，明年可能又虧光。不過芬尼梅不甘如此冷縮熱脹，準備讓自己破繭而出。等到一位叫麥斯威爾（David Maxwell）的先生入主芬尼梅，好戲就要開鑼了。麥斯威爾是個律師，先前在賓州保險局當局長。過去麥斯威爾曾開設抵押貸款保險公司，經營得非常好。這位先生是個大行家喔！

　　麥斯威爾決定穩住芬尼梅獲利，不再像以前那樣起伏不定，他要讓這家公司天蠶再變，成為獲利穩定的成熟企業。麥斯威爾雙管其下：第一，揚棄過去借短放長的經營方式；第二，師法聯邦房屋抵押貸款公司（Freddie Mac; Federal Home Loan Mortgage Corporation）。

　　聯邦房屋抵押貸款公司也是由聯邦政府設立，到1970年才民營化，該公司只收購儲貸機構的抵押債權。原本應該也是收購債權後，抱著收利息，坐著等本金的聯邦房屋押貸款公司，卻率先跳脫窠臼，玩出「綜合債權」（packaging mortgage）的全新把戲。

　　綜合債權的概念再簡單不過了。聯邦房貸買來債權後，再綜合調理一番，把幾個債權變成一個有擔保，且證券化的債權，又賣回給銀行、儲貸機構、保險公司，大專院校或公益基金等等。

　　芬尼梅把聯邦房貸這套全抄過來，於1982年也大大方方做起綜合債權的生意。比方說，閣下以住屋作擔保，向X銀行貸款，X銀行把閣下的抵押債權賣給芬尼梅，芬尼梅又把幾個抵押債權綜合在一起，成為「有抵押品的證券」（mortgage-backed security），就能再賣給任何人，包括原始放款銀行。

　　發售綜合債權，讓芬尼梅賺了不少錢。而且債權買進、整

理後，馬上賣出去，也避開起落無常的利率風險。

而芬尼梅等機構作的抵押債權證券，也很受金融業者歡迎。在抵押債權證券未出現以前，銀行或儲貸機構通常有一大堆小額抵押債權，這些債權不但不易追蹤，而且缺錢週轉時，也很難賣。現在放款業者大可把這些小額抵押債權賣給芬尼梅，一方面馬上能回收資金，承做更多放款，再者若需要抵押債權做為資產，只要買進抵押債權證券即可。

因為買賣雙方都有利可圖，因此抵押債權證券很快自成一個市場，大夥在此喊進叫出，跟股票、債券一樣流轉極快。起先只有幾千、幾萬個抵押債權證券化，很快就變成一個一年3,000億美元的大市場，比鋼鐵、煤炭或石油市場都大。

但是在1982年時，我還是認為芬尼梅是靠利率吃飯的。當時因利率正走軟，所以我第二次敲進芬尼梅。1982年11月23日，我電話採訪該公司後，在筆記本寫下：「我認為他們每股盈餘可達5美元……」芬尼梅價一向急漲驟跌，這年也不例外，突然從2美元飆到9美元。股票變動情況跟景氣循環類如出一轍：1982年該公司虧損，但股價反而上漲四倍，投資人認為下波行情就快來了。

1983年

2月時我打電話到芬尼梅，當時該公司新推出的抵押債權證券，每個月經營額約10億美元。不過我突然想到，芬尼梅像是一家銀行，但比銀行業更具優勢。普通銀行業者經營費用大約是營業額的2%到3%，但芬尼梅只有0.2%。芬尼梅不養個大飛船做廣告，不送烤箱、烤麵包機給客戶，也不必花大錢

請明星為抵押債權證券打電視廣告。芬尼梅只在美國四個城市，開設四家分公司，全部員工約僅1,300人。美國商業銀行光是分支機構的數目，大概就跟芬尼梅的員工一樣多。

而且拜其半官方形象所賜，芬尼梅的資金成本比銀行低，比IBM、通用汽車或其他數以千計的私人企業還要低很多。所以，芬尼梅得以8%利率借到15年期的貸款，再以之買進利率9%的15年期抵押債權，一個百分點的利差就是利潤。

一個百分點看來好像不多，但美國的銀行、儲貸機構或其他金融機都賺不到一個百分點的利差。何況，如果能作1,000億美元的生意，不就賺10億美元嗎？

1970年代買的低利長期債權開始減少，不過進展緩慢。等低利的老債權逐一到期，芬尼梅自然會買進高利率的長期債權。目前這些老債權總額約600億美元，平均利率大約是9.24%，可是資金成本高達11.87%。

現在市場開始注意到這支股票，例如美林證券（Merill Lynch）的海爾思（Thomas Hearns）、貝爾史登證券（Bear Stearns）的艾培特（Mark Alpert）及渥海姆證券（Wertheim）的柯林根史坦（Thomas Klingenstein）等人。很多分析師都看好芬尼梅，認為利率一旦逐步走低，芬尼梅「獲利會跟著大爆炸」。

1984年

芬尼梅投資部位，只佔麥哲倫的0.1%，不過這已夠維繫我們的關係。到年底，我很小心地增加到0.37%。這一年裡面，芬尼梅股價又見腰斬，從9美元跌到4美元，原因還是過去的老問題，利率上揚，獲利又黑鴉鴉！抵押債權證券雖然賺

了點，卻又被1970年代那些低利債權啃光。

為有效控制金成本，芬尼梅決定發行三年、五年及十年期債券來籌錢。雖然這樣利息負擔會加重，短期內對盈餘不利，但長遠來看，獲利狀況多少可以脫離利率循環，不再跟著打擺子。

1985年

我開始看出芬尼梅是匹千里馬。抵押債權證券大有搞頭，現在芬尼梅一年承做230億美元的抵押債權證券，比前兩年增加一倍。低利老債權陸續到期，無底洞總算快填平了。

不過新問題又來了，這次不是利率，而是德州。先前美國的石油熱，吸引許多人到德州購屋置產，抵押貸款成數高達九成五。但石油熱一退潮，很多債務人一走了之，把房子套給銀行或儲貸機構，而芬尼梅正是這些債權的大盤！

5月時，我出差到華盛頓，親自向麥斯威爾請益。當時抵押債權業有幾家已經三振出局，因此倖存各家獲利率跟著提高，這對芬尼梅的盈餘想必大有幫助。

芬尼梅的表現愈來愈令人刮目相看，我對之倚重愈深，現在芬尼梅在麥哲倫基金已佔2%，為十大持股之列。

從7月開始，我定期和芬尼梅股務課的派金（Paul Paguin）聯絡，以掌握最新的基本面訊息。我公司的電話帳單上，最常出現的兩個號碼，一個是家裡，一個就是芬尼梅。

現在該對這支頗具風險的潛力股徹底檢討了：如果萬事順利，到底能賺多少？我細細思量，如果抵押債權證券的收入能抵掉一般支出，而手中握有的1,000億美元債權能賺一個百分點的利差，每股盈餘即達7美元。以當時股價計算，本益比只

有一倍！那還等什麼？

剛開始研究芬尼梅時，每次跟他們談過後，就寫下一頁又一頁的心得。現在我也算半個專家了，僅簡單記下最新狀況即可。

去年芬尼梅每股虧損87美分，今年則有盈餘52美分，而股價又從4美元漲到9美元。

1986年

我稍趨保守，芬尼梅投資部位現在佔麥哲倫的1.8%，華爾街對德州倒帳情況，還是相當擔心。不過5月19日我筆記裡有個更重要的消息：芬尼梅又賣掉100億的低利老債權，現在這些賠錢貨只剩300億美元。這是我第一次開悟：「光靠抵押債權證券，這支股票就值得期待！」

後來又有個好消息，芬尼梅對新抵押債權的放款標準，開始趨於嚴格。非常明智，下次景氣衰退就不至傷得太重。當其他銀行業者大肆放款，稽核手續愈趨簡化的同時，芬尼梅卻反其道而行，大概在德州吃夠的苦頭。

過去芬尼梅一些問題，使得外界尚難看出抵押債權證券這隻金雞母。一旦再融資業務風行，抵押債權證券必成氣候。即使新屋成交清淡，抵押債權市場照樣成長。老人家把老房子賣給年輕人，新的抵押債權也跟著出現，這些債權最後都會流向芬尼梅，芬尼梅改裝成抵押債權證券，就能賺更多錢。

芬尼梅成功地重新塑造自己，現在已到了1983年時，分析師柯林根史坦所預見的大爆炸邊緣了，可是許多分析師至今仍抱持疑慮。蒙哥馬利證券公司（Montgomery Securities）對客戶說：「據我們研究，和一般儲貸機構比起來，芬尼梅股價

太高。」一般儲貸機構跟芬尼梅能比嗎？蒙哥馬利證券還說：
「最近油價大跌，對芬尼梅在該地區（指美國西南部）共185
億美元的抵押債權非常不利。」

低利老債權又卸掉一些。芬尼梅再賣出100億美元的賠錢
貨。今年最後五個月內，芬尼梅股價由8美元漲到12美元，全
年每股盈餘共計1.44美元。

1987年

這一年麥哲倫投資芬尼梅部位，在2%到2.3%間，股價先
在12美元到16美元之間遊走，後來遇上10月19日大崩盤，股
價跌到8美元。分析師對其信心再度動搖。

不過我這方面頗有進展。2月中，在一次研討會上先後跟
四位芬尼梅主管談過，察知抵押流贖愈來愈多，在德州套上不
少房子。呆帳增加，抵押房產一間一間貼上來，芬尼梅在德州
變成地產大亨了！

光要處分那些房子，芬尼梅駐休斯頓的38位員工就忙得
半死，公司方面也增加數百萬美元支出，以後還得再花幾百萬
美元整修，好再脫手。但目前房地產市況零落，買氣低迷。

美國地產景氣惡化到阿拉斯加都出問題，幸好阿加斯加房
地產市場很小，對芬尼梅影響不大。

不過我認為，芬尼梅還是小瑕不足掩大瑜，一年能做
1,000億美元的抵押債權證券生意，還怕啥？而且芬尼梅成功
地穩定獲利，現在不會再像景氣循環類股一樣，起落無常。如
今，芬尼梅跟布里斯托─麥爾公司（Bristol-Myers）或奇異公
司（General Electric）一樣，獲利穩定成長，盈餘水準再也不

打擺子，忽冷忽熱。不過芬尼梅成長速度比布里斯托—麥爾公司還快，每股盈餘再成長為1.55美元。

10月13日，崩盤前六天，我打電話給芬尼梅執行長麥斯威爾，請教利率因素對目前獲利影響，麥氏指即使利率上揚3個百分點，每股盈餘只會減少50美分而已。芬尼梅，不再是過去仰利率鼻息的醜小鴨。現在他們昂首闊步，以全新姿態出現，芬尼梅變天鵝了。

跟所有股票一樣，芬尼梅股價在大崩盤時跌了一大跤。投資人驚慌失措，一陣亂砍，分析師更是危言聳聽，以為世界末日快到了。不過我卻相當鎮定，因為芬尼梅的抵押流贖率雖然還在增加，但債款拖欠逾90天的比率則逐漸減少。先有賴帳，抵押品才會被程序處分，所以賴帳的減少，表示芬尼梅已經走出谷底了。

在股市哀鴻遍野之際，我勉勵自己看得更長遠，覺得芬尼梅怎麼看，都是支好股票。如果情勢更糟，芬尼梅會怎樣？要是經濟衰退演變成經濟蕭條，那利率一定降低，芬尼梅更有機會以低利取得短期資金。只要投資人、消費者還需要抵押貸款，芬尼梅一定是世界上最賺錢的公司。

如果世界末日到了，恐怕也沒人會去付貸款。這時候芬尼梅一定會垮，不過整個銀行體系，和所有阿里不達體系全部會垮，反正你到哪也逃不掉。但世界末日不是明天就到，而房子是大夥一定會堅守到底的（或許休士頓例外）。所以想賭一下人類文明何去何從嗎？就買芬尼梅的股票吧！

想來芬尼梅和我心有靈犀，在大崩盤以後，馬上宣布股票回購計畫，最多準備買回500萬股自家股票。

1988年

一樣米養百樣人,可以買進的股票,也分很多種。有「其他還能買什麼」型的,有「這支應該會漲」型,有「先買,過幾天就賣」型,有「幫我岳母、叔叔伯伯、姑姑阿姨、堂表兄弟姊妹買的」型,有「把房子賣了,全押上去」型,有「不但把房子賣了,連遊艇、車子和烤肉架也都賣了,全押上去」型,還有「房子、遊艇、車子、烤肉架都賣光,全押在這支股票上,還叫岳母、叔叔伯伯、姑姑阿姨、堂表兄弟姊妹把全身家當都押上去」型的,芬尼梅就是最後這種!

今年芬尼梅每股盈餘再增為2.14美元,而六成左右新購進債權,是根據新訂的嚴格審核標準。於是,麥哲倫的芬尼梅部位也持續增加到3%。

遠從1984年以來,芬尼梅的抵押品流贖率首次下降。

此外,官方也宣布修改抵押放款業的會計法規。過去芬尼梅的放貸承諾費(commitment fee),收到後馬上列為當季收入,因此獲利上極不穩定,這一季或許收到1億美元的放貸承諾費,下季搞不好只有1,000萬美元而已。從季報來看,芬尼梅獲利情況不夠穩定,投資人自然有所疑慮。

但根據新規定,日後放貸承諾費收入不再一次提列,應依該筆債權年限,分年攤提。自從這項規定開始之後,芬尼梅每季獲利沒再衰退過。

1989年

我注意到投資大師巴菲特也持有220萬股的芬尼梅。今年我和該公司多次聯絡。7月時,芬尼梅的呆帳處分資產大有改

善，雖然他們在科羅拉多州遇上點小麻煩，但德州問題漸成過去，而更不可能的是：休士頓房地產開始復甦！

根據美國債款拖欠調查報告，芬尼梅的賴帳逾90天比率正下降中，從去年的1.1%降為今年的0.6%。同時我也仔細探聽中古屋行情，留神房市狀況。好極了，房市安穩得很，崩盤根本是危言聳聽。

今年我可準備猛獅搏兔了，全力買進芬尼梅，能買多少就買多少。如今芬尼梅佔麥哲倫4%，到年底就會增為5%，這就是極限了。芬尼梅是目前為止，麥哲倫最大持股部位。

想想看，1981年時還沒有什麼抵押債權證券哩！現在芬尼梅每年承做2,250億美元的抵押債權證券，獲利4億美元。現在儲貸機構再也不想死抱著抵押債權，早早送到芬尼梅或聯邦房貸才是正辦。

如今華爾街才珊珊來遲，體認到芬尼梅確實是能持續年成長15%到20%的股票，股價隨即如天雷勾動地火，由16美元飆到42美元，一年兩倍半！長久忍耐的先知，現在可熬出頭了。

即使股價已見上揚，本益比已經十倍，但芬尼梅顯然還是委屈了。不過12月內《巴隆週刊》曾刊出一篇報導，說美國房地產不景氣，還是陰魂不散，報導配了一張照片，一棟兩層的樓房，屋前立個牌子：「要買，要租，要怎麼都行！」

要不是房屋市場還有點小狀況，芬尼梅早衝破100大關了。

1990年

芬尼梅投資部位維持在證管會規定的5%上限。不過在股價持續上漲後，芬尼梅部位逐漸增值為6%，不過沒關係，這

是股價上漲所致,而非違規加碼。

夏秋之際,儘管芬尼梅營運順當,這一年外在情勢卻大有變化。先是伊拉克入侵科威特,再來換咱們入侵伊拉克,大夥打得不亦樂乎。市場擔心美國房地產市場再遭重創,德州房市崩盤可能在全美國上演,到時芬尼梅可有收不完的爛攤,變成超級大房東,光是程序處分、整修再賣掉,就得花掉幾十億美元。

就我畢生所見,許多好公司只因有些小瑕疵、小問題,股價就常跌得不像話,例如芬尼梅現在的呆帳問題不過是個小問題而已,投資人卻大驚小怪,分析師小題大作。今年11月華爾街日報有篇報導,指花旗銀行呆帳率由2.4%上升為3.5%。花旗銀行跟芬尼梅何干?可是芬尼梅(以及其他抵押債權同業)股價亦一併打落。

當初那些只關注整體面,以為美國房市還是不景氣,而匆忙殺出芬尼梅股票的投資人,實在太冤枉了。一方面是除了高級住宅區外,房價仍相當穩定,而且芬尼梅早非往日可比。美國房地產業者協會後來發布報告,指房價在1990年和1991年都見上揚。

如果閣下再深入研究的話,更會發現芬尼梅從不承做20.2萬美元以上的高級住宅抵押放款,所以這波高檔屋不景氣,對它根本沒有影響。芬尼梅買進的抵押債權,平均額度只有9萬美元,而且在審核上更為嚴格,像德州那種貸款成數九成五的情況,早成歷史了。此外,抵押債權證券像個巨大的強力火車頭,正全力開動,向前衝刺。

今年受伊拉克入侵科威特影響,美國股市大幅震盪,芬尼

梅股價從42美元跌到24美元,又馬上反彈為38美元。

1991年

我從麥哲倫退休,繼任舵手史密斯決定緊盯芬尼梅,還是最大投資部位。這年芬尼梅盈餘破紀錄,達11億美元,股價也由38美元飆到60美元。

1992年

我連續第六年在巴隆座談上推薦芬尼梅。當時股價69美元,每股盈餘6美元,本益比11倍,跟市場平均值23倍相比,實在太划算了。

如往常一般,芬尼梅基本面又有進步。為降低短期利率波動風險,芬尼梅以可贖回債券（callable debt）籌措資金。可贖回債券明訂特定數額,發行者可在有利於己的情況下,要求提前贖回。例如短期利率下跌,此時發行者即可要求贖回,轉由低利短期資金市場融資。

不過可贖回債券利率較高,才能吸引投資人。所以芬尼梅發行可贖回債券後,短期獲利稍受影響。但長期來看,芬尼梅獲利情況更能擺脫利率波動的牽引。

現在芬尼梅每年還能成長12%到15%,股價尚呈低估,如同過去八年來一般。有些好股票,是不會變的。

股票代碼	上市公司	1992.1.13股價
FNM	聯邦國民抵押貸款聯合公司	68.75美元

第19章

寶藏就在自家後院

共同基金業者拓荒者集團

　　我實在搞不清楚，為什麼身在共同基金業，卻一直沒注意到基金類股也是十足的千里馬。正如每個月都能看到銷售數字，卻白白錯失Gap服飾股票的購物中心經理一樣，我身為基金經理人，卻沒看到戴孚斯（Dreyfus）、富蘭克林（Franklin Resources）、拓荒者集團（Colonial Group）、普萊斯（T.R.Price）、州街銀行（State Street Bank）、聯盟資本管理（Alliance Capital Management）和伊頓‧凡斯（Eaton Vance）等共同基金業者的股票。我真是搞不懂，也許當局者迷，反而見樹不見林吧？當時唯一買進的基金類股，只有聯合資產管理公司，這家公司算是專業基金經理人的經紀人，和30幾位或40位經理人簽約，安排他們到其他法人投資機構操盤。

　　這幾家公司都是真正搞基金的，跟普特南公司（Putnam）那種玩票的基金公司不一樣，普特南是馬許－麥蘭納（Marsh-McLennan）公司的轉投資事業，雖也從事基金業務，不過保險才是真正收入來源。1987年10月大崩盤後，基金類股其慘無比，不過之後兩年，這八支股票表現優異，顯示當時投資人實在太悲觀了。

　　拜大崩盤所賜，我才有機會稍補前愆，低價搶進過去錯失
的基金類股。當初閣下若把資金平均投資這八支股票，獲利保
證超過這些基金業者推出的基金，雖然其中也有操作績效非常
好的，但99%都比不上母公司股票。

　　在共同基金熱潮來臨時，買共同基金，不如去買基金類
股。好比黃金熱時，與其自己上山下海去挖金礦，不如賣鏟子
和十字鎬好賺。

　　利率下降的時候，股票和債券基金即成搶手貨，這時相關
基金業者（如伊頓‧凡斯和拓荒者等）獲利特別豐厚。戴孚斯
專門操作貨幣市場基金，因此利率上揚時，股票和長期債券退
潮，資金轉向短期工具，就輪到戴孚斯吃香喝辣的。聯盟資本
管理公司主要幫法人客戶操盤，手上也有幾支開放給散戶的共
同基金。聯盟資本在1988年股票上市後，除1990年一度回軟
外，一直都很強。

　　最近一直有許多資金湧入股票、債券或貨幣市場基金，因
此基金類股漲幅必然遠遠超越大盤。如果有啥讓人驚訝的話，
就是怎麼到現在還沒人推出專門投資基金類股的共同基金？

　　基金業發展情況，哪家生意興隆，哪家倒楣，都有許多相
關業者、分析師和媒體在追蹤、報導，不管是專業投資人或散
戶，都能拿到這些統計資料、分析結果。如果閣下在1987年
10月大崩盤來不及搶進，1990年伊拉克入侵科威特時，也是
大好時機，當時伊頓‧凡斯股價在一年內重挫三成，戴孚斯下
跌18.86%。其他基金類股雖然沒跌這麼多，但也夠人吃驚
了。

　　1990年股市重挫，市場又高喊狼來了，說基金業一定捱不

過這關。不過閣下只要仔細看看1990年12月和隔年1月的基金銷售金額，就知道基金業盛況依然。可是，雖然在下決定力補前愆，1991年巴隆座談時，我仍然連一支基金類股都沒推薦，實在是有虧職守，辜負投資人殷殷厚望！結果富蘭克林股價在1991年裡反彈75％，戴孚斯55％，普萊斯116％，聯合資產管理公司80％，拓荒者集團40％，州街銀行81.77％。咱們夢想中的共同基金公司共同基金，這一年漲了一倍！可惜，太可惜了。

不過法官大人，請容小民分辯數言。當時我確實推薦了坎伯公司（Kemper），該公司雖屬保險業者，但也控管500億美元的基金，其共同基金業務量也不算少。不過我也要承認，我並非看上坎伯的共同基金，而是當時保險業景氣就快翻轉，而且坎伯旗下有三家證券商。可是坎伯股價在1991年也漲了一倍呀！小民得以此償罪吧？

進入1992年，我暗自提醒自己，別又看漏基金類股。這次我可睜大眼睛，把基金業好好研究一番。在利率持續走軟情況下，每個月約有2,000億美元的定存單解約，從銀行流向各種基金。有這麼多人，這麼多錢捧場，那八家基金公司自然個個奮勇爭先。只是其中七家去年股價漲幅已大，唯一可能補漲的，就是拓荒者集團。

雖然拓荒者股價去年也上漲四成，不過現在才17美元，剛好是1985年的上市價。剛上市的時候，拓荒者旗下基金共50到60億美元，每股盈餘1美元，但現在基金額增加為90億美元，每股盈餘1.55美元，而且現金資產每股可分到4美元，同時還回購了7％的股票。光考慮到每股現金資產4美元，閣

下現在買拓荒者股票，不是就比1985年上市時還便宜4美元嗎？此外，該公司完全沒有負債，且過去兩年來華爾街任何分析師都沒報過這支明牌。

熱門產業中價格偏低的股票，通常都是好股票。當時普萊斯股價本益比20倍，富蘭克林也20倍，而拓荒者只有10倍。當然，你還要追根究柢，為何拓荒者股價偏低呢？

部分原因可能是上市四年來，盈餘表現平平，並未大幅成長。雖然這段期間，拓荒者控管的基金增加近一倍，但和整個基金熱潮比起來，實在是不值一哂。投資大眾都聽過戴孚斯、普萊斯或伊頓‧凡斯，而拓荒者就有點名不見經傳了。

但光是這樣，拓荒者股價就該受委屈，本益比只及同業之半？我可不以為然。拓荒者獲利能力不差，配息時有增加，且曾回購自家股票。日後更有盈餘，很可能會再提高配息，並繼續股票回購。

1992年1月3日，我打電話給拓荒者財務長史昆（Davey Scoon），他說業務狀況更勝於前，特別是市政公債基金表現尤佳。拓荒者旗下有幾支市政公債基金，而投資市政公債可以節稅，在資金持續湧進的情況下，拓荒者應該頗有斬獲。另外，該公司最近也推出幾支不錯的基金，例如公用事業股基金。

老早以前我就知道，多多打聽，總會探到些旁人預想不到的消息。這些消息正是刺激股價漲跌的主要原因。這次打電話給史昆，就收了個大紅包。他說州街銀行已決定由拓荒者負責發行他們籌畫的幾個基金。

州街雖屬商業銀行業者，但也幫基金公司包辦所有文書工作，例如客戶服務、買賣登記等等，再跟基金業者收取服務

費。這項業務頗有賺頭，1991年州街銀行股價就漲了81%。

　　史昆提到州街銀行，讓我想到多年前的糗事。當時我岳母買了州街股票，後來我認為該公司盈餘可能下降，而且股價已漲了一倍，所以我急忙叫她賣出。結果州街股價不跌反漲，而且漲為三倍。這下子可不好交待了。正在危急之秋，州街銀行宣布股票分割，一股分三股，股價也跟著減為三分之一。我岳母注意到股價行情時，剛好和她賣出時一樣，直誇我看法正確。這件事到現在她仍津津樂道，而我卻一直不敢說出真相。

　　股票分割有時刺激股價波動，影響投資信心。不過這次倒是幫我個大忙。如今州街銀行在為人作嫁多年後，終於加入最前線，親自下場搶食基金大餅。不過州街銀行準備以低姿態進行，不願跟其他基金公司太過正面交鋒，所以決定透過拓荒者集團暗渡陳倉。這件事對拓荒者當然是利多。

股票代碼	公司名稱	1992.1.13股價
COGRA	拓荒者集團	17.38美元

餐飲類股

色香味的投資策略

1992年我實在該推薦幾支餐飲類股。不管是機場、購物中心還是高速公路收費站，每年都會有幾家餐飲業者加入。遠自1960年代開始，速食漸成通勤人口的必需品，不論是開車族還是通車族，都可能在車上或路上吃早餐、午餐，甚至晚餐。連鎖餐飲業者因此大行其道，成長迅猛，只要有人離開這個市場，馬上有新業者加入。

1966年我還在富達幹分析師時，就瞭解餐飲業潛力無窮。當時吸引我的，是肯德基炸雞（KFC）公司。創始人桑德斯上校（Colonel Sanders）一開始只是在家鄉開小吃店，後來高速公路交通日趨便利，改變了消費者的飲食習慣。在顧客愈來愈少的情況下，桑德斯的小吃店瀕臨倒閉。於是66歲的老上校再次上戰場，開著破舊的凱迪拉克，四處探訪佔有地利的餐廳吸收加盟，傳授獨門炸雞配方，收取權益金。當時風塵僕僕的老上校一身黑西裝，可不似今日一身雪白那麼輕鬆。

KFC公司在1965年股票上市，之前餐飲業已有唐金甜甜圈公司（Dunkin' Donuts）在麻州上市（上市後盈餘連續成長32年），專門在收費站經營餐飲的霍華，強森公司（Howard

Johnson）也在1961年於紐約上市。聞名美國中西部的鮑伯・伊文斯農場公司（Bob Evans Farms）跟著在1963年股票上市。到1960年代中期，麥當勞（McDonald's）和松尼公司（Shoney's）也先後上市。這些股票光用眼睛來看，就知道各家公司生意興隆，投資他們的股票一定賺。

當時華爾街最熱門的50支股票，大都是誇大其辭、虛張聲勢的科技股，誰看得起那些賣甜甜圈或漢堡的？哪知道後來松尼股價漲為168倍（從22美分漲到36美元，配股還沒算在內），鮑伯・伊文斯農場股價漲為83倍，麥當勞漲為400倍。霍華・強森公司後來又歸私人控有，下市時股價也漲為40倍；KFC公司被百事可樂公司買下來時，股價也漲為27.5倍。

閣下倘若口手俱到，又吃又賺不亦樂哉。一開始就投資1萬美元，買上述5支股票，到1980年代結束前，就翻成200萬美元以上。要是把錢都押在麥當勞，也早超過400萬美元。由於不斷推出套餐新花樣來吸引顧客，麥當勞股票的投資報酬率，足可垂名青史了。

就在投資大眾面前，幾十年來許多餐飲類股一直有絕佳表現，不管是漢堡連鎖店、自助餐廳、家庭牛排館（如龐德羅莎）、綜合餐飲店，還是賣冰淇淋、優酪冰品、美國食物、外國食物、披薩，或是開咖啡廳，都曾在股市演出一場接一場的飆漲大秀。誰能管理更好，更迎合客人的口味，就能以秋風掃落葉之勢，抓住投資人的胃，也抓住他的心。

萬一閣下沒趕上1960年代的餐飲業大戲，到1970年代戰後嬰兒潮那一代開始能考駕照時，你還有機會投資國際乳品皇后公司（International Dairy Queen）、溫蒂（Wendy's）、魯比

（Luby's）、塔可貝爾（Taco Bell）、必勝客（Pizza Hut）等股票。如果你敢在1972年空頭谷底時搶進，更是利潤豐厚，當時許多績優股便宜得嚇人。例如每季業績從不讓人失望的塔可貝爾公司，當時只跌到1美元，隨後馬上飆到40美元，才被百事可樂買走。百事可樂收購餐飲業，主要是為拓展其飲料市場。

進入1980年代，我們還有脆餅桶公司（Cracker Barrel），旗下設有生意興隆的禮品店，也賣美味海鮮和餅乾。還有1984年上市，和我失之交臂的奇里辣味餐廳（Chili's）、史巴羅公司（Sbaroo；1985年）、萊恩家庭牛排館（Ryan's Family Steak House；1982年）、優諾餐館（Uno Restaurants；1987年）。奇奇餐廳（Chi-Chi's）表現也很不錯，不過現已被收購下市。

幾乎美國各個地區都有打進全國市場的鄉間小店，例如魯比、萊恩和奇里辣味源自西南部，麥當勞從中西部發跡，奇奇和國際乳品皇后崛起於明尼亞波利，史巴羅從紐約，唐金甜甜圈來自新英格蘭，松尼和脆餅桶的家鄉靠近墨西哥，時時樂（Sizzler）和塔可貝爾則從西部出發。

餐飲業者跟零售業一樣，在步步開拓全國市場之際，大概享有15到20年的高度成長期。當然，經營餐飲業失敗率也很高，但這一行還是有它的好處。例如閣在下加州賣炸魚和薯條，紐約同業炸得再好吃，賣得再便宜，也搶不到你的生意。這種情況跟電子業可是大不相同。

而且不但成長期持續甚久，也不用擔心什麼國外低價品的競爭。韓國貨再賤價傾銷，會搶走必勝客的披薩生意嗎？

連鎖餐飲業成敗關鍵，在於良好的管理，充裕的資金和腳

踏實地的擴張計畫。餐飲業不是賽車，穩紮穩打才會成功。

舉例來說，奇里辣味和芳卓克（Funddrucker's）原來都是賣漢堡的。芳卓克採自助式，而奇里辣味聘有外場。然而多年以後，奇里辣味名利雙收，芳卓克雖然也打響名號，但最後生意並不好。為什麼？

當漢堡開始退流行時，奇里辣味馬上開發新產品來拉住客人，但芳卓克仍死盯著漢堡生意。不過這還不是最重要的原因，真正關鍵在於芳卓克衝得太快，後勁乏力才敗下陣來。當時芳卓克一年曾開設100多家分店，哪能不出問題呢？一昧地衝刺，使芳卓克在地點和經營人才兩方面，都顯急就章，不但員工訓練不足，而且在店面取得上也耗資過多。

芳卓克就是這樣一路衝向自己鋪設的陷阱，和佛雷基‧傑克（Flakey Jake's）、溫拿（Winners）和TGI Friday's幾家餐廳一樣自討苦吃。反觀奇里辣味非常沉穩，一年大約只開設30到35家分店，在經營者布林克（Norman Brinker）嫺熟帶領下，業績和盈餘穩定成長。布林克是麥酒牛排館（Steak & Ale）及碧尼根（Bennigan's）兩家連鎖餐飲的創始人。奇里辣味預定到1996至1998年間，達到400至450家的上限，屆時每年營收約10億美元。

連鎖餐飲業有許多方法增加盈餘，例如奇里辣味以增設分店來提高收入，溫蒂以改善經營提升獲利，有些則屬薄利多銷型（如脆餅桶、松尼、麥當勞等），有些則採高價路線（如Outback牛排館和Chart屋餐廳），有些以食品販賣為大宗，有些以禮品、紀念品來賺錢（脆餅桶）。有些則是成本低廉（如義大利麵倉庫餐廳），有些則拚命壓低經營費用。

　　餐飲業每年營收起碼要超過資本投資額，才有利潤可言，否則頂多收支相抵。經營餐飲業和零售業頗有相似之處，因此閣下研究餐飲業，也跟零售業差不多，最須注意的還有擴張速度、負債及單店營收。單店營收每季持續成長，當然是大好消息，擴張也不必太快，若每年增設超過100家分店，就得留神了。負債越低越好，沒有最好。

　　加州的蒙哥馬利證券公司派有專人研究所有餐飲業者，並定期出版專刊。最近一期指漢堡連鎖店，如麥當勞、溫蒂等擴張或已近飽和（美國前五大漢堡連鎖店共設有2.4萬家分店），而戰後嬰兒潮這一代似乎也不再偏好速食。如今大行其道的是一些開設在適當地點的餐廳，如法國ABP（Au Bon Pain）、義大利麵倉庫餐廳（Spaghetti Warehouse）等，以及價格中等，菜色豐富的家庭式餐飲業者。

　　蒙哥馬利證券曾推薦八支餐飲類股，柏特琪（Bertucci's）、脆餅桶、布林克國際公司（即奇里辣味）、義大利麵倉庫餐廳、松尼、雷利（Rally's）、蘋果蜂（Applebee's）以及奧貝克牛排館（Outback Steakhouse）。閣下若在1991年初依言買進，到年底時已增值為兩倍多。

　　如今這些潛力股，有些股價已經太高了，本益比達30倍，甚至更高。不過還是很值得注意，若有逢低介入的機會，想必相當划算。目前美國整體餐飲業每年只成長約4%（很快就會變成停滯產業），但是管理有方，財務健全的業者，一定還是大有斬獲。過去如此，未來也不會變。只要美國人維持半數在外用餐的趨勢，你家附近或購物中心就有可能出現股價漲20倍的餐飲類股。大快朵頤之際，別忘多觀察！

例如我就在住家附近，發現法國ABP。 ABP最先是1977年在波士頓開設，到1991年以10美元股票上市。 ABP原來的法文可真難唸，不過用法文名字的主意還真不賴。法國ABP賣咖啡和可頌（即牛角麵包），兼具法國的浪漫和美國的效率。

若想吃早餐，閣下可以點個陽春型的牛角麵包。午餐呢？來客起士火腿可頌，還能再叫個巧克力可頌當甜點。所有餐點，法國ABP不到三分鐘就搞定，一點也不麻煩。牛角麵包由中央廚房揉製，送至各分店自行烘焙，客人就能享用又熱又香的可頌。

最近法國ABP再推出鮮橙汁和水果沙拉，剛研發成功的貝果（bagel）也會很快問世。如果和最新式電腦晶片相比，我寧可投資最新式貝果。

不過到1992年初，ABP股價已漲為兩倍，本益比高達40倍（以1992盈餘預估值計算），所以我只得割愛了。不過九個月後，股價卻大幅滑落至14美元，與1993年盈餘預估值比較，本益比不到20倍。像這種每年成長25%的股票，本益比還不到20倍，當然值得逢低承接。要是股價再跌，我一定全力敲進。即使在經濟衰退時，法國ABP還是可圈可點，我想這家公司一定能長期大幅成長，而且在海外市場也極具潛力。

第²¹章

半年定期檢查

投資組合完成後，仍須要定期檢查（也許每六個月一次），不能就此不聞不問。既使閣下買的是績優股，個個名聲響亮，在《財星》500大企業中名列前茅，還是要定期關心一下。如果買進後，就把它們全忘了，投資報酬哪會好？有時身陷危境而不知，豈不糟天下之大糕。附圖21-1到21-3，就是最好例子。哪個粗心大意的投資人，要是買進IBM、西爾斯和伊士曼柯達公司的股票，就放著不管，現在肯定要抱著棉被哭。

所謂半年檢查，可不只是翻翻報紙，看現在股價多少。這個必要工夫，很多投資人都忽略了。要做個成功的投資人，不能光靠主觀期待，必須時時留神，注意新消息、新狀況。閣下一定要注意兩件事：第一、和盈餘水準相比，股價是否太高？第二、有何新發展能刺激盈餘成長？

這兩個問題，不外有三種答案：第一，情勢一片大好，也許你想再加碼；第二，行情爛透了，必須減碼；第三，變化不大，要持股緊抱或換股操作都行。

我就是用這種方法來驗收1992年在巴隆座談推薦的21支股票，結果在六個月期間內，美國股市表現平平，但咱選出的

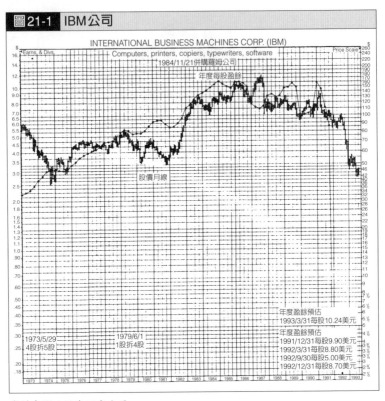

圖21-1 IBM公司

INTERNATIONAL BUSINESS MACHINES CORP. (IBM)

Computers, printers, copiers, typewriters, software

1984/11/21併購羅姆公司

年度每股盈餘

股價月線

Price Scale

年度盈餘預估
1993/3/31每股10.24美元

年度盈餘預估
1991/12/31每股9.90美元
1992/3/31每股8.80美元
1992/9/30每股5.00美元
1992/12/31每股8.70美元

1973/5/29
4股拆5股

1979/6/1
1股拆4股

資料來源：證券研究公司。

明星隊相當爭氣。這段期間S&P 500指數僅上揚1.64%，但我的外資組合共上漲19.2%，不賴吧？

我細看21家上市公司最新季報，而且大部分都打過電話，打探有沒有新消息。有的仍是老樣兒，有的變得更棒。此外，六個月內我也沒閒著，又找到一些更好的股票。股票投資就是這樣，一切都會變。以下就是敝人的半年驗收：

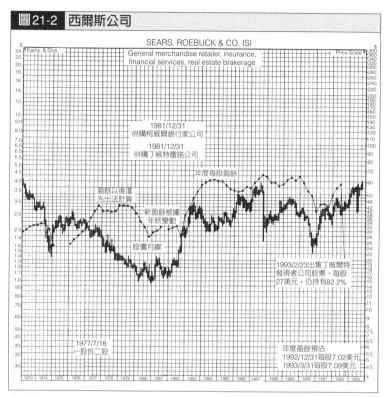

圖21-2 西爾斯公司

資料來源：證券研究公司。

美體小舖

　　1992年1月時，我認為美體小舖絕對是潛力股，只是股價有點高，所以我一直留意是否有低價可撿。果然皇天不負苦心人，機會很快就來了。到7月時，美體小舖股價下跌12.3%，從325便士，跌到263便士，比較明年盈餘預估，本益比為20倍。對這種每年盈餘成長25%的股票，本益比20倍不算高。就在敝人埋首筆耕之際，紐約股市平均本益比正是20倍，但

盈餘成長只有8%到10%。

　　美體小舖是英國的上市公司。1992年上半年英國股市表
現差勁，剛好美體小舖也出點意外狀況，才引發沉重賣壓。該
公司委託生產果核潤絲精的凱亞波族酋長，涉嫌強暴葡萄牙籍
保母，在倫敦被捕。就是這樣，不管你多有想像力，你都很難
猜到哪家公司會發生啥事。

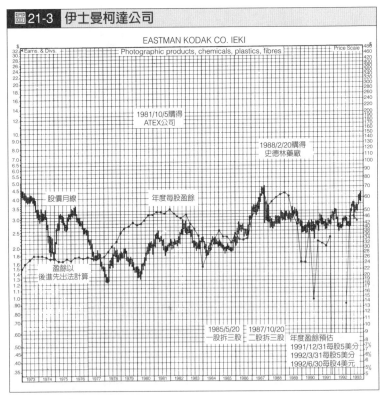

資料來源：證券研究公司。

美體小舖股價過去曾有兩次大跌，一次在1987年10月大崩盤時，一次是1990年中東危機。但除了股價的異常表現外，美體小舖各方面都維持快速成長，一點頓挫也沒有。我認為，美體小舖股價重挫，完全是超跌，英國投資人或許還不瞭解小型成長類股潛力多大，才會稍微遇到狀況，就忙著殺出。此外，美體小舖正努力開拓海外市場，或許英國投資人對一些前車之鑒，如馬莎百貨（Marks & Spencer）等在海外拓展失利仍記憶猶新，因此也不敢樂觀看待美體小舖。

不過即使閣下在1990年大跌時代價搶進美體小舖，仍得有心理準備，股價可能跌更低。或許這也是再加碼的好機會。不管股價表現如何，美體小舖基本面還是一直很好，這正是半年驗收的觀察重點。我打電話到美體小舖，財務長凱特（Jeremy Kett）表示，1991年的單店銷售額和盈餘都見提升，這是因為美體小舖在英、澳、美、加四個主要市場，銷售情況都非常好，而這四國當時均處經濟不景氣。

還有個利多是，美體小舖正運用閒置資金收購多種保養品原料的供應商。以前我們曾經討論過，蕭氏工業公司就是利用這個方法，來壓低生產成本的。因此美體小舖也可經由掌握供應商，來降低生產成本，提高獲利率。

以前在富達的同事，開設兩家美體小舖加盟店的史蒂芬森則告訴我，柏林頓購物中心那家分店銷售已比去年成長6%，最近在哈佛廣場開的新店，生意到底如何，現仍言之過早。史蒂芬森表示，最近幾種新產品極受歡迎，像「全色」系列的眼影、粉餅和唇膏，防曬保溼露、去角質液，還有一上貨架立即被搶光的芒果身體滋養霜（body butter）。怎麼賣得這麼好？史

蒂芬森也一臉疑惑。

　　乳液、沐浴精等保養品市場已相當夠份量，但未來仍極具成長空間。美體小舖也按部就班，穩穩地擴張地盤。1993年在美國開設40家新店，1994年又開了50來家，在歐洲每年約增設50家，遠東地區也一樣。我認為美體小舖正處溫和成長的中年期，如果成長期共30年，現在剛好是第二個10年。

第一碼頭公司

　　六個月來，第一碼頭股價表現不錯，一度從8美元漲到9.50美元，但又迅速回檔。這是華爾街典型的悲觀回應。分析師原先預期第一碼頭第一季每股盈餘約18美分到20美分，但實只有17美分，因此股價立即下挫。但第一季消費支出普遍較低，而且第一碼頭今年每股盈餘預期在70美分以上。

　　第一碼頭今年還發行7,500萬美元的可轉換債券，以償還部分債款，因此財務結構大幅改善。如今長期負債確已降低，且未來會更少。

　　負債減少，存貨降低，第一碼頭業務也持續擴張。百貨公司一向是第一碼頭的主要競爭對手，不過在景氣影響下，百貨公司的家飾品部門持續萎縮，其他對手也陸續退出市場。一旦景氣回升，第一碼頭必定成為家飾用品的老大。

　　今年第一碼頭光靠本業，每股賺個80美分，應該不算奢望，再加上轉投資的陽光帶園藝公司，每股再加個10到15美分也非難事。所以今年每股盈餘預期有1美元，跟目前14美元股價相比，本益比才14倍而已。

GH公司及陽光帶園藝公司

　　GH公司股價也是先漲後跌，目前股價只比推薦時稍高。
如果在高價賣出，現在已有三成漲幅落袋為安。假如準備長期

表21-1 巴隆會議推薦股半年檢查		
公司	92/1/13股價	六個月報酬（至92/7/13）
第二代聯盟資本	$19.00	6.00%
美體小舖	325p	−12.31
CMS能源	$18.50	−4.11
拓荒者集團	$17.38	18.27
鷹徽金融	$10.97*	38.23
芬尼梅	$68.75	−6.34
艾塞克第一銀行公司	$ 2.13	70.59
GH公司	$ 7.75	10.39
通用汽車	$31.00	37.26
德鎮儲蓄	$14.50	59.31
冰河銀行公司	$10.12*	40.91
勞倫斯儲蓄銀行	$ 1.00	36.78
人民儲蓄金融	$11.00	26.00
菲爾道奇	$32.50	48.96
第一碼頭	$ 8.00	3.31
至尊銀行公司	$ 4.59*	64.50
太陽經銷，B股	$ 2.75	6.95
太陽電器	$ 9.25*	−10.74
陽光帶園藝	$ 6.25	−30.00
超級剪	$11.33	0.73
坦尼拉L.P.	$ 2.38	0.00
總投資報酬率		19.27%
S&P 500指數漲幅		1.64%
道瓊指數漲幅		3.29%
NASDAQ指數漲幅		−7.68%
Value Line指數漲幅		−2.13%

*由於經過股權調整，部分股價和前述有所不同。

表21-2	半年檢查結果		
	股價最近表現	公司狀況	操作策略
第二代聯盟資本	微升	不變	買進
美體小舖	微跌	略差	持股續抱／買進
CMS能源	微跌	狀況不明	觀望
拓荒者集團	上漲	更佳	買進
鷹徽金融	急漲	不變	持股續抱
芬尼梅	微跌	不變	買進
艾塞克第一銀行公司	急漲	更佳	持股續抱／買進
GH公司	微升	不變	持股續抱／買進
通用汽車	急漲	略差	換股（克萊斯勒）
德鎮儲蓄	急漲	略好	持股續抱
冰河銀行公司	急漲	不變	持股續抱
勞倫斯儲蓄銀行	急漲	略差	持股續抱
人民儲蓄金融	上漲	不變	持股續抱
菲爾道奇	急漲	不變	持股續抱
第一碼頭	微升	不變	買進
至尊銀行公司	急漲	略好	持股續抱
太陽經銷，B股	微升	不變	買進
太陽電器	下跌	更好	全力買進
陽光帶園藝	急跌	變壞	持股續抱／買進
超級剪	橫盤	更好	買進
坦尼拉L.P.	橫盤	略好	買進

投資，原本2美元漲幅，現在只剩50美分。

上半年內，GH公司也發行6,500萬美元可轉換特別股，殖利率8％，跟第一碼頭作法相似。不過，GH公司財務結構不比第一碼頭，因此利息負擔較大。市場認為這是個利空。

持有可轉換特別股或債券，未來得以特定價格轉認普通股。如此，普通股流通股數必然增加，對股息大有影響。先前GH公司曾回購自家股票，這當然是個利多。現在又反其道而

行，市場即以利空視之。

第一碼頭發行可轉換債券，是為了償還債務，利息支出馬上就會降低。而 GH 公司籌錢，是為了整修法蘭克園藝各分店，這對當前盈餘並無立即效果。

而法蘭克園藝公司銷售情況則岌岌可危，由於房屋市場不佳，許多園藝同業都顯得相當吃力。1992 年 1 月時，股價 7.75 美元，預期該公司每股盈餘可達 60 美分。如今股價漲為 8.00 美元，每股盈餘預估值反而降為 45 美分。

不過 GH 公司的現金流量仍然充裕，過去 14 年股利連續提高，而且股價也還在淨值以下。另外，我從股市即時系統得知，加百列的價值基金最近敲進 100 萬股 GH 公司，因此我認為這支股票可以繼續抱著。

陽光帶從 1 月起就呈虧損。上半年陽光帶公司位處的美國西南部降雨特多，誰有興緻照顧花園？結果 1991 年以 8.50 美元上市的陽光帶，現在已跌為 4.50 美元。陽光帶公司經營情況甚佳，而且現金資產平均每股達 1.50 美元。換句話說，閣下現在投資陽光帶所有園藝店，每股只要 3 美元！大家走著瞧，一旦雨季結束，大夥發現花圃、庭院需要整理時，陽光帶股價就要陽光普照了。

不過我沒有全力加碼陽光帶，因為我發現柯樂威股價更划算。柯樂威公司可稱為園藝業模範生，年初我沒推薦它，是因當時陽光帶股價較便宜。但這次受降雨過多影響，柯樂威股價也大挫五成。

於是我打電話給股務課的雷諾（Dan Reynolds），他說柯樂威管理部只有 20 人，全部都在 3,000 平方呎大的辦公室工作。

該公司顯然沒有任何溝通困難，我在電話中聽得很清楚。要找經理嗎？站起來嚷，他就聽到了。

柯樂威開設13家園藝店，現金資產平均每股50美分，預料1993年每股盈餘為50美分，換算起來本益比才十倍。現在華爾街沒人注意這支股票，而且柯樂威正進行股票回購計畫。

如果某產業中最好的上市公司，目前股價超跌，即使其競爭對手股價更低，還是前者勝算大。因此，我會買玩具反斗城的股票，而不是兒童世界；買Home Depot公司而非建築廣場；買紐可公司，而不是伯利恆鋼鐵。我看好陽光帶，但更看好柯樂威。

超級剪公司

超級剪股價在強勢上漲一段，並兩股配一股後，股價又回到年初水準。上半年內，超級剪有兩個不好消息，第一是原執行長法柏掛冠，據說是為了照顧自己投資的超級剪沙龍，這理由相當牽強。法柏過去在電腦園公司頗有建樹，他對拓展加盟系統非常老練。

第二個一定是之前我疏忽掉的，後來在董事會投票報告書上，才驚覺卡爾頓投資公司（Carlton Investments）握有220萬股的股權。而卡爾頓又隸屬德布蘭（Drexel Burnham Lambert）公司，德布蘭倒閉後，債權人必然要求總清算，因此卡爾頓那220萬股自然要流出市面。在供給增加的情況下，股價只有向下殺。也許超級剪股價下挫，就是在反映這件利空。

在業績方面，超級剪去年表現相當不錯，還被指名為「奧林匹克運動會特別指定美髮沙龍」。也許那位兩下子就把我鬢

角刮去的美髮師，也忙著為奧運游泳選手理大光頭哩！最要緊的單店營收，在1992年第一季成長6.9%。紐約北部也新開幾家店，羅徹斯特的市長應邀剪綵開幕時，還在那兒理個免費的頭。

如果能成功打入新地盤，單店營收也見增加，就可以再加碼了。不過我現在有點擔心超級剪可能衝太快，1993年該公司計畫開設80到100家分店。

有些原本看好的加盟事業，最後都因擴張太快，砸了自己的鍋，例如彩色瓷磚公司、芳卓克餐廳等。7月時我對超級剪新執行長說：「如果可以選擇在15年或5年內達到目標，我想15年比較妥當。」

儲貸七姊妹

總計前半年以來，我推薦的21支股票中，表現最好的就是儲貸機構類股。這一點也不意外，儲貸業整體情況很差，因此基本面健全者，如錐置囊中脫穎而出。而且現在利率正漸降低，對金融業而言，必屬大有表現之年。在存、放款利差逐漸擴大下，金融業者利潤一定會增加。

總計上半年來，德鎮儲蓄公司股價上漲59%，至尊公司上漲64.5%，也宣布發放兩次10%股利。鷹徽金融公司從11美元漲為16美元，冰河銀行公司漲幅超過40%，人民儲蓄金融公司也上漲26%。

至於兩支準備放長線的儲貸類股，勞倫斯儲蓄銀行上漲37%，艾塞克第一銀行公司則暴升70%，正是富貴險中求矣！我打電話聯絡艾塞克的執行長威爾森，他上次說該公司狀況宛

若「用600呎長的線在釣魚」，不過現在應該已經縮短為60呎了。

據威爾森表示，現在情況大有好轉，程序接收的抵押品陸續拍賣，呆帳比率降低，抵押貸款市場也漸復甦。1992年第一季不但打平，而且艾塞克甚至又承做一筆建築放款。我對建築放款一向不太喜歡，不過一度面臨困難的艾塞克如今敢承做建築放款，顯示該地區景氣漸有回升之兆。

而且艾塞克最大對手，蕭穆銀行（Shawmut Bank）也逃過一劫，不至成為景氣犧牲者，對艾塞克極具鼓舞作用。艾塞克至今每股淨值還有7美元，股價卻僅3.625美元。如果當地房地產市場復甦，艾塞克每股盈餘就可能有1美元，到時股價會漲到7美元至10美元左右。

不過勞倫斯儲蓄銀行就不太妙了。上半年中，我在4月和6月兩次和該公司聯絡。4月時該公司執行長米勒表示，過去要分好幾頁才登記得完的呆帳，現在只剩一頁而已。他樂觀地說，抵押放款業務已見改善。但6月電話中，米勒似乎不太起勁。

現在勞倫斯商業放款還有5,500萬美元，但資產淨值已縮水為2,100萬美元。萬一商業放款有一半成為呆帳，勞倫斯就三振出局了。

這正是艾塞克和勞倫斯最大差別所在，艾塞克雖然商業放款額高達5,600萬美元，但資產淨值仍有4,600萬美元，即使商業放款一半被倒帳，艾塞克還是撐得下去。就目前情況來看，勞倫斯相當危險。萬一不景氣持續下去，或更趨惡化，再來一波倒帳潮，勞倫斯恐怕就捱不過了。

密西根第一聯邦銀行

六個月後的現在，由於當初推薦的七支儲貸類股都見上揚，因此我認為其中六支大可安心地抱著。不過在這半年裡，有支更好的儲貸股現身了：密西根第一聯邦銀行（First Federal of Michigan; FFOM）。

第一聯邦是1月時，富達儲貸類股分析師艾力生跟我一起搭機到紐約時跟我說的。當時我正要到紐約參加巴隆座談，所以也沒時間深入研究。當時我連提都沒提到第一聯邦。幸好沒提，因為我推薦的股票都漲了，但第一聯邦文風未動。

不是所有的股票都同步上漲的，要是這樣，專業選股人哪有飯吃？股市也沒啥便宜可撿了！市場中永遠會有些落後大盤的股票，等你出掉某支股票後，它就會在你面前現身。1992年7月，現身的就是密西根第一聯邦銀行。

第一聯邦資本額90億美元，是盡量避免商業放款的乖乖牌儲貸機構，而且營運成本壓得很低。但目前正有兩個面題，所以股價漲不上去；第一，該公司向聯邦房屋擔押貸款公司的融資有問題；第二，第一聯邦手中有些賠錢的利率期貨部位。

最近幾年來，美國利率持續降低，因此多數儲貸機構都享受到存放款利差擴大的好處，但第一聯邦並未嚐到甜頭。這是因為第一聯邦部分資金，來自聯邦房屋抵押貸款公司，而其利率為固定。一直到1994年貸款到期時，第一聯邦都得支付8%到10%的高額利息。但市場利率續降，該公司放款利率也走低，情況更是不妙。

第一聯邦自己承做的抵押放款，只能收到8%到10%的利

息，而本身支付的利息也是8%到10%，這樣哪來賺頭？這個教訓可讓第一聯邦吃足苦頭。其業務普遍賺錢，偏偏就卡在聯邦房貸的貸款上，令整體盈餘難以提升。

現在只能耐心地等，等聯邦房貸的貸款到期，等賠錢的利率期貨部位到期。等這兩個錢坑填平後，第一聯邦的盈餘必然暴增。一旦這兩個問題解決，在1994到1996年間，每股盈餘大約可增加2美元。目前該公司每股盈餘已有2美元，股價為12美元。如果每股盈餘增為4美元，你猜股價會漲到哪兒？

況且，第一聯邦平均每股淨值超過26美元。回顧1989年時，第一聯邦一度驚險萬分，當時股東權益佔資產比值只有3.81%。但該公司力爭上游，後來終於邁過5%門檻。1992年初也恢復發放股利，之後進一步提高股利。其呆帳總額只佔總資產的1%不到。

如果短期利率持續降低，第一聯邦股價可能會跌破10美元。不過內行的投資人，早就沿路埋伏，等著撿便宜了。而第一聯邦也是華爾街證券商忽略的股票。

拓荒者集團

6月30日《華爾街日報》報導，數十億美元正湧向債券基金。這正是拓荒者集團最專門的，尤其是有免稅優惠的短期公債基金，也很受投資人歡迎。拓荒者集團的資金，只有9%放在股票，其他均屬債券。如果股市走空，或投資人認為行情不妙，必定把錢轉向債券，到時拓荒者一定比現在更賺錢。

拓荒者財務長史昆表示，基金銷售額最近一季增加58%，現在總管理金額共95億美元，比一年前的81億美元增加不

少。現金資產平均每股可分到4美元，而目前股價只有20美元，且1992年預期至少每股賺1.8美元。更妙的是，該公司已宣布1,000萬美元的股票回購計畫。

CMS能源公司

因市場傳聞公用事業委員會新訂費率，可能有利廠方，因此CMS能源股價馬上突破20美元。稍後證實純屬傳聞後，股價立即跌回16美元，後來又反彈為17.75美元。由於到現在CMS和主管機關仍無達成協議的跡象，因此穆迪投資服務公司已把CMS的公司債，評為「投機」等級。

這正是公用事業轉機股的悲哀，一切得看主管機關的態度。由於州政府委員會的不公平裁決，CMS能源公司部分成本只能自己吸收，不能轉給消費者，因此影響其盈餘。這支股票可能跌到10美元。除非閣下還想趁低價加碼，否則就目前局勢來看，暫時離場觀望比較穩。

不過長期而言，我相信CMS公司一定做得起來。該公司獲利漸有增加，鉅額現金流量最後必然帶動盈餘上升。中西部能源需求持續上揚，但新電廠卻出奇的少。在供給降低，而需求增加的情況下，誰不曉得電價會漲？

太陽電視及電器公司

太陽電器股價也是先漲後跌，不過後來跌破我推薦時的價位。6月5日，我打電話給太陽電器執行長歐伊斯特，據他說現在總負債只剩下400萬美元。就財務狀況來看，這家公司身強體健，而且受到景氣影響，其競爭對手——淘汰。從1月以

來，有一家對手公司已關閉俄亥俄州境內所有零售店，另一家也撐不下去，整個收攤了。

儘管目前美國正處不景氣，太陽電器仍有盈餘。若非今年春天及初夏天候涼爽，使冷氣機銷售受阻，否則該公司一定能賺更多錢。大夥還覺得會冷的時候，冷氣機誰買？不過電冰箱和電視銷售則仍正常。另外，太陽電器也按照原定計畫，1993年準備開設四到六家分店。

歐伊斯特強調，太陽電器財力雄厚，未來幾年的擴張，完全不必增資或借款，光靠現有資金就夠了。

上市合夥股權：太陽經銷及坦尼拉

太陽經銷的財務副總裁西松（Lou Cissone）曾發布報告，提到一些不利情況。西松對公司看法頗為悲觀，但太陽經銷第一季仍有盈餘，讓我覺得滿驚訝的。主要問題還是負債方面，太陽經銷一筆2,200萬美元的債務，預定在1993年2月到期。為了準備這筆龐大支出，太陽經銷的作法跟你我差不多，拚命壓低成本，縮減支出，並繼續暫停企業收購活動。據西松表示，恰好有多家與太陽經銷相關的公司，如玻璃、液壓機及汽車零件製造商都以低價求售，現在太陽經銷力有未逮，實在太可惜了。

太陽經銷合夥股權最重要關鍵在於，A股投資人到1997年公司清算時，只能收回面值10美元，其他資產全由B股平分。我認為未來景氣若復甦，B股屆時應可分到5美元至8美元，而現在B股才3美元。

再者，若景氣持續惡化，太陽經銷也可以賣掉之前收購的

企業，先把錢拿來還債，降低利息負擔。過去收購的資產，現在就成了景氣不佳的緩衝墊。

坦尼拉的合夥股權，也是利多不漲。該公司是核能顧問公司，最近簽下兩個新客戶，一個是馬汀·馬利耶塔公司（Martin Marietta），另一則是美國最大核電業者，愛迪生國協公司（Commonwealth Edison）。由此可見坦尼拉的顧問業務還是相當不錯，否則馬汀·馬利耶塔和愛迪生國協幹嘛找他們？另外，該公司先前涉入的集體訴訟案，也宣布快達成和解了。而且第一季收支相抵，不再有虧損。這麼些利多，股價卻不動？

坦尼拉一開始吸引我的，就是該公司沒有負債，而且顧問部門仍相當完整。即使軟體部門腳步稍顯跟蹌，但股價只有2美元而已。目前坦尼拉的獲利狀況，比1月時好很多，若今年能賺4,000萬美元，每股盈餘就有40美分。基本面持續好轉，但股價卻沒反應。這支股票值得加碼長線操作。

賽達園育樂公司

既然談到合夥股權，就把以前買過、推薦過的也一併檢查。由於合夥股權的殖利率相當高，而且有免稅優惠，因此極受投資人歡迎。這次，我又發現兩支值得買進的合夥股權：賽達園和優尼馬（Unimar）。

賽達園在伊利湖畔經營賽達點遊樂場。8月初，我帶家人到那兒玩雲霄飛車。這是我最喜歡的夏季股票研究活動。

賽達園最近正在收購另一家大型遊樂場，即賓州亞林鎮附近的唐妮園（Dorney Park）。現在又多了一個夏季研究的地方

了，賽達園股票代碼用FUN（樂趣），倒是不辜負這個好名字。

1992年初，我之所以沒有推薦賽達園股票，是因為我看不出該公司預備如何提升盈餘。如今有答案了，就是收購唐妮園。賽達園會接管唐妮園，增加新遊樂設施，以過去經驗吸引更多遊客光臨，並壓低經營成本。

伊利湖畔的賽達園，開車就能到的人口約400到500萬人，而距離唐妮園三小時車程的人口，更高達2,000萬人。

賽達園對於併購並不熱衷，這是20年來的第二次。這筆帳看來很不錯。賽達園以4,800萬美元買下唐妮園，去年唐妮園盈餘共近400萬美元，因此收購本益比為12倍。

賽達園並非完全以現金買下唐妮園。其中以貸款支付2,700萬美元現金，餘款則以增資方式，給予賣主100萬股賽達園股票。

對於賽達園，我是這麼看的：在收購唐妮園以前，賽達園每股盈餘為1.80美元。如今股數又增100萬股，若想維持原來獲利水準，必須增加180萬美元的盈餘才行。另外，2,700萬美元的貸款，每年也要支付170萬美元的利息。

那麼賽達園從哪兒搞來這350萬美元呢？就是唐妮園預估一年約400萬美元的盈餘。加加減減算一下，未來賽達園盈餘可望再次提升。

而唐妮園收購案宣布時，賽達園股價如何？連續幾週都停在19美元不動。所以嘛，閣下不用什麼內線消息，只要看看報紙，自己琢磨、分析，再從容進場買股票，股價還在老地方等你哩！

優尼馬公司

優尼馬公司沒有員工，所以完全沒有薪資費用。優尼馬是一家控股公司，工作非常簡單。就是從印尼進口液態天然氣到美國賣，利潤即來自銷售收入。每年利潤如數分給股東，現在一年高達20%。

優尼馬跟印尼能源業者的合約，只到1999年第三季，等合約到期，優尼馬就一文不值了。投資優尼馬，就好像在跟時間賽跑，看這六年半內能抽取多少天然氣來賣，股東能分到多少錢。

目前優尼馬股價為6美元。如果到1999年合約到期時，現在進場的股東只能拿到6美元，那這支股票就沒啥搞頭。若能分到10美元，算是相當不錯的了。假如能分到12美元，那還等什麼？

股利高低主要有兩個因素：第一是印尼油田、天然氣井能抽取多少天然氣（最近印尼業者產量增加，因此這支股票更具魅力）；第二是，天然氣的價格。若價格上揚，股利當然增加，若價格下跌，股利也跟著縮水。

未來油價若上漲，優尼馬就是投資人賺錢的好機會。這種方法可比石油或天然氣期貨穩當得多，期貨交易成本高，而且非常危險。

芬尼梅

因為某項有利芬尼梅的法案為國會擱置，刺激芬尼梅股價跌到55美元左右，讓投資人有很多低價承接的機會。

　　1992年上半年，芬尼梅的一季及第二季業績都有很好表現，抵押債權證券如今已成長為4,130億美元的大買賣。儘管當時美國房屋市場正逢不景氣，芬尼梅的呆帳比率只有0.6%而已，大約是五年前的一半。芬尼梅在1992年每股盈餘為6美元，1993年更增為6.75美元。盈餘成長率仍以兩位數飛奔，但股價本益比還在十倍上下浮沉。

　　1992年6月23日，我打電話給芬尼梅發言人波茵（Janet Point），請教那個擱置的法案情況如何。波茵向我保證，指外界太過大驚小怪。那個在國會擱淺的法案，主要是界定芬尼梅、聯邦房貸等抵押放款業者的業務範圍，以後應該還是會通過。然而不管該法案過關與否，對芬尼梅的經營幾乎沒有影響，即使沒有這項法案，芬尼梅照樣快速成長。

第二代聯合資本公司

　　聯合資本提供創業資金給業者，藉以取得該公司股權。不過我真正看上的，是聯合資本準備標購抵押債權。這些債權原先都是儲貸機構承做，但債權人倒閉後，債權即由專為儲貸業擦屁股的RTC信託公司（Resolution Trust Corporation）接收並標售，通常價格均不及實際價值。

　　自我推薦第二代聯合資本後，該公司又發行聯合資本商業基金，用以收購多項貸款債權。目前聯合資本已控有五個基金，在資金愈見充沛，業務愈見龐大之際，我又看上聯合資本顧問公司。該顧問公司專作母公司基金的生意，提供顧問、諮詢服務。聯合資本顧問公司也是股票上市公司，而開設這家顧問公司的目的，這是當初成立基金的專業人士用以收穫成果的。

景氣循環類股：菲爾道奇及通用汽車公司

對景氣循環類股和正處擴張的零售類股，當然不能一視同仁。菲爾道奇在六個月內上漲50%，在我推薦的21支股票中，表現數一數二。不過我擔心，菲爾道奇是否就這麼點能耐而已。根據1992年預估盈餘，年初菲爾道奇股價確實相當便宜。但股價後市是紅是黑，則全賴1993年銅價走勢。

我打電話給菲爾道奇執行長伊爾利，他認為股價上漲，是因為華爾街分析師認為該公司能賺更多的錢。就我來看，這個解釋真是標準的倒果為因。事實上誰也不曉得銅價是漲是跌，那些算命仙也不會知道菲爾道奇能否賺更多錢。就目前菲爾道奇的股價水準，我寧可去投資第一碼頭、太陽電器或密西根第一聯邦銀行等。

上半年通用汽車股價共上漲37%，後來稍見回檔。因為潛在需求還有數百萬輛，汽車市場肯定有幾年好光景。一旦需求上揚，再加上美元貶值（進口車相對昂貴），日本景氣大有問題，在在都能幫助美國業者搶回本國地盤。

我是看好通用和福特汽車，不過根據最近研究結果，我認為還是要以克萊斯勒馬首是瞻。1992年克萊斯勒股價漲了一倍，比其他汽車類股都強，儘管我相當驚訝，還是覺得該買克萊斯勒。

股價上漲一、兩倍，甚至三倍就再也不考慮投資這支股票，這在過去可能是正確作法，現在卻不然，有時硬是漲得讓你眼裡噴火。不管上個月克萊斯勒數百萬投資人是賠是賺，都跟下個月的表現沒啥關係。對潛力股，我一向採取「此時此地」

的眼光來看待，盡量不受過去歷史所左右。而真正重要的是，克萊斯勒每股盈餘有5到7美元的潛力，相較起來，目前21到22美元的股價是高是低？

克萊斯勒情況愈來愈好。雖然過去一直在破產邊緣掙扎，但如今現金資產已累積達36億美元，足夠支應37億美元的長期負債。現在談至克萊斯勒的財務危機，泰半誇大其辭。而且在財務結構改善後，克萊斯勒金融公司也能以較低成本取得資金，這對克萊斯勒盈餘必有正面效果。

改良後的Cherokee吉普車，非常受到消費者喜愛，不用折扣促銷就賣得很好。每輛吉普車和小型廂型車，都能讓克萊斯勒多賺幾千美元。儘管今年美國汽車市場也沒多好，克萊斯勒靠這兩種車子營收即達40億美元。

新出的T300型卡車，更有卡車界的BMW美譽。卡車市場過去一向由福特及通用汽車公司把持，如今T300已成為克萊斯勒進軍卡車市場的開路先鋒。過去克萊斯勒只生產小型卡車，大型卡車是新嘗試。另外，過去的基本車系Sundance和Shadow，如今也被LH車系取代，這是十年來克萊斯勒首度推出新型基本車系。

LH車系包括幻鷹（Eagle Vision）、克萊斯勒協和（Chrysler Concorde）以及普里茅斯猛男（Plymouth Intrepid）等車型，定價都不低，利潤可觀。如果LH車系能像Saturn或Taurus同樣受歡迎，必能大幅提升盈餘。

要說有啥利空的話，就是最近幾年來克萊斯勒增資不少，因此市面上又多了幾百萬股的股票。1986年克萊斯勒經銷在外股數共2.17億股，現在則高達3.40億股。不過克萊斯勒若能

照其所允，在1993年到1995年間切實提高盈餘，則小瑕難掩大瑜。

1992年9月，相隔十年後，我再度參加電視節目《華爾街一週》，有機會再大放厥詞，報一堆明牌。我可花了好幾個禮拜來準備，跟參加巴隆座談一樣慎重其事，希望能和數百萬名觀眾分享我的研究心得。

《華爾街一週》並沒有事先套招，所以事先不知道他們會問什麼，你得能隨機應變，可沒時間讓你考慮三天再回答。要是他們不管，我起碼可以連續說過一小時半，跟老爺爺對孫兒喋喋不休一樣。可惜沒這麼好的事，結果我花太多時間介紹法國ABP公司，根本沒空再提芬尼梅、密西根第一聯邦或其他我最看好的儲貸類股。

這次我也為福特和克萊斯勒公司說了些好話，情況就如十年前首次參加《華爾街一週》一樣，在下單刀赴會，舌戰群雄，其他來賓都不以為然。好像所有的事情繞了一圈，又回到原點。

金科玉律25條

我致力於投資事業凡20年，積20年之經驗，實在忍不住想在這裡利用最後機會，跟各位分享一些最緊要的教訓，其中很多是在本書或以前著作中提過的。這算是敝人的聖阿格尼斯告別大合唱吧！

1. 投資既有趣又刺激，但若不下苦功，就可能有危險。
2. 華爾街專家的意見、看法，絕不能帶給散戶任何優勢。閣下的投資利器就在你自己身上，投資你瞭解的產業及企業，才能發揮自身優勢。
3. 過去30年來，股市漸為專業人士和法人把持。大家都以為強敵環伺下，單幹戶相對不利。其實在這種情況下，散戶反而容易在夾縫中找到自己的天地。勇敢地邁開步伐，你也可以擊敗大盤。
4. 股票只是表象，上市公司才是實質。閣下要做的，就是搞清楚企業狀況。
5. 在短期內，或許幾個月，甚至幾年的時間內，上市公司經營得很成功，股價不一定就會有所反應。但長期而言，企業成功與否，跟股價會不會漲，絕對是百分之百有關。而利多不漲，正是賺錢的好機會。要買好公司的股票，還要有耐心。

6. 買股票時，要知道因何而買。光說：「這股票一定會漲！」是不夠的。

7. 不熟悉的產業或企業，勝算通常不高。

8. 買股票跟養孩子差不多，別生太多讓自己手忙腳亂。業餘投資人大概有時間研究8家到12家上市公司，注意買、賣良機。但持股不必超過五支以上。

9. 如果找不到好公司的股票，儘管把錢擺在銀行，等發現再說。

10. 不瞭解其財務狀況之前，不貿然買進該公司的股票。資產負債結構不佳的公司，就是會虧大錢的股票。在閣下拿血汗錢去冒險之前，先仔細檢查資產負債表，看它的信用狀況有沒有問題。

11. 不要一窩蜂搶買熱門產業的熱門股。低迷、停滯產業中的好公司，通常就是寶。

12. 小公司要等真正開始賺錢後，才去投資。

13. 投資夕陽產業，一定要找耐力夠的公司。不過也要等整個產業有復甦跡象才行。試問，蒼蠅拍和真空管產業而今安在？

14. 如果用1,000元買股，頂多就是把1,000元虧光。但若有耐心，就可能賺1萬元，甚至5萬元。一般投資人大可緊抱幾支好股票，基金經理人是不得不分散呀！同時操作太多股票，很可能忙中出錯。一生只要能掌握幾支好股票，就夠你吃喝不盡了。

15. 在各個產業、各個區域內，一定還有投資專家還沒發現的寶藏，靜靜等待散戶發掘。

16. 空頭市場跟冬天寒流一樣正常。如果閣下預做防備，是傷不了人的。股市重挫，大夥驚慌殺出，正是撿便宜的大好機會。

17. 想賺股票的錢，誰都有辦法，但膽量可不是人人都有。若閣下很容易在驚慌中殺出，請遠離股市，連股票基金都別碰。

18. 世界上總有些事令人擔心，但別讓週末恐懼症把你嚇倒，也不要管報上那些聳人聽聞的預測。賣股票，是因為該公司基本面有問題，而不是天快塌了。

19. 天曉得利率、經濟景氣或股市未來怎樣，不如把精力放在上市公司，仔細研究閣下投資的企業最近狀況如何。

20. 十步之內，必有芳草。研究十家企業，總會發現其中有一家，會比預期還好。若研究50家，可能就會挖到五家。股市中永遠有驚喜，能找到專家忽略的股票。

21. 作股票但不下工夫研究，跟玩牌卻不看牌一樣。

22. 股票和選擇權不同。操作選擇權，是跟時間賽跑。但若看中好股票，時間就站在你這邊，慢慢跟它磨。或許你錯過沃爾瑪百貨的第一個五年，但第二個五年，它還是很棒的股票。

23. 閣下若有膽量作股票，但沒空也不想自行研究，可以去投資股票共同基金。這時分散資金頗有必要，不過買進六家相同類型的基金，可不算分散。而是分別投資成長類股、價值型、小型股、大型股等不同類型的共同基金。愈常進出股票共同基金，資本利得稅負愈重。所以只要找到一家或數家表現不錯的共同基金，就別再胡思

亂想了，好好盯著就行。

24. 全球主要股市，過去十年的總投資報酬率，美國只排到第八名。閣下可以挑選績效不錯的海外基金，撥點錢投資經濟快速成長的地區。

25. 長期來看，精挑細選的股票或基金，一定比債券或貨幣市場基金好。但若閉著眼睛亂買股票，可不比把錢藏在床底下高明。

卷末瑣語

　　股市瞬息萬變，1992年我完成巴隆座談推薦名單後，又發生許多事情。首先，我又參加1993年的巴隆座談會，從去年推薦名單中保留八支股，再配合其他股票，推薦給投資人。本書出版時，我大概也知道1994年要推薦哪些股票了。

　　這些例行工作都是一樣的。找出股價低估的公司，通常都在逐漸走下坡的產業中挖到寶。過去兩年中，我找到的超跌股，沒有一支是像默克藥廠、亞伯實驗室、沃爾瑪百貨或寶鹼公司之類的績優股。事實上，這些熱門股價已超過實質基本面，因此這兩年來行情頹疲，證實敝人在第7章介紹的股價走勢和盈餘曲線，確實大有關聯。

　　仔細觀察這些績優股的股價走勢和盈餘曲線圖，1991到1992這兩年來，股價已嚴重偏離盈餘基本面，這正是危險訊號。1980年代末期以來，這些績優股表現優異，但如今已是高處不勝寒。

　　那些熱門股一有大跌，特別是那些退休基金或共同基金投資很多的股票，華爾街總要編個藉口來自圓其說，為自己脫罪。最近一些製藥類股重挫，華爾街說是柯林頓的醫療福利政策所致；可口可樂下跌，說是美元升值影響其獲利；Home Depot股價疲軟，說是房市低迷。其實真正原因，只因為股價

偏離基本面。

　　績優成長股如果股價偏離基本面，常常是一連盤整數年，等業績趕上來，不然就得回頭探底，和盈餘水準找到新的平衡點，如雅培實驗室1993年底股價走勢（參見第7章圖7-2）。也許有些績優股能在1993年脫離盤整，重新出發，屆時1994或1995年可能有些值得向各位推薦。

　　就在下經驗，股票的本益比，「益」（即盈餘）才是主角，「本」（股價）只是跟著跑而已。如果盈餘不增加，股價自個兒是跑不遠的。

　　在那些大型成長股眼看樓高起，又垮得一塌糊塗之際，許多小型成長股股價仍然低估。第3章介紹的新展望基金指標，顯示小型股本益比和大型績優股相比，仍然偏低（參見圖3-1）。只要小型股股價相對偏低，至少在新展望基金指標回升以前，小型股就更有機會勝過大型股。

　　1993年另一樁趣事，就是天然氣產業竟然復甦了，代表能源及能源股務業尚有可為。能源相關產業已沉寂數年，我都忘了到底幾年。但在努力降低成本，強化經營，關掉成本效益不彰的氣井後，也為倖存業者掙出一片天地來。

　　此等能源類股的風險／報酬比率，大都非常划算。長期低迷後，能源股股價早已體無完膚，如今是回檔有限，勝算頗高，因此我在1993年即推薦五支能源股，其中兩家是能源服務業者，三家為能源開採業者。

　　根據第15章提到的汽車潛在需求指標，我認為汽車銷售額會超過一般預期。汽車市場在不景氣之後，通常要五、六年才能把潛在需求消化完畢。而這次的車市景氣，到現在才進入

表PS-1	1993年巴隆座談推薦股票			
代碼	公司名稱	報酬率 93/1/11-93/12/31	股價 93/1/11	股價 93/12/31
ABBK	Abington Savings Bank	27.78%	$9.00	$11.50
AMX	AMAX公司（至93/11/15）	47.71	16.88	****
AHC	Amerada Hess公司	3.78	44.00	45.13
APA	Apache公司	33.12	17.75	23.38
AS	Armco公司	−5.77	6.50	6.13
—	美體小舖	37.20	164p	225p
BP	英國石油	46.81	44.88	64.00
BST	英國鋼鐵	97.81	9.50	18.50
C	克萊斯勒	49.00	36.25	53.25
CCI	Citicorp	71.51	21.50	36.88
CMS	CMS能源公司	39.30	18.50	25.13
CSA	Coast Savings Financial, Inc.	34.12	10.63	14.25
DBRSY	De Beers Consolidated Mines-ADR	84.64	13.75	24.25
DME	Dime Savings Bank of New York	20.37	6.75	8.13
FDX	Federal Express Corporation	27.99	55.38	70.88
FNM	Federal National Mortgage Association	3.66	77.50	78.50
FFOM	Firstfed Michigan Corporation	62.24	16.08	25.50
FOFF	"50-off Stores, Inc."	−42.71	12.00	6.88
F	福特汽車	47.37	45.13	64.50
GH	General Host Corporation	−18.38	9.00	7.00
GM	通用汽車	63.26	34.25	54.88
GLM	Global M'arine, Inc.	65.00	2.50	4.13
GGUY	好傢伙	18.18	11.00	13.00
HWG	Hallwood Group. Inc.	−8.89	5.63	5.13
HAR	Harman International Industrics	94.92	14.75	28.75
AHM	H. F. Ahmanson & Co.	11.07	18.50	19.63
HPBC	Home Port Bancorp, Inc.	66.46	7.38	11.75
IAD	Inland Steel Industries, Inc.	51.43	21.88	33.13
MAXC	Maxco, Inc.	106.06	4.13	8.50
MSEL	Merisel, Inc.	67.05	11.00	18.38
NSBK	North Side Savings Bank, Bronx, NY	39.67	13.33	18.50
NSSB	Norwich Financial Corporation	62.44	5.75	9.00
PXRE	Phoenix RE Corporation	80.16	15.25	27.25
RLM	Reynolds Metals Company	−13.65	53.88	45.38
SERF	Sercice Fracturing Company	16.96	3.31	3.88
SBN	Sunbelt Nursery GRP/DE	−40.21	5.75	3.44
SDP.B	Sun Distributors, L.P.	25.26	3.50	4.25
CUTS	Supercuts, Inc.	2.62	14.50	14.88
TLP	Tenera, L.P.	4.72	1.31	1.38
	Lynch's 1993 Portfolio Total Return	35.39%		
	S&P500 Stock Index	11.23		
	NASDAQ Composite Index	13.83		
	Value Line Composite Indes New	18.31		

第三年，所以我又推薦三支汽車股，及汽車立體音響製造商，哈曼國際公司（Harman International）。

我和許多分析師討論，並拜訪多家買賣鋼鐵的業者後，發現鋼鐵價格已趨穩定。同時，美國鋼鐵業者也認為政府將採取行動，對抗國外業者的傾銷（不過本國業者後來並未得到政府的保護）。另外，我也聽說一些歐洲鋼鐵業者，可能提早收攤。這些歐洲業者無不虧損累累，其實早該關門了。各國政府所以大力補貼，無非是不想讓失業問題雪上加霜，不過現在此等既沒生產力，又乏競爭力的業者再也撐不下去了，況且歐洲各國的國營事業民營化潮流，必定促使這些賠錢貨提早出局。這對全球鋼鐵價格，都算是利多一件。後來，我決定推薦三家鋼鐵公司和兩家金屬業者。

綜觀而言，敝人1993年的巴隆名單，景氣循環類股佔了不少。其實景氣循環類股應該是在經濟景氣開始復甦時，才是最佳介入時機。然而，當時在挑選推薦股票時，我還不認為景氣即將翻轉。只是我研究的多家公司中，超跌股多屬景氣循環業者，我認為這幾家公司盈餘馬上會好轉。

1992年我推薦的七家儲貸機構，股價均見上揚。1993年我又挑出8家新面孔。對於1991年陸續上市的儲貸類股，我實在是既驚且喜，這些儲貸機構幾乎沒有扶不起的阿斗，幾十支股票中，有漲二倍、三倍，甚至四倍的。

不少儲貸機構幾年來都經營得非常好，所以這些股票不該只是搞短線。即使過去幾年來股價漲了不少，就在本書寫作時，還是很好的介入時機。在其他產業上，我從不曾看過有那麼多經營完善的業者，但股價卻嚴重低估，許多均低於淨值，

但獲利狀況卻一年好似一年。此外，許多儲貸機構體質強健，不少大銀行或大型同業均垂涎三尺，極可能高價收購。

然而華爾街卻看不到這些，成天只擔心經濟成長一旦上軌道後，利率可能反向盤高，屆時儲貸業利差優勢不再，獲利必受影響。但我的看法是，倘若經濟過熱，物價壓力以兩位數的速度飛快膨脹，對儲貸業反而不利。景氣以合理速度緩步擴張，儲貸業者才能安安穩穩地做生意。

如果經濟穩定復甦，儲貸業同蒙其利。一旦房市回升，原先被套牢的房地產抵押品，才能以合理價格順利出脫，這對飽受呆帳之苦的儲貸機構豈非大喜？況且，房市回升，大夥都有錢賺，呆帳問題必得紓解，儲貸業也不必再當冤大頭，被迫接收不值錢的抵押品。如此良性循環，儲貸機構的資產負債結構也會隨之好轉。既然不必再花大錢來彌補呆帳損失，盈餘自然提升。而且在景氣復甦後，債權人信用能力增強，儲貸業者的獲利能力也會提高。

最後，我對加州的儲貸業者最感興趣。這是因為加州經齊衰退得非常嚴重，攤開報紙哀鴻一片，好像整個加州都快完蛋了，敝人所在的新英格蘭地區，1990年也是如此，市面一片蕭條，報上成天大驚小怪。然而閣下若能視而不見，聽而不聞，默默在低價承接好股票，特別是銀行、儲貸機構及部分零售業股，現在可就賺得不亦樂乎！

既然新英格蘭地區能，加州一定也可以撐過去。所以在1993年推薦名單上，我特別選了三家加州公司：海岸儲蓄金融公司（Coast Savings Financial, Inc.）、HF阿曼森公司（H.F. Ahmanson & Co.；美國最大儲貸業控股公司）及家用電器連鎖

業者，好傢伙公司（Good Guys, Inc.）。當然我沒忘記老搭檔，專作債權生意的芬尼梅。當時芬尼梅行情極差，因為買來的債權中，有四分之一來自加州地區，而大夥正把加州房地產看成瘟疫。

一年後算總帳

第21章我們看過六個月驗收，現在來算算一年總帳。成天看著股價起起落落，心情跟著浮浮沉沉，有時真忘了股票就是上市公司的一部分。閣下若是當寓公，自然會常常檢查房子，哪兒漏水、哪兒該修。所以，持有股票，就是擁有公司的一部分，咱們自然不能大意，要時時注意狀況。

在我做完最近的研究功課後，可以在此向各位報告：

第二代聯盟資本公司有些短期利空，股價也下跌反映。雖然整體而言沒啥不對勁，但當時寄望一年內股價會漲的期望，現在恐怕要熬久一點。現在聯盟資本資金都在手上，不過還沒全力出擊。聯盟資本準備收購的債權，一部分是由倒閉的儲貸業者流向政府支持的RTC信託公司，這些信用堪稱良好的債權，利率大約為10%到11%。

但比較難以估算的情況是，許多銀行業者及其他創業投資基金，也對這些超值債權有興趣。在各方競爭下，聯盟資本公司或許搶不到它要的，但也不因此而降低標準，隨便買進高風險的債權。所以只好先把錢擺在貨幣市場，死領3%的利息。這種收入狀況當然讓股東不滿，因為每年支付的管理費就要2%。聯盟資本正陸續買進穩當的債權，只是不如預期般順利。不過，負責管理聯盟基金的聯合公司股票，倒是表現極

佳，這一年來漲一倍。

談到資產管理公司，拓荒者集團一年漲幅69.7%。這又再次證明，當有幾百億資金湧入各家基金時，基金公司大賺錢，買基金類股的投資人也笑呵呵。

我承認對園藝業（陽光帶、柯樂威和GH公司）的滿腔熱情，已是明月照溝渠了。怪我自己看得不夠深入。我認為1990年代，園藝活動會像1980年代的烹飪一樣大行其道，大夥都會買植物、盆栽、園藝工具等等。殊不知這一行可不好做，競爭激烈，眾業者拚得你死我活，跟航空業差不多。

而且許多生意都被凱瑪百貨、Home Depot倉庫公司搶走了，這些百貨、家用業者也兼售簡便園藝用具、植物、肥料和除草劑等。園藝連鎖業者現在可謂腹背受敵，前有百貨折扣業者大軍壓境，後有地方舊式小店零星騷擾打游擊。而且一年來天候多變，今天成澇，明天鬧旱，園藝生意當然七零八落。

當時我推薦柯樂威時，股價8美元，但1993年底只剩3美元。先前我認為這是支成長股，現在則算是潛力股。柯樂威現金資產平均每股達1.30美元，在達拉斯地區還有17幢大樓資產。

我所以看好陽光帶，是認為它很可能成為收購對象。果不其然，最後GH公司買走了。只是當初在下推薦時，每股6.25美元，但收購價只有5美元，猜得是沒錯，只是虧大了。

如果閣下還看好陽光帶，就買GH公司的股票吧！只是GH公司也稍不如前，所經營的法蘭克園藝用品店，銷售狀況讓人失望。事實上，整個1993年情勢都很差，美國各地都傳熱浪，大夥全躲在屋裡吹冷氣，誰管花草死活？

　　或許 GH 公司還是會爬起來，只是不像我所想的那麼快，跟聯盟資本公司一樣。

　　第一碼頭公司也跟園藝業有點關係。在 GH 公司收購陽光帶以前，第一碼頭即控有不少陽光帶的股票。儘管當時美國經濟不甚理想，第一碼頭仍力爭上游，在鄰近地區攻佔不少家飾品市場。我認為這支股票錯不了！

　　CMS 能源公司的未來，還是得看它和密西根公用服務委員會的折衝協調，是否能訂出有利的費率。最後結果到底如何，我也不知道。不過就我所知，我認為在股價只有 18.5 美元時，即使費率案對之不利，也很值得投資。權衡風險和報酬，那個價位非常划算。

　　1993 年服務委員會終於定案，雖然對 CMS 公司並非完全有利，但也夠讓它漲到 25 美元附近了。就目前股價，請持股緊抱。

　　由於大幅削減成本，且銅價上揚，菲爾道奇公司 1992 年總算揚眉吐氣。不過 1993 年銅價稍趨回檔，因此菲爾道奇盈餘難以更進一步，股價也呈橫盤。投資礦採業，可千萬不能大意，得時時注意公司及商品價格動向。

　　美體小舖在 1992 年表現並不突出，不過 1993 年基本面已見改善。我推薦時股價為 325 便士，當時我的建議是先小買一點，等低價再加碼。結果從那以後，股價續挫，到 1993 年 2 月跌到 140 便士的最低價。這真出乎我意料之外，不過股票就是這樣，誰也猜不著底部在哪兒。閣下投資股票經驗要是夠的話，一定曾碰上股價突然大跌的情況。

　　手中股票突然大跌，就得好好地研究一番了。如果該公司

基本面情況還是很好，那重挫五成，不正好狠狠地加碼？所以
美體小舖股價下跌，真正要搞清楚的是原因何在。

我打電話到美體小舖公司，以瞭解情況。該公司到現在還
是沒有負債，且持續進軍新市場。這是利多方面。但不妙的是
在家鄉英國市場，銷售狀況大受挫折。由於英國經濟衰退嚴
重，保養品市場當然隨之萎縮。或者此時消費者會轉向便宜的
清潔用品，美體小舖的高價保養品，只好等以後再買。

美體小舖最大的四個市場中，加拿大、澳洲和英國都陷於
不景氣。而在美國，則受到不少競爭者圍攻。不過美體小舖未
來的成長，其實還是要靠其他市場，如法國、日本等。在這些
新市場，美體小舖的競爭壓力還很小。我認為美體小舖是個全
球事業，總共能成長個30年，現在才是第二個10年而已。因
此，我所知道的是，現在的美體小舖，比1992年初我剛推薦
時還棒！我也向我以前富達同事史蒂芬森探聽消息，她對後來
哈佛廣場新開的分店，也非常滿意。因此儘管股價已經跌了一
半，我仍不死心，又在1993年推薦美體小舖。

太陽經銷公司則宣布考慮提前四年結算，準備賣掉旗下眾
多產業。原本太陽經銷公司可享有免稅優惠至1999年，因此
一般預期屆時該兩合企業才會結束。

太陽經銷總清算後，A股投資人依約每股領回10美元，其
他則歸B股均分。我認為這筆生意必賺無疑，所以1992年及
1993年連續推薦其合夥股權。

太陽經銷努力壓低成本、縮減負債的做法，對B股投資人
非常有利。而在宣布考慮結算的幾個月前，該公司也籌到新
款，解決一筆迫在眉睫的債務。這真是大好消息，年報中就能

看到這項利多。另外，即使美國經濟正處不景氣，年度盈餘仍持續成長，現金流量還是每股增加1美元。理論上，這代表B股價值，一年增加1美元。

這裡咱們又碰到利多不漲的情況。太陽經銷B股股價，在2.50美元到3美元間混了兩年多，到1993年9月才在清算利多可能宣布的刺激下，漲到4.40美元。股市總是一再試探投資人，如果你對某家公司有信心，你一定能熬到中獎。

如果不出任何差錯，我認為到1997年時，太陽經銷B股價格應有8美元，甚至更高的實力。這種感覺跟當時塔可貝爾公司準備賣給百事可樂時很像。1970年代，百事可樂收購塔可貝爾公司，賣方股東淨想把公司賣掉，快點拿錢，落袋為安。然而我認為塔可貝爾潛力無窮，若好好經營更有十倍價值。

坦尼拉公司，我挑的轉機型合夥股權，但事實證明並不理想。幸好坦尼拉沒有負債，否則早就三振出局了。所以，投資轉機股要特別留神，起碼它得有錢付醫藥費才行。

坦尼拉股價先漲後跌，後來只剩我推薦時的一半，1993年我再次提出這支股票，股價還在原地踏步。坦尼拉又換了位執行長，在回購自家股票後，銀行還剩200萬美元。核電廠顧問業務方面，又簽下新客戶，原先六件出問題的工程案，現在只剩下兩件。坦尼拉和政府間的糾紛，到現在還沒解，不過公司方面已有充分準備，萬一官司打輸了，也還有錢支應。倘若打贏，可就意外中獎了。

對於坦尼拉，我是這麼看的。萬一這家公司最後沒救，清算價值大約是每股1美元，如果能夠起死回生，股價會回到4美元。

　　另外兩支我長期追縱，但在1992年未推薦的上市合夥股
權（MLP），也頗值一提。賽達園育樂公司，在併購費城附近
的唐妮園遊樂場後，生意狀況續有成長。 1993年我又帶全家
到唐妮園實地「考察」一番，園中有一座全球最高的水上雲霄
飛車。而重點是，這支股票不但每年有6%殖利率，同時一直
到1997年都享有免稅優惠。賽達園公司也積極擴張，興建新
的遊樂設施，並收購有潛力的遊樂場。其實，賽達園本身就可

表PS-2	1992年巴隆座談推薦股			
代碼	公司名稱	報酬率 92/1/13-93/12/31	股價 92/1/13	股價 93/12/31
ALTI	第二代聯盟資本	−14.11%	$19.00	$14.25
—	美體小舖	−30.77	325p	225p
GOGRA	拓荒者集團	69.70	17.38	28.00
CMS	CMS能源	43.30	18.50	25.13
EAG	鷹徽金融*	101.81	10.97	20.50
FNM	芬尼梅	19.34	68.75	78.50
FESX	艾塞克第一銀行公司	222.68	2.13	6.75
GH	GH公司	−1.32	7.75	7.00
GM	通用汽車	87.45	31.00	54.88
GSBK	德鎮儲蓄	287.15	14.50	54.75
GBCI	冰河銀行公司	117.37	10.12	21.00
LSBX	勞倫斯儲蓄銀行	225.00	1.00	3.25
PBNB	人民儲蓄金融	85.42	11.00	18.75
PD	菲爾道奇*	60.97	32.50	48.75
PIR	第一碼頭	23.53	8.00	9.75
SVRN	至尊銀行公司*	250.90	3.83	13.13
SBN	陽光帶園藝	−44.99	6.25	3.44
SDP.B	太陽經銷，B股	65.87	2.75	4.25
SNTV	太陽電器*	130.48	9.25	21.25
CUTS	超級剪*	31.26	11.33	14.88
TLP	坦尼拉L.P.	−42.11	2.38	1.38
	總投資報酬率	80.43		
	S&P 500指數漲幅	19.19		
	NASDAQ指數漲幅	25.77		
	Value Line指數漲幅	33.07		

* 股價經分割調整。

能成為別人的併購的對象，一些娛樂業大亨應該很有興趣，屆時可以把遊樂設施和媒體主角結合在一起，進一步開拓利潤，例如霸子雲霄飛車（霸子為卡通《辛普森家庭》的老大，言行粗鄙，但極受觀眾歡迎）之類的。迪士尼公司先前已經買下一支曲棍球隊，改名為「超級鴨」，要是以後收購一個遊樂場，再把自家的媒體英雄、英雌結合進去，一定能製造不少噱頭。

在長島經營購物中心的EQK綠畝田公司，已籌到新款，大部分可能威脅該公司的債務問題均獲解決。1993年又傳來兩項利多：第一，Home Depot公司收購綠畝田部股權，綠畝田以之償債；第二，綠畝田在季報中表示，最大股東和執行買進自家股票5.6萬股。

綠畝田股價在債務問題解決後就漲了，但不是消息曝光後馬上漲。所以，閣下根本無需甚麼內線消息，只要多看報紙，多注意，還是能抓到機會。即使有利多出現，華爾街反應還是慢吞吞的。

綠畝田同時表示，該公司可能轉型為房地產投資信託業者（REIT）。如果確實，未來綠畝田的資產負債結構必大有改善，而且也能以更低利率融資。一旦轉型，綠畝田可能要以新的REIT公司股票，補償主要合夥人衡平公司（Equitable）。但在新的財務結構下，綠畝田有能力收購其他購物中心來擴張地盤，跟賽達園做法一樣。

超級剪公司有了驚人宣布：準備和另一位合夥人合資，在紐約地區開設200家分店。為了這項擴張計畫，超級剪借了不少錢，這對1993至1994年度的盈餘必然不利。分析師原先預期該公司每股盈餘有80美分，但我認為可能達不到。

　　長期而言，增設新店當然可以力速企業的成長。超級剪股價本益比，也持續低於大盤平均本益比。目前股市中，許多上市公長成長速度既慢，而且也非業界領袖，但投資人反而願以較高價格來買它們的股票。反觀超級剪在理容業界可謂龍頭老大，但本益比卻比較低。顧客還是願意排隊等候，來超級剪整修門面。最重要的單店營收，雖然服務價目並未調動，過去一年來仍成長4%到5%。

　　最近該公司發送季報，內附3美元的理容折扣後，或許這也是投資超級剪股票的好理由。不過敝人在波士頓已經嘗試過了，所以就敬謝不敏了。

　　在俄亥俄州的零售業者，太陽電器一年來業績突增，單店營收成長15.2%，而且過去兩年來，已新開11家分店。太陽電器在取得臨近市場後，轉而進攻匹茲堡、克里夫蘭和羅徹斯特等地，很快也會跨入水牛城和西納庫斯等市場。在成功進軍五大湖地區東西兩岸市場後，競爭對手很難在此與之匹敵。太陽電器一年成長20%，過去兩年來股價已翻了一倍，但本益比仍不到20倍。如果股市回檔，太陽電器也跟著下跌，我會再加碼。

　　在美國三大汽車公司中，通用汽車問題最多，不過往後幾年，股價表現卻可能最好。雖然我同時推薦三家汽車股，其中克萊斯勒到目前為止表現極佳，不過就海外汽車市場而言，通用倒是值得期待。一旦歐洲經濟復甦，汽車需求回升，通用就會賺大錢。

　　目前美國購車熱潮仍未結束（市場上仍有潛在需求，參見第15章），通用汽車在美國市場中也獲利不少。通用在美國汽

車市場佔有率高達30%，實在沒有理由不賺錢。福特佔20%，克萊斯勒只佔10%，人家照樣搞得有聲有色。通用已撐過卡車市場的谷底，其他事業單位也非常好，因此即使通用在美國市場中只能維持收支相抵，靠其他事業，每股盈餘仍可望有10美元，甚至以上。

各位要搞清楚，通用這種情況，跟其他企業非常不同。以IBM來說，IBM如果在美國電腦市場賺錢，其整體業績自然跟著爬起來。但通用儘管在美國市場表現平平，照樣賺得到錢。

芬尼梅股價實在太委曲了，華爾街專家竟都看不上眼！日後各位一定驚覺，芬尼梅幾乎是百分之百的贏家相。美國抵押債權證券市場日漸擴大，而芬尼梅在這方面佔有率日高。然而儘管芬尼梅三季來獲利非常好，到1993年底股價卻都沒怎麼動。

芬尼梅總共只有3,000名員工，而一年獲利20億美元，這麼穩當、這麼容易掌握的黑馬股，已屬世間少有的了。華爾街最喜歡穩當的成長股，我實在搞不懂他們怎會看不上芬尼梅？

最近市場憂慮利率降低，可能造成芬尼梅獲利縮減。不過幾年前，市場擔心的卻是利率提高，芬尼梅可能不賺錢。其實芬尼梅已非昔日吳下阿蒙，利率到底如何，對其盈餘已沒有多大影響。芬尼梅現在的債務，泰半屬可贖回債券（callable bond），一旦市場利率降低，芬尼梅可以提早償還，再從短期市場融資。因此，即使利率降低，債權人可能以再抵押方式來減輕利率負擔，造成公司方面利率收入降低，但融資成本降低則將有所補償。

第二個憂慮則是，認為加州地區的不景氣，可能嚴重波及

芬尼梅，因為該公司持有債權，高達四分之一都和加州有關。幾年前德州房市大崩盤，芬尼梅的確吃了不少苦頭，但這些都是過去的事了。痛定思痛後，芬尼梅早就嚴格緊縮放貸標準。如今，芬尼梅抵押放款額平均每筆只有10萬美元，且其加州債權的放款價值比率（loan-to-value ratio，指放款額與抵押財產的比率），高達68%，為加州同業中最高。即使歷經不景氣，芬尼梅的呆帳比率已持續下降七年，現在只有0.6%，為該公司有史以來最低紀錄。這些都不是什麼內線消息，如果投資人去要，芬尼梅就會把這些資料寄到。

第三個憂慮是，芬尼梅跟經營學生貸款的莎莉梅（Sallie Mae）有關，而莎莉梅最近飽受柯林頓總統和國會抨擊，表示善用國家力量，可以把學生貸款業務作得更完美。我看倒也不盡然，郵政不就是個好例子嗎？最後政客決定以國家資本經營學生貸款，現在正籌設中。

其實芬尼梅跟莎莉梅根本無關。去年國會通過新法案，重新界定政府資助的企業，但這對芬尼梅完全沒有影響。1993年，芬尼梅盈餘成長近15%，預估1994年將持續成長10%至15%，如果以股市平均本益比計算，芬尼梅股價早該飆到120美元了。

關於儲貸機構類股（鷹徽、冰河、第一艾塞克、德鎮、羅倫斯、人民儲蓄金融及至尊）最近情況，之前我已說明。對於投資上市的儲貸類股，我絕對是舉雙手贊成的。

現在美國還有1,372家儲貸機構尚未上市，若閣下附近就有，趕快去開個戶吧！假如你有5萬美元，就拿1,000美元到50家未上市儲貸機構開戶，撿便宜的機會更多！在併購熱潮帶

動下，我認為所有儲貸機構最後都會上市。

新聞快訊

就在本書即將出版前夕，美國儲貸機構監管局下令暫停儲貸機構股票上市。原因是有部分主管及董事濫用職權，以不公平價格取得股票，有些甚至拿乾股。因此政府暫時禁止儲貸機構股票市，準備在國會舉行公聽會，檢討上市程序以杜絕不法圖利。

我當然贊成上市過程更公開、公平，歷次儲貸機構上市，大概只有2%存款戶會認購股票，其他98%反把財神爺推出門外。我想，如果法規修改，內部人員再也不能白吃午餐，儲貸機構就能再進行上市作業。

國家圖書館出版品預行編目資料

彼得林區征服股海／彼得‧林區（Peter Lynch）、
約翰‧羅斯查得（John Rothchild）著；郭淑娟、
陳重亨譯. -- 三版. -- 台北市：財信，2008.05
　　　面；　公分. --（投資理財；88）
譯自：Beating the Street
ISBN 978-986-6602-00-9（平裝）

1. 證券投資
2. 證券市場 3.美國 4.手冊

563.53　　　　　　　　　　　　　　　　97008658

投資理財系列88

彼得林區征服股海

作　　者：彼得・林區（Peter Lynch）、約翰・羅斯查得（John Rothchild）

譯　　者：郭淑娟　陳重亨

總 編 輯：楊　森

副總編輯：許秀惠

主　　編：陳重亨　金薇華

編　　輯：胡菀寧　陳盈華

封面設計：木子花

行銷企畫：呂鈺清

發 行 部：黃坤玉　賴曉芳

出版者：財信出版有限公司／10444台北市中山區南京東路一段52號11樓

訂購專線：886-2-2511-1107 分機111　　訂購傳真：886-2-2541-0860

郵政劃撥：50052757財信出版有限公司

部落格：http:// wealthpress.pixnet.net/blog

臉　書：http:// www.facebook.com/wealthpress

製版印刷：前進彩藝有限公司

總 經 銷：聯合發行股份有限公司

地　　址：23145新北市新店區寶橋路235巷6弄6號2樓／電話：886-2-2917-8022

初版一刷：1997年3月

二版一刷：2007年7月

三版一刷：2008年5月

三版五刷：2012年7月　　定價：380元